U0128247

管理學概論

Introduction to Management

林仁和 著

藍海文化

Blue Ocean

BC8501

管理學概論

國家圖書館出版品預行編目（CIP）資料

管理學概論 / 林仁和著 . -- 初版 . -- 新北市：
藍海文化 , 2018.05
面；　公分
ISBN 978-986-6432-90-3（平裝）
1. 管理科學
494　　107006125

版次：2018 年 5 月初版一刷

作　　者　林仁和
發 行 人　楊宏文
總 編 輯　蔡國彬
責任編輯　邱仕弘
封面設計　余旻禎
版面構成　弘道實業有限公司
出 版 者　藍海文化事業股份有限公司
地　　址　234 新北市永和區秀朗路一段 41 號
電　　話　(02)2922-2396
傳　　真　(02)2922-0464
購書專線　(07)2265267 轉 236
法律顧問　林廷隆 律師
Tel : (02)2965-8212

目 錄

實務篇

序

當《管理學概論》這本書在2018年迎新送舊喜氣洋洋中完稿，筆者爲此書的出版，獻上誠摯的感謝。自《顧客服務管理》（2013.09）出書以來，持續接到讀者以及授課教師建議，從整體觀點討論「管理學的理論與實務」，今日終於能夠如願。

「管理優勢」的年代

過去一年來，台灣發生了不少震撼社會，牽涉到民眾生活與投資人權益的「事件」（Event）。例如，復興航空公司倒閉、桃園國際機場嚴重淹水、815台灣大停電、鴻海集團跨洋進軍美國以及台積電創辦人張忠謀宣布功成身退等等，其成敗都與管理的優劣有密切關係。檢視這些個案，除了記取管理弊端問題教訓外，同時，更要學習其中的成功「管理優勢」經驗！

記得天下雜誌曾經製作「台灣競爭力的故事」一系列錄影帶（吳迎春主編，四集，1995），主題：誰用生命寫下台灣競爭力——不停歇的手，不放棄的人。它提供了筆者20多年來在管理教學上的信念：台灣競爭力在於「人」與「手」。在那個時代裡：中小型製造業如何一方面在日夜趕工生產，另一方面手提007跨海到處行銷的情景，歷歷在目……，確實扮演了台灣競爭力的重要角色，也創造了「台灣錢淹腳目」的奇蹟。

時至今日21世紀的「軟實力」競爭年代，企業組織就面對了上面個案所指的管理困境與成就。如何在「人」與「手」的基礎上，進行「管理優勢」的教學課程與學習？更重要的是，如何鼓勵更多年輕人加入這項管理專業行列？本書就是秉持這項理念進行撰寫。

「空椅子」的聯想

《空椅子》（*Empty Chairs*），作者安妮．凱勒（Anne Davidson Keller），

2017年12月7日出版。在亞馬遜（Amazon）圖書獲得很棒的5.0（5顆星）評分。安妮是一位經驗豐富的社會工作者，她動人的描繪一個家庭的年輕人喬・麥克道威爾（Joe McDowell），如何面對就業困境與挑戰的奮鬥故事。

這位心中徬徨尋找就業出路的年輕人喬，正是當前台灣22K低薪年代困境的寫照。目前的情況是：面對著有許多的「空椅子」（Empty Chairs）。是誰留下的？給誰留下的？問題的關鍵不是找答案，而是尋找它們的主人！親愛的讀者：是妳？是你？

根據104人力銀行公布的資訊顯示，專案與產品管理類人員的平均月薪自50K到67K；生產管理類人員的平均月薪自36K到50K。上列的平均月薪應該可以吸引不少新鮮人願意在學中修習管理學課程，成爲「空椅子」的新主人。在這個前提下，應該認識：如何學習管理學？如何善用管理學的優勢？以便成爲一位稱職的管理者！

課程內容介紹

本書設計爲一學期的教學課程，包括：基礎篇，實務篇與進階篇等三個部分，總共13章。論述以實務取向，內容的理論與實務比率爲4：6。爲了方便進階研究，專業術語，參考書名以及人名在第一次出現時，一律附註原文。其他則參考兩套《管理學百科全書》（*Wiley Encyclopedia of Management*, 14 volume set, by Cary L. Cooper, 2014）、（*Wiley Encyclopedia of Operations Research and Management Science*, 8 volume set, by James J. Cochran, 2011）。

「基礎篇」共3章：包括第1章〈認識管理學〉，第2章〈管理學的理論〉以及第3章〈管理的工具〉。「實務篇」共6章：包括第4章〈計畫管理〉，第5章〈組織管理〉，第6章〈人員管理〉，第7章〈領導管理〉，第8章〈協調管理〉以及第9章〈控制管理〉。「進階篇」共4章：包括第10章〈經營的危機管理〉，第11章〈發展的策略管理〉，第12章〈變革與創新管理〉以及第13章〈成爲稱職管理者〉。此外，在每一章後面，附上一則「管理加油站」個案提供討論。

《管理學概論》設計爲專業課程教材，爲授課老師提供「教師使用手冊」。內容包括：教學計畫、內容介紹PPT、測驗問題以及討論個案等等。

林仁和
2018年2月1日
東海大學

基礎篇

第1章

認識管理學

1. 何謂管理學
2. 管理學起源與發展
3. 管理學面臨的挑戰
4. 面對管理學新課題
5. 學習管理學的好處

學習目標

1. 討論「何謂管理學？」的四項主題

   內容包括：管理學的概念、管理學的應用、管理學的功能以及管理學的運作。

2. 探討「管理學起源與發展」的五項主題

   內容包括：早期的管理活動、管理理論的萌芽、古典的管理理論、現代的管理理論以及當代的管理理論。

3. 討論「管理學面臨的挑戰」的四項主題

   內容包括：21 世紀的管理挑戰、管理環境變遷、管理的新思維以及管理的新趨勢。

4. 討論「面對管理學新課題」的四項主題

   內容包括：加強基礎管理、強化作業管理、溝通協調管理以及管理系統工程。

5. 討論「學習管理學的好處」的四項主題

   內容包括：為何要學管理學、管理角色的重要性、學習管理學的優勢以及善用管理學的優勢。

1 何謂管理學？

1. 管理學的概念
2. 管理學的應用
3. 管理學的功能
4. 管理學的運作

一、管理學的概念

討論「認識管理學」的主題，管理者要從它的基本概念「管理」（Management）一詞開始。參考《管理學百科全書》（*Wiley Encyclopedia of Operations Research and Management Science*, 8 volume set, by James J. Cochran, 2011；*Encyclopedia of Management Theory*, 2 volume set, by Eric H. Kessler, 2013）解釋，是指：組織的生產、經營與發展活動所進行的計畫、組織、人事、領導、協調以及控制等等一系列工作的總稱。進一步來說，「管理」是發展管理科學（Management Science）專業的必要作業。因此，在許多理論與實務的論述場合，「管理」Management 一詞也是指廣義的「管理學」。

談論「管理」，不要忘記另一項關鍵：執行管理工作的關鍵人物——管理者（Manager）。包括：企業組織的董事長、CEO（執行長）、各級管理團隊的領導人等，他們都應該具備有相當水準的管理能力，以便讓管理工作能夠符合組織的期待，發揮各類產業的經營與發展。簡言之，「管理」的關鍵工作是企業組織透過管理者執行，此項實踐工作包括以下六項：

——計畫。
——組織。
——人事。

——領導。

——協調。

——控制。

這六項活動又被稱之為管理的六大功能，各個層次的管理者與他們的團隊，都是在執行這些職能的工作。

二、管理學的應用

管理是人類社會發展的一種工具，有人參與的活動就出現了管理問題，為了解決問題，於是就自然的產生了管理活動。換言之，管理學的概念來自於解決管理問題的實踐，也就是說，它是對管理實務經驗與概念所累積的結果。然後，經過社會環境的變遷以及企業組織發展需要的相互作用，管理概念逐漸成為有系統的專業領域——管理學。

在上述管理學的實踐前提下，我們把系統管理概念的作業發展，分為三個主要階段：

第一階段：18 世紀以前的管理概念是非常樸素與單純，主要應用在軍隊管理、政府的行政管理、教會管理等非營利方面的管理。

第二階段：18 世紀到 19 世紀末，是現代管理理論的萌芽階段。由於具有系統的理論形式，其概念開始被更多方面的應用，特別是進行企業組織的管理與經營作業上。

第三階段：自 20 世紀以來，由於企業組織環境的國際化、工具自動化與電腦化。隨著管理學概念的不斷發展與更新，管理運用也進入不同領域，特別包括服務業等的應用。

管理學已成為一種專業學科，受到了工商學院、公共管理學院和實際管理人員的重視。在此前提下，開始倡導一種廣義的管理學，它包括一般管理學、工商管理和公共管理，還包括作為管理學工具的其他相關學科，例如，金融管理、醫院管理、會計管理、餐旅管理等等的專業知識與方法。哈佛商學院在 1921 年開始授予第一批工商管理碩士（MBA）學位。目前提供的專業學位包括：工商管理學士、工商管理碩士（MBA與EMBA）以及博士。

台灣是地球村的成員，又是以外銷爲主的經營模式，中小企業組織眾多，於是也帶動了管理學教育活動的發展。根據教育部2016學年度的統計數字，大專院校的上下學期共有535班次教授「管理學」課程，學生總數30,173人。進一步的探究，有26個大學提供30個管理博士班的研究所課程，其中有兩班次隸屬商管學院，四班次隸屬商學院，其他24班次則隸屬管理學院。

三、管理學的功能

管理學大師亨利·法約爾（Henry Fayol, 1841-1925）在《工業管理與一般管理》（*Administration Industrielle et Générale*, by Henry Fayol, 1916）解釋，管理有六大功能包括：預測、計畫、組織、領導、協調以及控制。經過隨後的理論與實務發展，管理領域將預測納入計畫功能，也新增了人事功能。以下是摘要論述，詳細的內容將在實務篇（4～9章）進行討論。

1. 計畫

「計畫」（Planning）活動是管理的首要工作。計畫功能包括：

——對將來趨勢的預測。
——依據預測的結果建立目標。
——制訂各種方案與政策。
——達到目標的具體步驟。

以上四項工作的目的是保證組織目標的實現。主要內容包括：企業組織的長程、中程與短程發展計畫，以及各種配合發展的各項作業計畫等等，都是計畫活動的典型工作。

2. 組織

「組織」（Organizing）活動是計畫的後續工作。組織功能包括兩方面：一方面，是為了實施計畫而建立的「結構」工作，此項結構主導計畫能否得以實現；另一方面，是指為了實現計畫目標而進行組織活動的「過程」。換言之，組織功能可以說對完成計畫任務，具有保證的作用。

3. 人事

「人事」（Staffing）活動，又稱為「人力資源」活動。人事一詞有廣義和狹義之分：廣義的是指：在整體社會勞動過程中，人與人、人與事、人與組織之間的互動。狹義的則是指：企業組織如何用人處理事務、人與人的協調工作，以及人與事的配合工作。換言之，人事活動是指：按照事先計畫，透過組織協調的實踐，謀求人與事以及共事人之間的相互合作，為完成目標所進行的各項活動。

4. 領導

「領導」（Leading）活動，主要涉及的是，組織活動中人的工作效率問題。領導功能包括：認識人的需要、動機和行為；如何對人進行指導、訓練和激勵，以加強他們的工作積極性；解決部屬之間的各種矛盾以及保證各單位、各部門之間溝通管道暢通無阻等等。這些領導活動的目的是，根據企業組織所規劃的目標，然後配合組織活動而進行的人事活動工作。

5. 協調

「協調」（Coordinating）活動是，面對管理工作中的問題，採取適當的措施和辦法。協調的主要工作是使其所管理的組織內各個部門以及組織內外關係人員等的聯絡與溝通，調整意見，相互配合，以便更有效率地實現管理目標的過程。由於與管理領導有密切因果關係，管理學者把它納入領導管理的範疇。

6. 控制

「控制」（Controlling）活動是與領導活動緊密相關的工作。控制功能是透過領導的各項工具而進行的活動。它包括以下三項基本工作：

──制訂各種控制工作效率的標準。
──檢查工作是否按計畫進行。
──工作是否符合既定的標準。

還有，控制活動也要處理包括：假使工作發生偏差時，要如何即時發出警告信號；要如何分析偏差產生的原因以及糾正偏差，或者制訂新的計畫等等工作，以確保實現組織目標。

四、管理學的運作

管理學的運作，主要是在執行管理功能的實務工作，此項任務由不同團隊的分工執行。這個運作體系被稱爲「三級管理層」（Three levels of management）：基層管理、中層管理、高層管理。這些管理者組成權責相符的層次，完成不同的工作。在許多組織中，管理人員的數目相對於等級而言，是呈金字塔形狀。每個等級的管理人員都有相應的職責與頭銜。

1. 基層管理

基層管理運作者，包括：督導、組長與領班等人。他們的工作著重於控制與指揮，負責員工分配任務與指導的日常工作，以保證生產的品質與數量符合要求。基層管理人要向上司報告作業實況、提出建議，並樹立員工的榜樣。於是，基層管理運作者的職責是提供基本的監督、激勵、規劃與回報等工作。

2. 中層管理

中層管理的運作由經理、區域經理以及部門經理組成，向管理高層匯報所在部門的工作情況。他們比較注重組織部門的工作規劃、監督與分析。根據企業組織的經營方針，執行組織計畫，完成高層制訂的目標。中層管理人員負責將高層的資訊與決策，傳達、解釋給基層，並爲基層管理人員提供指導，以便提升效率。管理中層的主要職能包括：

—指揮有效的基層團隊。

—監視團隊層面的運作。

—解決團隊中出現的問題。

—執行獎勵系統的作業。

—支持有效的協作機制。

3. 高層管理

高層管理者包括董事長、總裁、副總裁、CEO，以及重要的管理顧問。他們的工作包括：

—控制並監管整個企業組織。

—確定整個企業組織的目標。

—制訂企業組織的策略計畫。

—制訂企業組織的經營政策。

—決定企業組織的發展方向。

—聘任中層職位的管理人員。

此外，董事會在管理任務上，必須特別發揮關鍵作用，並爲股東和大眾負責。內容包括：

—籌集內部與外部資源。

—制訂經營、收購與併購重大決策。

—執行長 CEO 的聘用、考核和解聘。

董事會在聘任 CEO 等高管職位方面，要求實際的深度參與。2013

年，一份對來自公營和私營公司的160多位CEO和董事的調查發現：當前的最大弱點是董事會的「參與問題」。一方面，有10%的公司從來不對CEO進行考核；另一方面，董事會如果聘用一些專員，例如，內部審計員與有給職顧問，向其匯報工作，而導致董事會與CEO權責分工的混亂。

高層管理者的職責隨著企業組織類型不同而有所變化，通常要求加強認識市場競爭、世界經濟與政治的現況與趨勢。此外，CEO負責執行由董事會所擬定企業組織的政策，監督中層管理者完成日常工作細節，包括：說明編製部門預算、程序和計畫的要求；聘用中層管理人員，部門之間的協調，媒體和政府關係以及與股東的溝通。

2 管理學起源與發展

1. 早期的管理活動
2. 管理理論的萌芽
3. 古典的管理理論
4. 現代的管理理論
5. 當代的管理理論

人類進行有效的管理活動已有數千年的歷史，但是，從管理活動到形成一套比較完整的理論，則是一段漫長的發展過程。回顧管理學的形成與發展，瞭解管理先驅者對管理理論和活動所作的貢獻，以及管理活動的演變過程等等，對每個學習管理學的人來說，都是必要的功課。

一般來說，管理學形成之前，可以分成兩個階段：第一，早期管理活動階段——從有人類集體勞動開始到18世紀；第二，管理理論產生的萌芽階段——從18世紀到19世紀末。然後，在管理學形成後又分爲三個階段：

第一，古典管理理論階段——20世紀初到20世紀30年代，行爲科學學派出現前。

第二，現代管理理論階段——20世紀30年代到20世紀80年代，主要是行爲科學學派及其他理論的論戰時期，所謂的「叢林階段」（Jungle stage）。

第三，在世紀交替時期開始，也就是從理論學派到管理學發展多功能領域的階段。於是管理學的知識與實務被引用到包括：醫院管理、金融管理、餐旅管理等等領域。

根據上列的管理活動與發展過程，管理學起源與發展的討論，包括以下五個階段。

一、早期管理活動

早期管理活動階段，是從有了人類集體勞動開始到18世紀。人類爲了謀求生存而自動進行的管理活動，其範圍是極其廣泛的管理活動。

在這段時期，人們僅僅憑著經驗，在勞動分工與合作上管理，尚未進行有系統的整理，也沒有形成管理的理論。早期著名的管理活動和管理概念，大都散見於中國、埃及、希臘、羅馬和義大利等國的史籍和許多宗教文獻之中。

二、管理理論的萌芽

從19世紀工業革命以來，以機器爲主的現代化工廠持續建立，爲了生產效率與行銷競爭，管理的問題與概念就越來越被重視。於是，管理的概念開始逐步形成。

這個時期的代表人物有亞當・斯密（Adam Smith, 1723-1790）、大衛・李嘉圖（David Ricardo, 1772-1823）等兩人。亞當・斯密是英國古典政治經濟學派創始人之一，他的代表作是《國富論》（*The Wealth of Nations*）。大衛・李嘉圖是英國金融家、古典政治經濟學的傑出代表者和完成者，1817 年出版《政治經濟學及賦稅原理》（*On the Principles of Political Economy and Taxation*），在經濟學界產生了深遠的影響。亞當・斯密比大衛・李嘉圖對管理學理論的直接涉入較多。

亞當・斯密對管理理論最重要的貢獻之一是「分工論」。他發現，在工作上分工，可以取得以下的優勢：其一，可以使工作者從事某種工作，有利於提高技術熟練程度；其二，有利於推動生產工具的改革和技術進步，可以減少工作的變換；其三，有利於勞動時間的節約，從而提高工作效率。

三、古典管理理論

古典管理理論階段是管理理論最初形成的階段，在這階段裡，管理概念的論述主要是：從管理職能與組織結構去討論企業組織的效率問題。然而，針對人類的心理因素，包括工作動機與態度等問題則很少涉及。在這期間，在歐美各國分別活躍著具有開創者地位的管理大師：

第一，科學管理之父：弗雷德里克・泰勒（Frederick Winslow Taylor, 1856-1915）。

第二，管理理論之父：亨利・法約爾（Henri Fayol, 1841-1925）。

第三，組織理論之父：馬克斯・韋伯（Max Weber, 1864-1920）。

泰勒的論述重點在於：在工廠管理中，如何提高工作效率，於是，他提出了科學管理理論。科學管理的中心觀念是提高勞動生產率。科學管理的關鍵在於整合原來的工作方法，應用科學原理加以論述。為此，泰勒提出了「任務管理法」（Task Management），而這項方法必須配備「第一流」的工人，才能夠發會揮最高的效率。

亨利・法約爾是一名法國礦學工程師，管理學理論學家。他是古典管理理論的創立者，並對企業組織內部的管理活動進行整合。1916 年他出版了《工業管理與一般管理》（*Administration Industrielle et Générale*, by Henry Fayol, 1916）。法約爾對「組織管理」進行了系統地研究，於是他提出了管理過程的「職能劃分理論」(Théorie de la division fonctionnelle)。他在著作中闡述了管理職能的劃分工作。他認爲管理的六大職能是：預測、計畫、組織、指揮、協調和控制。經過隨後的發展，將預測納入計畫功能，也新增了人事功能。

馬克斯·韋伯(Max Weber)是德國著名社會學家與政治學家、也是一位現代最具影響力的思想家。在管理思想方面，他的主要貢獻是在《社會組織和經濟組織理論》(*The Theory of Social And Economic Organization*, by Max Weber and A. M. Henderson, 2012)一書中提出了理想官僚組織體系理論，他認爲建立一種高度結構化的、正式的、非人格化的理想官僚組織體系是提高勞動生產率的最有效形式。

上述三位及其他一些先驅者創立的古典管理理論，被以後的許多管理學者研究和傳播，並加以系統化的整理。

四、現代的管理理論

現代管理理論階段主要指以行爲科學與管理理論叢林的階段。行爲科學的主要研究是：個人行爲、團體行爲與組織行爲。他們研究人的心理、行爲等對高效率地實現組織目標的影響作用。行爲科學理論的主要人物有四位：

第一，喬治·梅奧(George Elton Mayo, 1880-1949)，「人際關係理論」是他的代表論述。

第二，亞伯拉罕·馬斯洛(Abraham Harold Maslow, 1908-1970)，「需求層次理論」是他的代表論述。

第三，道格拉斯·麥格雷戈(Douglas M. Mc Grego, 1906-1960)，「X理論－Y理論」是他的代表論述。

第四，亨利·明茨伯格(Henry Mintzberg, 1939-)，「雙因素理論」是他的代表論述。

梅奧是美國管理學家，早期的行爲科學——人際關係學說的創始人，美國藝術與科學院院士。梅奧原籍澳洲。20歲時，在大學取得邏輯學和哲學碩士學位，應聘於昆士蘭大學講授邏輯學、倫理學和哲學，後來赴英國蘇格蘭愛丁堡研究精神病理學，成爲澳洲心理療法的創始人。

馬斯洛是著名管理學家、美國社會心理學家、人格理論家，是「人本主義心理學」（Humanistic Psychology）的主要發起者。他對人的動機持整體的看法，認爲人的本性是中性的與向善的。以此爲基礎，馬斯洛提出了需求層次理論。他的需求層次理論是研究組織激勵時，應用得最廣泛的理論。該理論把需求分成五類，依次由較低層次到較高層次發展：

——生理需求。
——安全需求。
——社交需求。
——尊重需求。
——自我實現需求。

麥格雷戈是美國著名的行爲科學家，人性假設理論創始人，管理理論的奠基人之一，X-Y理論管理大師。他取得哈佛大學博士學位，然後在哈佛與麻省理工學院擔任教職。他的學生評估他說：「麥格雷戈有一種天賦，他能理解那些眞正打動實際工作者的東西。」他是20世紀50年代末期發展出的人際關係學派的中心人物之一，其他還有馬斯洛與赫茨伯格（Fredrick Herzberg）等人。美國《管理評論》雜誌發表了他的《企業組織的人性方面》（*The Human Side of Enterprise*, by Douglas McGregor, 2006）一文，提出了著名的「X理論－Y理論」，該文1960年以書的形式出版。

明茨伯格，加拿大管理學家，是在全球管理界享有盛譽的管理學大師，「經理角色」（Manager Role）學派的主要代表人物。他是最具原創性的管理大師，對管理領域常提出打破傳統及偶像迷思的獨到見解。他的第一本著作《管理工作的性質》（*The Nature of Managerial Work*, by Henry Mintzberg, 1973）曾經遭到15家出版社的拒絕，但是，現在成爲管理領域的經典。他在管理領域40多年，發表過近100篇文章，出版著作10多本，在管理學界是獨樹一幟的大師。

五、當代的管理理論

進入20世紀80年代以後，由於國際環境的劇變，特別是石油危機對國際經濟環境產生了重要的影響。這時的管理理論以「策略管理」爲主，討論企業組織與環境的關係。這時期的研究重點在於：企業組織如何適應充滿危機和動盪不斷變化的環境。代表人物是：邁克爾·波特（Michael E. Porter）所著的《競爭策略》（*Competitive Strategy: Techniques for Analyzing Industries and Competitors*, by Michael E. Porter, 1998）把策略管理的理論推向了高峰，他強調透過對產業演進的說明，和各種基本產業環境的分析，得出不同的策略決策。

在此時期，「企業組織再造」（Reengineering）是另一項管理的重要主題。該理論的創始人是美國麻省理工學院教授邁克爾·哈默（Michael Hammer），他認爲：企業組織應以工作流程爲中心，需要重新設計企業組織的經營、管理及運作方式，進行所謂的「再造工程」(*Reengineering the Corporation: A Manifesto for Business Revolution*, by Michael Hammer and James Champy, 2006）。美國企業組織從80年代起開始了大規模的企業組織重組革命，隨後日本企業組織也於上個世紀90年代，進行了所謂「第二次管理革命」。在這三十幾年間，企業組織管理經歷著前所未有的、類似脫胎換骨的變革。

隨著21世紀的來臨，資訊化和全球化浪潮迅速席捲全球，於是，消費者的個性化與消費的多元化，決定了企業組織的生存關鍵。管理者必須適應不斷變化的消費者的需要，以便在全球市場上取得消費者的信任，才有生存和發展的可能。這一時代，管理理論研究的主要對策是發展「學習型組織」。彼得·聖吉（Peter M. Senge）在所著的《第五項修煉》（*The Fifth Discipline: The Art & Practice of The Learning Organization*, by Peter M. Senge, 2006）中更是明確指出：企業組織唯一持久的競爭優勢是，比競爭對手學得更快與具有更好的工作能力。於是，學習型組織就是大家實現共同願景和獲取競爭優勢的場所。

3 管理學面臨的挑戰

1. 21 世紀的管理挑戰
2. 管理環境變遷
3. 管理的新思維
4. 管理的新趨勢

一、21 世紀的管理挑戰

早在20 世紀末，管理學大師彼得．杜拉克就提出了管理學將面臨挑戰的議題——《21 世紀的管理挑戰》（*Management Challenges for the 21st Century*, by Peter F. Drucker, 1999）。此書出版後轟動整個管理學界，影響新世紀管理的發展趨勢，也被翻譯成包括中文的多種版本。《哈佛商業評論》（*Harvard Business Review*）曾摘要其論述指出：

> 管理的新範式如何改變和如何繼續改變我們對管理實踐和管理理論的基本認識。《21 世紀的管理挑戰》不乏卓越遠見和前瞻性思維，它收集了豐富的知識、廣泛的實踐經驗、深邃的洞察力、精闢的分析和撥雲見日般的常識，這些都是杜拉克著作的精髓和管理學的里程碑。

在《21 世紀的管理挑戰》全書的6 章中，杜拉克提出了以下六項挑戰：

——管理的新範式。（第 1 章）
——策略——新的必然趨勢。（第 2 章）
——變革的引導者。（第 3 章）
——資訊挑戰。（第 4 章）
——知識工作者的生產率。（第 5 章）
——自我管理。（第 6 章）

在這些挑戰議題裡，本書以後將討論第三項、第四項以及第六項，在此，就其他的三個項目：管理新範式、策略新趨勢以及生產率進行概要論述。

1. 管理新範式

所謂管理的「範式」（Paradigms）通常爲管理研究學者及實務工作者，在下意識裡所堅持的規範。它是基於一個前提性的「假設」之中，這套假設在管理學中就是研究理論上的「範式」。可惜，「範式」卻從管理規範的「假設」變成了「事實」。這項管理學角色的錯亂，或可比喻爲「伴娘變成新娘」，必須加以正視。

「管理範式」在管理學中的意義，一方面，它建構了管理學者的思維，主導其研究工作方向，同時也決定著他們的思考和表達方式。管理範式之外的東西，他們視若無睹，很可能成爲管理學的盲點。另一方面，它還建構了管理的實務工作者「範式」的基本「假設」前提，成爲了管理者管理行動的出發點指標，並且最終成爲衡量管理者行動的有效性準繩，值得重新思考。

2. 策略新趨勢

在策略新趨勢的議題裡，企業組織策略計畫（Strategic Planning）是主要的關鍵。企業組織根據外部環境和內部資源條件而制訂。它包括：生產管理、行銷管理、財務管理、人力資源管理等帶有全盤性的重大計畫。由於邁向21世紀的環境變遷與市場需求變化，策略新模式的規劃是管理學所面臨的另一項挑戰。

企業組織策略是企業組織行銷活動的根本。個別企業組織制訂嚴密及可行的策略計畫，並採取嚴謹的實施步驟，最終可使企業組織增加營收。一方面，它樹立更好的企業組織形象，取得消費者的信賴，使企業組織得以發展；另一方面，它也加強生產與與經營績效，在市場競爭嚴峻的情況下，保持企業組織的生存。具體來說，策略計畫在行銷新趨勢活動的過程中，能引起以下三項作用：

第一，策略計畫是協調企業組織內部各種活動的總體指導原則和基本手段。該計畫可以在企業組織內部形成明確的共同目標，有利於充分而合理地利用企業組織內部的各種資源，從而使企業組織的各項目標得以快速與完整的實現。

第二，策略計畫要求管理人員必須仔細觀察、分析市場動向，並對其未來的走向做出評估，從而明確地決定企業組織未來的行動方向。這樣做，可以減輕或消除出乎預料的市場波動事件對企業組織造成的問題，避免在經營上出現大幅度的波動。

第三，策略計畫要求管理者的決策，事先全面性考慮問題，不僅要考慮順境下，尤其要考慮逆境下應當採取的行動。這項要求：一個企業組織對實際發生的各種變化做出的正確與適當的反應，並與企業組織的各種目標一致。制訂策略計畫還可以加強企業組織內部各部門、各層次橫向、縱向的資訊溝通，把企業組織內部可能出現的衝突減少到最低限度。

3. 生產率

生產率（Production Rate）是指：企業組織個別單位勞動生產的產品或服務的速率，或指投入和產出的比率，以便反應總體生產的效率。在面對21世紀市場競爭劇烈的前提下，專業管理者是否能夠掌握生產率的優勢，成爲促成企業組織生存與發展的重要指標。

生產率在當代管理學中是一個很重要的概念。管理學者杜拉克曾指出：生產率是一切經濟價值的泉源。因此，它成為企業組織最為關鍵與追求的指標。從一個行業的宏觀增長角度看，生產率和資本、設備以及勞動等生產要素都共同支持成長。然而，從效率角度看，生產率等同於特定時間內，個別企業組織總產出與各種資源要素總量投入的比值。

二、管理環境變遷

管理環境變遷是管理學面臨新世紀的第二項挑戰。一般來說，目前的管理環境是延續上個世紀所累積的狀況，同時，也要求切實面對環境變化的新挑戰。以下兩項是在諸多挑戰中比較具有代表性的議題。

1. 知識與資訊

企業組織的資源過去是以勞動力、土地、資本為主，目前則轉向以知識與資訊為主軸。傳統的資源，例如：勞動力、土地、資本和自然資源支撐了20世紀的企業組織發展。但是，到21世紀，知識與資訊就成為企業組織發展的最大資源。現行的資源配置模式是否應該放棄？未來的資源配置模式又應該如何處理？上個世紀90年代風行歐美的「組織改造」理論與實踐，具有前瞻性觀點，同時也為21世紀的管理學發展提出了呼喚。

2. 經濟人與社會人

企業組織活動的主體雖然是人，但是，在資本家與勞動者的角色，卻隨著世紀的交替而產生了變化。於是，企業組織的勞動者由經濟人轉向社會人，因而造就勞動權高漲以及企業組織社會責任的要求。在物質逐步豐富的20世紀中，勞動者大多迫於生計，像一個追逐利益的經濟人，然而在21世紀物質甚為豐富之後，人們開始重視工作環境條件與品質要求。於是，資本家只好被動地在管理上進行「以人為本」的管理活動，尋找21世紀的新模式。

三、管理的新思維

管理新思維的挑戰是指管理者在面對21世紀所出現的新狀況，管理者當進行必要的思考，以便做出正確的反應。以下提供三項討論議題：地球村、資訊爆炸以及學習型組織。

1. 地球村

企業組織需要在更大的範圍內，謀求整體而不是局部的利益。人類只擁有一個地球，21世紀的人們將更體會世界的渺小、地球的可愛。於是，個別企業組織將更超越自己的「本業」去思考問題與解決問題。在此前提下，企業組織是一個整體，他們將沒有國界，企業組織的經濟活動將從全球的長遠角度來看。因此，21世紀的跨國企業組織將面臨著：以全球經濟的發展與人類福利的成長爲目標的新挑戰。

2. 資訊爆炸

資訊爆炸導致管理資訊運用的困難。21世紀是資訊的世紀，也是資訊爆炸的世紀。資訊越是豐富與多元化，企業組織越是應該思考：如何發展出更有效資訊管理的方法與技術。從所需資訊的角度來看，假使一個生產者和消費者都是在資訊不充分的情況下，如何在他們之間架起溝通的橋樑？將是21世紀市場行銷全新觀念和體系的拓展方向。

3. 學習型組織

由「工具型組織」轉向「學習型組織」是邁向新世紀的一項重大變化，這項變化要求管理者思考新的對策。由於企業組織內外環境正在不斷加速變化中，因此，僵化的組織已不能即時調整，以適應環境，從而導致衰落乃至消失。新世紀的來臨，使得一些肩負企業組織的管理者必須修讀《第五項修煉》（*The Fifth Discipline*，作者：彼得．聖吉 Peter M. Senge，學習型組織之父）的新功課，使企業組織工作方式隨著需要而更新，眞正成爲有學習能力的組織。21 世紀中唯有成爲學習型組織，才能夠永續經營。

四、管理的新趨勢

進入21 世紀之後，大眾期待企業組織肩負更大的社會責任，管理者爲了生存與發展競爭，也要思考如何能夠開創新局面。在面對管理學發展新趨勢的挑戰，有下列三項議題值得加以論述。

1. 軟實力

軟實力（Soft Power），美國哈佛大學甘乃迪政治學院院長約瑟夫·奈（Joseph S. Nye Jr.）於上世紀80 年代首先提出這個概念（*Soft Power: The Means to Success In World Politics,* by Joseph S. Nye Jr., 2005）。原來是指在國際關係中，一個國家除了經濟及軍事外的第三方面的實力，主要是文化、價值觀、意識型態及民意等方面的影響力。之後有學者把軟實力應用於企業組織管理領域，並形成了企業組織軟實力的概念與實務。

軟實力，通常包括：企業組織文化、價值觀念、團隊意識以及消費者的認同等等。它是一種終極競爭力，而且是居於競爭力的核心地位。過去企業組織所強調的硬實力，主要包括：資金、設備與人力，雖然一直發揮了整體的重要作用，但是，那是階段性的作用，很難在新世紀發揮核心競爭力的功能。軟實力產生的效力雖然是緩慢，但卻具有彌漫擴散性，而且實際上決定了企業組織長遠的未來發展。

2. 整體性發展

企業組織由過去的內部分工，走向新世紀的整體性發展。過去的20世紀是「專業化分工」的世紀，人類從專業化分工獲得了巨大的收益，20世紀的文明可以說是專業化分工的文明。然而分工愈深愈細，則愈有可能偏離原來所設定的終極目標，使綜合性的問題難以處理和解決。21 世紀是強調「整體發展」的世紀，企業組織只能在整合發展中獲得新生。於是，管理學者有必要創造整合性的理論與方式。

3. 生存與發展

企業組織的終極目標是持續發展，然而20世紀的人們在發展時，卻導致了資源枯竭、生態環境惡化、物種減少、空氣污染以及氣候反常等等問題，這一切給21世紀的發展帶來困難，人們不禁要大聲地問：人類社會還能持續發展嗎？

21世紀的人類應該回答這個問題，作為支撐台灣社會經濟支柱的企業組織也應該有自己的答案。企業組織首要的是生存，就像人類一樣，然後才能有發展。在21世紀中，企業組織應以什麼方式發展，才能永續發展，這應該是未來管理學研究的重要課題。

4 面對管理學新課題

1. 加強基礎管理
2. 強化作業管理
3. 溝通協調管理
4. 管理系統工程

面對管理學新課題的關鍵是進行提高企業組織管理水準的措施。隨著21世紀的國際化發展趨勢，企業組織要想在市場競爭中立於不敗之地，必須不斷地提高企業組織管理水準。於是，企業組織管理水準的高低決定了該企業組織發展的方向，同時也掌握著其持續發展的空間與時間。提升企業組織管理水準，應把重點放在以下四項工作：

——加強基礎管理。
——強化作業管理。
——溝通協調管理。
——管理系統工程。

一、加強基礎管理

提高企業組織管理水準，首先要加強企業組織各項基礎管理工作。加強企業組織管理基礎工作是在原有的管理工作架構下，進行深化工作，內容主要包括下列三項：

1. 工作標準化

標準化（Standardization）的管理工作，主要是技術標準管理、運作標準管理以及品質管理等的基礎工作。內容則包括：標準的制訂、執行和監督工作的過程。標準化工作要求要具有「新標準」、「高標準」以及「健全標準」的三項特點。

2. 定額管理

定額管理（Quota Management）就是在因應市場需求以及在生產技術條件下，對於人力、物力、財力的消耗、利用以及佔用所規定的數量限制。定額工作要求具有實踐性與可行性，以便限制執行工作的高標與低標。定額工作要求具有權威性與整體性，更重要的是其階段性特點，要有階段地適時進行調整。定額管理是反應台灣農產品的產銷失衡問題的主因。

3. 計量與資訊管理

計量與資訊是息息相關的管理工作，計量工作的關鍵是獲得充分的資訊與評估資料。假使沒有經過實際測驗和準確可靠的資料，企業組織的生產和經營管理就失去了科學依據。

資訊管理是指企業組織生產與經營活動所需資料的搜集、處理、傳遞、貯存等管理工作。現代化企業組織必須要擁有一套健全、準確和靈敏的資訊系統，使企業組織生產與經營過程納入電腦管理軌道系統。並且持續運用資訊科技來創造企業組織的競爭優勢與提升經營績效，以滿足經營的需求。

二、強化作業管理

強化作業管理的目的是依據所設定的管理作業中，挑選出比較關鍵部分給予特別的重視。這包括四個部分：

──強化統計職能。
──預防作業管理。
──監督作業管理。
──追蹤作業管理。

1. 強化統計職能

統計管理是爲了適應企業組織內部資料管理的需要，所進行一系列的工作，它與強化計量與資訊管理有密切關係。主要步驟如下：

第一，運用相關技術方法，進行資料搜集、整理、計算以及分析工作。

第二，對企業組織的經濟活動進行衡量、評估和預測。

第三，爲企業組織改善經營管理，提高經濟效益，提供資訊服務。

在強化作業管理前提下，統計管理的基本職能是指：爲企業組織協調所屬的人力、物力與財力提供統計資料，以便配合實現企業組織經營目標。統計資料管理，涉及搜集、提供、整理、分析、公布統計資料各個階段。

此外，統計管理不僅對原始調查資料進行管理，而且對整理加工的統計數據與統計分析資料，也需要進行管理。統計資料管理也包括統計資料的公布，它是統計資料管理的一項重要內容。只有加強統計資料的管理，才能保證統計資料的正確性與即時性。

2. 預防作業管理

預防作業管理是強化作業管理的另一項重要工作，包括三個階段：

──預測預防作業。
──決策預防作業。
──計畫預防作業。

首先，預測預防作業工作，是廣泛搜集有關企業組織內部條件、競爭者經營狀況及市場變動趨勢等資料，據以對企業組織長期投資項目、預期收益及企業組織未來發展方向進行分析與推測，並整理出詳細的書面報告。

其次，決策預防作業工作，它是企業組織管理活動中的關鍵一環，也正是管理統計的核心內容。根據管理者決策的特殊需要，在各種資料深入分析的基礎上，對多種可供選擇的方案，進行正確抉擇。

最後，計畫預防作業工作，根據前面的決策，計畫工作按照企業組織經營的專案目標、特點以及所具備的條件，對企業組織資源進行全面的規劃和安排。

3. 監督作業管理

監督作業管理是制度控制系統的一部分，是指：企業組織透過規章與條文的形式，來規範和限制企業組織各級管理層與全體員工的行爲，以保證所執行的計畫活動不違背企業組織策略目標的實現。因此，監督作業管理是強化作業管理的第三項重要工作。

提高監督能力是企業組織競爭力的後盾。值得一提的是，提高監督能力是許多新興企業組織在 20 世紀後期，能夠在市場中崛起的關鍵因素。

配合監督能力提高，監督人員訓練課程的普及極爲重要。訓練課程包括調整計畫、修訂指標以及強化監督措施等。

4. 追蹤作業管理

追蹤作業管理是企業組織針對產品或過程進行後續的評估與考核，從而避免危機的發生。內容是要針對設計上的可靠性與安全性進行檢驗，發現缺點，然後提出對策。追蹤作業管理包括以下四個項目。

第一，核算追蹤作業：以固定計算單位，透過確認、計算、記錄和報告等步驟，對特定活動進行記帳、算帳和報帳，爲管理者提供執行績效所需要的資訊。

第二，分析追蹤作業：指系統性全面的確認整體工作，以便爲管理活動提供各種有關工作方面的資訊，進行一系列的工作資訊搜集、分析和綜合的過程。

第三，審核追蹤作業：在人力資源管理工作的基礎上，審查分析品質對其他人力資源管理是否具有影響。

第四，考核追蹤作業：評估企業組織活動、衡量管理者和經營者業績，並對改善企業組織管理和提高經濟效益提供參考意見。

三、溝通協調管理

提高企業組織管理水準，要注重運用溝通管理手段和增強協調能力。溝通與協調是解決問題的關鍵性工具，溝通是展現解決問題的誠意強度，協調則是爲溝通作業提供支持。

1. 溝通協調的應用

溝通協調管理就是指：以眞摯的感情，增強管理者與員工的溝通聯絡，滿足員工的心理需要。透過溝通協調展現對員工的關心與尊重，形成和諧融洽的學習和工作氣氛，讓員工把企業組織當作自己的家而與企業組織共同努力的人性化管理。溝通協調內容包括以下四項：

第一，運用「溝通激勵」進行溝通協調。部門管理者必須要營造相互信任、關心、體諒、支持與互敬互愛，以便營造團結融洽的氣氛。

第二，運用「領導激勵」進行溝通協調。各項工作管理者要起帶頭作用，同時教育和幫助部屬員工。

第三，運用「榜樣激勵」進行溝通協調。榜樣的力量是無窮的，絕大多數員工都是力求上進而不甘落後。工作表現良好的一定要表揚，成爲大家的模範榜樣。

第四，運用「獎勵懲罰」。獎勵和懲罰必須結合起來，也就是運用正面（獎勵）與負面（懲罰）的手段實施考核激勵。

2. 溝通協調的運作

作爲管理者必須將管理者和被管理者的關係，運用正式溝通與非正式溝通有效結合起來；善於與人交往，有尊重意識，與員工進行直接交流。同時，要重視公平因素對溝通反應的影響。人們希望受到平等對待，因此要重視公平環境的創造。

協調是企業組織管理的重要職能，也是做好工作的有效方法。因此，在日常工作中要注重對內與對外以及橫向與縱向的協調。對內必須嚴格管理，要保持穩定，避免產生矛盾；對外堅持原則，保持工作協調暢通。與橫向同級各單位、部門之間互相學習、互相支持；與縱向的上下級以及公司其他職能部門之間要主動協調溝通。

四、管理系統工程

提高企業組織管理資訊水準是人類社會的重要資源，現代人時時刻刻都離不開資訊。在當今的知識經濟時代，企業組織對知識和資訊的有效管理已日益緊迫。同時，世界經濟趨於一體化與全球化，所有的企業組織將面臨前所未有的壓力。

當前的市場特徵是新產品上市速度日益加快，產品生命週期不斷縮短，產品必須滿足消費者個性化需求。在這種形勢下，企業組織必須充分意識到在激烈的市場競爭中，僅僅靠價格、品質、產品和服務已無法贏得競爭優勢，因爲這些東西都是競爭對手很容易學到，而且可能還做得比本企業組織更好。只有引進先進的管理系統模式和創新觀念，才能在競爭中脫穎而出。

1. 企業組織資源計畫

「企業組織資源計畫」或稱「企業組織資源規劃」，簡稱ERP（Enterprise Resource Planning），是指：建立在資訊技術基礎上，以系統化的管理思想，爲企業組織決策層及員工提供決策運行手段的管理平台。它是實施企業組織流程再造的重要工具之一。

企業組織資源計畫是由美國著名管理諮詢公司高德納諮詢公司（Gartner Group Inc.）於1990年提出來，現在已經發展成爲現代企業組織管理理論之一，20多年來，已經是國際大型製造業所使用的資源管理系統。世界500大企業組織中，有80%的企業組織都在用企業組織資源計畫系統，作爲其決策工具和管理日常工作流程，其功效可見一斑。

2. 企業組織資源計畫的功能

ERP（企業組織資源計畫）的主要功能是：整合了企業組織管理理念、業務流程、基礎數據、人力物力、電腦硬體和軟體於一體的企業組織資源管理系統。ERP成爲先進企業組織管理模式，是提高企業組織經濟效益的解決方案。其宗旨是對企業組織所擁有的人力、財力、物力、資訊、時間和空間等等資源，進行綜合性平衡和優化管理。

其次，ERP的主要工作是進行協調企業組織各管理部門，以市場導向進行業務活動，提高企業組織的核心競爭力，從而取得最好的經濟效益。ERP是一個軟體系統，同時也是一個管理工具。它融合IT技術與管理思想，也就是先進的管理思想借助電腦，來達成企業組織的管理目標。

再者，ERP 的實施，不僅能幫助台灣企業組織進行規劃內部資源，而且可以有效地整合企業組織的外部資源，使企業組織在國際市場競爭具有優勢，在企業組織供應鏈之間的競爭取得穩定支持。同時，讓 ERP 與電子商務有效結合，對企業組織開拓國際市場，善用國際資源，以便掌握當前千載難逢的有利時機。例如，鴻海集團配合美國川普總統的新政策進軍美國。總之，實施 ERP 是現代企業組織管理的重要手段，是企業組織適應經濟市場接軌的最好切入點。

5 學習管理學的好處

1. 為何要學管理學？
2. 管理角色的重要性
3. 學習管理學的優勢
4. 善用管理學的優勢

一、為何要學管理學？

爲何要學管理學？或許你還在困惑這個問題。你的主修專業或許是會計學、市場行銷，或者資訊技術，或許還不太理解學好管理學怎麼會對自己的職業生涯有幫助，那就讓我們看看到底有哪些理由可以證明我們爲什麼要瞭解管理學。

首先，我們希望透過學習管理學，以便獲得管理的專業知識與技能，而成爲專業的管理者。假使我們還是學生，學習管理學將優先進入企業組織的管理部門服務；假使我們已經在職場工作，修習管理學之後，讓我們更有機會在轉換職業跑道時，進入管理部門服務，或者，在我們既有的領域裡晉升領導者的行列。

其次，我們希望透過所學習到的管理知識與技能，觀察與分析周圍企業組織的管理方式，以便逢凶化吉。爲什麼這樣說呢？因爲我們每天的生活都與管理息息相關，瞭解管理可以使我們對各個企業組織有更深入的認識，以便採取適當的行動。否則，假使你從沒想到所投資的某家知名企業公司會破產，可是卻突然宣布破產了而措手不及。可見，認識企業組織管理方式的重要性。

最後，擁有管理知識，除了逢凶化吉之外，更有機會讓我們從危機中掌握機會。例如，某家正派經營的企業組織突然失控，導致投資者紛紛出脫持股之際，你卻逆向運作，逢低進場。爲什麼？因爲，根據你的觀察，該企業組織，包括：董事會與經營團隊在管理上都正常運作，僅是偶然事件造成短期股價下跌，確信該企業組織必然會立即改善，以便挽回市場，當然股價也會跟著從谷底反彈。

二、管理角色的重要性

認知學習管理學的重要性，那麼認識身爲管理者角色的重要性，也相對重要。請參照本書第13章「成爲稱職管理者」。以下有四個理由進行討論：

第一，專業需要。21世紀是人工智慧與軟實力的時代。受過良好專業訓練的管理者，其專業技能和能力能夠提供企業組織更有績效的服務，同時，也保證工作能夠如期完成。

第二，人才需要。隨著本世紀的科技快速發展，導致社會環境、國際政治與市場競爭充滿了複雜性和不確定性，企業組織爲了生存與永續發展，需要雇用更多不同層次的管理專業工作者。

第三，角色需要。優秀的管理者能夠讓企業主獲得應有的投資報酬，也能在提高員工士氣的同時，提升消費者的滿意度。於是，管理者在參與各項活動中扮演著關鍵的角色。

第四，發展空間。更重要的是，受過良好訓練的管理者的待遇普遍比較優厚，工作受到肯定，持續學習的同時，也擁有更大的個人專業發展空間。

三、學習管理學的優勢

一般而言，傑出的企業組織必定擁有一批優秀的管理人才。同時，一位優秀的管理者，總是能夠在傑出的企業組織裡，發展自己的專業理想，這就是學習管理學的優勢。

許多在管理上被肯定的國際公司，諸如蘋果、星巴克、麥當勞、亞馬遜、谷歌以及新加坡航空等，它們的經營發展過程中，都擁有許多優秀的管理團隊，一直吸引大批忠實的消費者群，即使在經濟環境充滿挑戰的21世紀，這些公司也能夠想到如何繼續成長壯大的方法。反之，管理不善的公司，例如，復興航空，2016年宣布解散時，受害者包括十萬名受到影響的旅客以及一千七百多名員工。

學生畢業後，就開始了自己的職業生涯，那麼，不是管理他人，就是被人管理。對那些致力於管理生涯的有志者來說，對管理學的瞭解讓他們掌握管理技能的基礎；而對於不認爲自己能走上管理職務的人來說，仍有可能要與管理者共事。同樣的，任何人進入一個企業組織裡工作，那麼，即使不是一個管理者，也將擔負一些管理責任。以往的經驗告訴我們：透過學習管理學，你會對老闆、同事的行爲，以及組織的運行，有更深入的認識。我們的觀點是，任何人並不需要僅僅爲了成爲管理者，才能夠從管理學課程中獲益。

此外，學習管理學的另一項優勢是：獲得更高的薪資待遇。根據104人力銀行公布的資訊顯示，專案與產品管理類人員以及生產管理類人員的平均月薪排行榜如下：

專案與產品管理類人員：

專案管理主管　　67,454

營運管理師，系統整合與 ERP 專案師	52,121
軟體相關專案管理師	52,280
其他專案管理師	46,050
產品管理師	50,053

生產管理類人員：

生產管理主管	50,083
工廠主管	60,174
工業工程師／生產線規劃師	43,871
小單位主管	36,246

四、善用管理學的優勢

在台灣22K的低薪時代裡，上列的平均月薪應該可以吸引不少新鮮人願意修習管理學課程，同時更應該認識：如何善用管理學的優勢？參考《管理學百科全書》專家們的說法，專業管理人員必須善用以下十項技能的優勢：

1. 效率優勢

具有優勢的管理者面對工作職責上的要求，總是會選擇更有效率的方法去處理，以便迅速達成所設定的目標。這些方法包括：使用更有效的管理工具以及個人所設定的標準作業程序（SOP）。

2. 經驗優勢

具有優勢的管理者對於自己工作上會接觸到的事務，總是會用心想辦法去解決，以便累積更豐富的經驗。這些經驗的傳承包括：學習別人的有效經驗，善用網路資訊以及相關圖書參考資料。

3. 溝通優勢

具有優勢的管理者會重視部屬的心聲，總是聆聽他們的心聲與個別需求，就算他們沒有明確的表示，也可以準確認知他們的想法，讓溝通無障礙。這項溝通優勢也應用在與上司、同儕以及消費者身上。

4. 自律優勢

具有優勢的管理者，必然自我期許高，總是自動自發去完成工作目標，甚至超越企業組織的要求，讓自己在工作與生活結合，發展自我實現的人生。因此，自律優勢，不但是專業成長的關鍵，也是個人自我實現的基礎。

5. 合作優勢

具有優勢的管理者必然會融入企業組織團隊，富有合作精神。除了自己的上司、自己的工作伙伴與部屬，其他部門的團隊，也都在工作上展現了合作的優勢。

6. 友誼優勢

具有優勢的管理者，除了是友好的工作伙伴，必然同時是一位值得信賴而且忠實的朋友。願意伸出友誼的手，與同事分享經驗、分擔責任以及彼此相互支持。因此，具有友誼優勢的管理者，必然擁有許多忠實的朋友。

7. 志工優勢

具有優勢的管理者，必然也會在自己分內工作以外，積極參與一些工作範圍外的事務與活動，包括當社會服務志工，以便擴大視野。因爲，具有優勢的管理者，除了專業領域之外，還要具有廣闊的視野，當然也包括社會、政治以及國際觀點。

8. 回饋優勢

具有優勢的管理者，也會重視外界以及消費者的意見，總是注意他們的建議，以便思考並有所改進。因爲，在市場上，最有價值的參考意見，是直接從消費者的回饋中獲得的。同時，也聽取部屬的建議，以便在管理上有所改進。

9. 開放優勢

具有優勢的管理者，也會有接受別人批評的雅量。敞開心胸，聆聽他們的批評，包括同事與部屬，甚至不懷好意的競爭對手。這項開放態度是個人取得更高層管理職位者，所具有的人格特質優勢。避免陷入管理界爲人所詬病的：「職位越高者，心胸越狹窄」的危機。

10. 專業倫理

具有優勢的管理者，也會具有高度的專業倫理意識與道德價值觀。他們在遇到專業的倫理道德問題時，會做出正確的抉擇。在當代智慧產業蓬勃發展之際，職業倫理要求管理者要有強烈的自我控制能力。這是企業組織，特別是高科技產業，在求才時的一項重要指標。

由以上十項說明可知，「專業」一詞指的是，除了專業能力之外，還必須具有態度優勢。很少有人會因爲上網速度或是歸檔速度快，而被認爲是個「專業者」，更不會有人因爲具備淵博的知識而成爲老闆認定的「優秀專業者」。「專業」的相反詞不一定是「非專業」，而是反應在應用「專業技術」上的「態度」與「高度」。技術專家也許擁有高超的技術，但是，專業的「善用」才是被肯定的重要依據。

此外，對擁有管理學優勢的管理者的要求內容，總是不斷變化。隨著社會生產力和科學技術的發展，對專業管理者的需求日益增加，對其應具備的專業管理優勢，也提出了以下更高的三項要求：

第一，具有優勢的專業管理者，隨著市場變化，必須擁有高度的專業理論知識和管理能力，並能把這些知識與能力有效運用到專業管理工作中。

第二，具有優勢的專業管理者，要具有強烈的競爭與開拓意識，能夠開創自己專業管理工作新局面，以便擴大專業領域，在職位上更上一層樓。

第三，具有優勢的專業管理者，也要具有面對新問題的能耐，以便解決新型專業技術與管理問題的挑戰。因此，能夠準確預測未來專業技術的變化，並隨時提升能力，隨時走在專業技術的前端。

總之，以上共十三項專業優勢是管理者擁有的寶貝資產，這些都是需要透過不斷的學習與歷練而擁有，以便在取得管理職位之後得以善用之。

管理加油站

「空椅子」的聯想

面對著有許多的「空椅子」。
是誰留下的？給誰留下的？
問題的關鍵不是找答案，
而是尋找它們的主人！

一、個案背景

《空椅子》（*Empty Chairs*）。作者安妮·凱勒（Anne Davidson Keller）。2017年12月9日出版。在亞馬遜（Amazon）獲得很棒的5.0評分。作者是位具有豐富經驗的社會工作者，動人的描繪一個家庭的年輕一代，如何在成長過程中，面對生涯發展挑戰的奮鬥故事。

喬·麥克道威爾（Joe McDowell）從他母親的錢包裡偷走了一些硬幣（累積出遠門的路費）。爲什麼？因爲他想要一個貧窮的農場男孩永遠不可能擁有的東西：尋找自己的夢想。而從他來看，情況是越來越糟糕。喬的哥哥泰德離家從軍去了，而且看起來好像喬必須成爲家庭接棒經營農場的人。他不想要接那個棒子，但是，他怎麼能讓爸爸失望？這個家能倖免於即將面臨的危機嗎？在這故事的一次大轉變中，他必須在個人理想和家庭現實需求之間做出沒有退路的選擇……。

對這位心中徬徨不安的年輕人，或許也包括讀者們。目前的情況是：面對著有許多的「空椅子」（Empty Chairs）。是誰留下的？給誰留下的？問題的關鍵不是找答案，而是尋找它們的主人！

二、年輕人的機會

如果說，上個世紀是「巨人」的世代，因爲它造就了許多耳熟能詳的人物，例如，蘋果電腦的賈伯斯，台積電的張忠謀以及鴻海的郭台銘等傑出的企業創辦人與經營者；那麼，21 世紀就是個邁向「年輕人機會」的時代。

2017 年 5 月 6 日從法國巴黎的雷平發明展（Concours Lepine）傳來好消息。大會特別表揚兩名來自桃園會稽國中的二年級學生：張鈞翔以「防瞌睡警示器」獲得金牌；郭宇新的「防洪警鈴」獲銅牌。年僅 14 歲的兩人，首度出國參展就奪下獎牌。此外，21 歲的高志宏以「Just it 歡樂碗」獲得特別獎。此次參展，台灣共獲得 11 金、23 銀、40 銅的成績。

台灣學子參加 2017 年 7 月 14 日在泰國舉辦的國際化學奧林匹亞競賽，傳回捷報：四位代表全數奪金，國際排名第一，還有一位台中一中學生葉遠蓁，個人排名世界第二。台灣參加化學奧賽，每年都獲得不錯的成績，近 10 年國際排名都是前 5 名，加上今年共有 6 次拿下第一。此外，在匈牙利舉辦的世界模型大賽，2017 年台灣拿到 1 金 1 銀 3 銅的佳績，難以相信的是，五位得獎者，都是第 1 次參加國際賽的年輕人，而且最小的得獎者，只有 17 歲。除了恭喜「立大功」的小兵們，期待有更多的年輕人加入這項自我成長的行列。

三、思考問題

1. 在低薪時代，卻依然有著許多「空椅子」的迷思。
2. 思考上述多位個人成就者的關鍵因素。
3. 思考個人面對未來就業挑戰的可能對策。
4. 思考「空椅子」聯想，對學習管理學的意義。

討論問題

1. 管理的六大功能是什麼？
2. 系統管理概念的作業發展，分爲哪三個主要階段？
3. 試述管理的控制活動。
4. 試述「三級管理層」(Three levels of management)：基層管理、中層管理、高層管理，其各自的著重之處。
5. 早期著名的管理活動和管理概念，大都散見於何處？
6. 亞當．斯密對管理理論最重要的貢獻之一是「分工論」。他發現，在工作上分工，可以取得哪些優勢？
7. 科學管理之父：弗雷德里克．泰勒（Frederick Winslow Taylor）論述重點是什麼？
8. 策略計畫在行銷新趨勢活動的過程中，能引起哪三項作用？
9. 管理環境變遷中，企業組織的勞動者爲何由經濟人轉向社會人？
10. 何謂學習型組織？
11. 何謂軟實力？
12. 何謂定額管理？
13. 強化作業的統計管理是爲了適應企業組織內部資料管理的需要，所進行的一系列工作，有哪些主要步驟？
14. 溝通協調內容包括哪四項工作？
15. 何謂「企業組織資源計畫」(Enterprise Resource Planning, ERP）？
16. 爲何要學管理學？
17. 身爲管理者角色的重要性，有哪四個理由？
18. 學習管理學，具有哪些優勢？
19. 管理者應該擁有哪十三項專業優勢？

第2章 管理學的理論

1. 管理學基礎
2. 管理學系統
3. 管理學行動
4. 管理學原則
5. 管理學運作

學習目標

1. 討論管理學基礎的兩項主題

   包括：科學管理與目標管理。

2. 討論管理學系統的兩項主題

   包括：過程管理與行政管理。

3. 討論管理學行動的兩項主題

   包括：決策管理與績效管理。

4. 討論管理學原則的十四項主題

   包括：勞動分工、權力與責任、紀律原則、統一指揮、統一領導、個人與整體利益、報酬原則、集中的原則、等級制度、秩序原則、公平原則、人員穩定、首創精神以及團隊精神。

5. 討論管理學運作的兩項主題

   包括：營運管理與企業組織再造。

1 管理學基礎

1. 科學管理
2. 目標管理

管理活動源遠流長，人類進行有效的管理活動，已有數千年的歷史，但是，從管理實踐到形成一套比較完整的理論，則是一段漫長的歷史發展過程。回顧管理學的形成與發展，瞭解過去管理理論，先驅者對管理理論和實踐的貢獻，以及管理活動與管理概念的演變歷史，這些對每個學習管理學的人來說，都是必要的功課。

管理理論誕生於18世紀到19世紀的工業革命。由於以機器爲主的現代化工廠陸續成立，工廠的管理越來越突顯其重要性。同時，管理方面的問題也越來越多，於是管理學的概念與理論開始逐步形成。一直發展到21世紀的今日，在這段漫長的時間裡，出現了爲數不少的管理理論以及新觀點。

根據研究綜合分析，列出了一份「影響世界進程的100位管理大師」的名單。我們選擇了其中八項代表性論述以及關鍵人物，這些理論分別爲四個管理領域：管理基礎、管理系統、管理行動以及管理運作。每項領域有兩個主題。在每一個主題論述裡包括四個部分。

在「管理基礎」的領域裡，主題與關鍵人物包括：科學管理——泰勒，目標管理——杜拉克。每一項主題的論述包括四個部分：理論背景、關鍵人物、理論基礎以及實際運作。

一、科學管理

討論科學管理的議題，主要內容包括以下四個項目：理論背景、關鍵人物、理論基礎以及實際運作。

1. 理論背景

20 世紀初的美國，經濟快速發展，由於企業組織管理遠遠落後於當時科學技術的成就，於是一批工程技術人員和管理人員進行各種實驗，努力把當時科學技術的最新成就應用於企業組織的生產和管理，想要大幅度地提高勞動生產率，從而形成了一套科學管理的理論與實踐方法，泰勒的《科學管理原理》（*The Principles of Scientific Management*, by Frederick Taylor, 2014）就是其中最具代表性的理論。

泰勒認爲導致管理效率不彰的情況而需要大力改革的原因有三項：

第一，工人們普遍流行一種謬見，認爲如果他們快速工作，就會使許多工人失業，進而大幅傷害整個行業的效率。

第二，當時進行的管理體制缺陷甚多，導致「怠工」成了工人爲保護自身工作權益，所必須採取的一種最方便的防衛手段。

第三，由於按照工人效率低落的經驗法則行事，普遍存在於各行各業中，因此，有心改革者卻無力挽救，而浪費了很多時間與精力。

在上述問題之下，泰勒認爲必須採用「科學管理」來代替傳統的「經驗法則」。科學管理是建立在勞資雙方利益一致的基礎之上。科學管理要求企業組織的每一個成員充分發揮最高的效率，爭取最高的產量，實現勞資雙方的最大利益。這項改革既闡明了「科學管理」的眞正內涵，又綜合反應了泰勒的科學管理的理念。

2. 關鍵人物

弗雷德里克·溫斯洛·泰勒（Frederick Winslow Taylor, 1856-1915）是「科學管理」的關鍵人物。泰勒是20 世紀初最偉大的管理學家、工程師。身爲那個時代的先覺者，被譽爲「科學管理之父」。他在美國東部鐵路運費改革個案中一夜成名。1911 年，他的《科學管理原理》（有中文翻譯本）一書出版，在學術界引發了一場巨大的管理變革。

3. 理論基礎

1911 年泰勒的《科學管理原理》一書出版，標誌著科學管理理論的誕生。這本書講述了運用科學方法，以確定從事一項工作的「最佳方法」，使管理從經驗法則轉變爲科學。泰勒提出了科學管理的基本思想、基本內容以及科學管理的具體方法等一系列的論述。

第一，在科學管理的基本思想方面，泰勒提出了以專業分工、標準化以及最優化等三項爲基礎，發展出的一系列管理思想。這些正是傳統管理經驗法則最爲缺乏的重要概念。

第二，在科學管理的基本內容方面，泰勒對企業組織作業管理、組織管理等進行了全面闡述。其中包括：對工人的挑選和培訓、標準作業條件、明確規定作業量以及建立激勵性的差別工資報酬制度。

第三，在科學管理的方法方面，泰勒提出了定額管理、差別計件工資制，嚴格挑選以及善用第一流工人，然後進行標準管理的一系列具體的步驟與方法。

4. 實際運作

泰勒面對美國當時資源浪費嚴重，勞動生產率低下的事實，他認爲管理的主要目的是使勞資雙方都得到最大程度的利益，而實現此目標的唯一方式，就是提高勞動生產率。也就是，每個工人都須下定決心每天努力工作。泰勒認爲以下的作業管理可解決此問題。

第一，爲作業挑選「第一流」的工人。在泰勒看來，每一個人都具有不同的天賦和才能，只要工作適合於這個人，他就都能成爲第一流的工人。他經過觀察發現，人與人之間的主要差別不是在智能，而是在意志上的差異。有些人適合做這些工作，而有些人則不適合做。第一流的工人是適合於其工作而又努力工作的人。因此，在各行業中的工人都應是最適合該項工作的人。這其中就展現了泰勒的「專業分工」的思想。

第二，實行工作定額制。泰勒認爲在舊的管理體制下，不論是雇主還是工人，對於一個工人一天應該作多少工作，都沒有固定的見解。雇主或管理人員對工人一天的工作量的規定是憑經驗來確立，根本缺乏科學依據。在他看來，必須採取科學的方法來確立工人一天的工作量。也就是，選擇合適而熟練的工人，對他們進行工時和動作研究，以此確立「合理的每日工作量」。也就是，實行工作定額。

第三，制訂科學的工作方法。採用科學的方法能夠對工人的運作方法、使用的工具、勞動和休息的時間進行合理的調配。同時，對機器安排和作業環境等進行改進，消除各種不合理的因素，把最好的因素結合起來，從而形成一種標準的作業條件。泰勒認為，在科學管理的情況下，要運用科學知識代替個人經驗，其中一個很重要的措施就是實行工具標準化、運作標準化、勞動動作標準化等標準化管理。只有實行標準化，才能使工人使用更有效的工具，採用更有效的工作方法，從而達到最大的勞動生產率。

第四，實行激勵性的工資制度。它包括三部分：其一，透過工時研究，進行觀察和分析，以確定「工資率」的工資標準。其二，差別計件工資制，也就是，按照工人是否完成定額而採用不同的工資報酬。其三，即時發放薪酬，也就是薪酬必須即時地在工作完成後立即發放。這樣做，就能激發工人的生產積極性。

二、目標管理

討論目標管理的議題，主要內容包括以下四個項目：理論背景、關鍵人物、理論基礎以及實際運作。

1. 理論背景

目標管理（Management by Objective，簡稱 MBO）是管理專家彼得．杜拉克（Peter F. Drucker）1954 年在其名著《管理實踐》（*The Practice of Management*, by Peter F. Drucker, 2006 ）中最先提出的，隨後他又提出「目標管理和自我控制」的主張。杜拉克指出：要先有了目標，才能確定每個人的工作，而與當時普遍認爲「有了工作才有目標」相反。因此，企業組織的使命和任務必須從目標開始。

假使一個行業沒有目標，這個行業的工作效率必然被忽視。因此高層管理者應該透過目標對下級進行管理。目標管理的提出，時值第二次世界大戰之後，由美國開始迅速發展，隨後在歐洲的英國、德國與法國以及亞洲的日本、台灣、韓國以及中國也跟進。

2. 關鍵人物

彼得·杜拉克（Peter F. Drucker, 1909-2005）生於奧地利的維也納，1937年移居美國，終身以教書、著書和諮詢爲業。杜拉克一生共著書39本，在《哈佛商業評論》發表文章30餘篇，被譽爲「現代管理學之父」。《紐約時報》讚譽他爲「當代最具啓發性的思想家」。

半個世紀以來，杜拉克一直是企業組織、公共事業組織和政府等高級管理者的良師益友和顧問。他對社會經濟具有敏銳的洞察力，同時兼具豐富的實踐經驗。他善於將兩者融會貫通，指導組織的領導人在複雜的社會中掌握稍縱即逝的機會。許多傑出理財專家都深受其思想的影響。2005年11月，杜拉克在家中逝世，享年95歲。

3. 理論基礎

目標管理（MBO）的理論基礎，主要表現在以下四方面：

（1）明確目標

明確的目標比只要求人們盡力去做有更好的業績，而且高水準的業績是和高層次的目標相關。在企業組織中，目標技能的改善會繼續提高生產率，然而，目標制訂的重要性並不限於企業組織，在公共組織中也是有用的。

（2）參與決策

目標管理中的目標不是像傳統的目標設定，是由上級給下級單向規定目標，然後分解成子目標落實到組織的各個層次上，而是用參與的方式決定目標。上級與下級共同參與選擇設定各個層次的目標，也就是透過上下級協商，逐級制訂出整體組織目標、經營單位目標、部門目標直至個人目標。因此，目標轉化的過程，既是「自上而下」的，又是「自下而上」。

（3）時限規定

目標管理強調時間性，制訂的每一個目標都有明確的時間期限要求，例如一個季度、年度、五年，或在已知環境下的任何適當期限。在大多數情況下，目標的制訂可與年度預算或主要專案的完成期限一致。主要是要依實際情況來定，在典型的情況下，組織層次的位置越低，爲完成目標而設置的時間往往越短。

（4）績效評估

目標管理要求不斷地將實現目標的進展情況回饋給個人，以便他們能夠調整自己的行動。也就是說，下屬人員承擔爲自己設置具體的個人績效目標的責任，並具有與其上級領導人一同檢查這些目標的責任。因此，每個人對他所在部門的貢獻就變得非常明確。特別重要的是，管理人員要努力引導下屬人員對照預先設立的目標來評估業績，積極參加評估過程，用這種鼓勵自我評估和自我發展的方法，鞭策員工對工作的投入，並創造一種激勵的環境。

4. 實際運作

目標管理實際運作是依據組織最高層管理者確定了組織目標後，對其進行有效分解，轉變成各個部門以及個人的目標。於是，各層級管理者根據目標的完成情況對部屬進行考核、評估和獎懲。目標管理實際運作包括以下三個項目：

（1）統一目標

企業組織在目標管理實際運作必須具備統一的目標。企業組織唯有具備了明確的目標，並且在組織內部形成緊密合作的團隊才能取得成功。但是，在運作過程中，不同的因素會妨礙團隊合作。比如：不同部門之間常常缺乏協調，生產部門生產的產品，銷售部門卻發現銷售不佳，設計人員可能根本不考慮生產部門的難處或市場的需要，而開發出一種全新的產品。可見，統一目標的重要關鍵性。

（2）關鍵目標

在目標管理實際運作上，組織的關鍵目標只有一個。它是按照企業組織的目的來定義。例如，美國貝爾電話公司所秉持的目標是：「我們的企業組織就是服務。」一旦關鍵目標明確後，企業組織其他不同領域的目標也就易於確定了。因此，企業組織的發展取決於目標是否明確。只有對目標做出精心選擇後，企業組織才能生存、發展和繁榮。

（3）具體目標

除了統一性與關鍵性外，目標管理的運作還要有具體性。一個發展中的企業組織要盡可能滿足消費者不同方面的需求，這些需求和員工、管理階層、股東以及消費者是具有整體的關聯。高層管理者負責制訂企業組織主要的總體目標，然後將其轉變爲不同部門和活動的具體目標。

總之，目標管理實際運作的目標是共同制訂的，而不是強加給下屬。目標管理假使能具體得到充分實施，下屬甚至會採取主動配合，提出他們自己認爲合適的工作目標，爭取上級的批准。這樣，從管理階層到一線員工的每個人，都將清楚需要去實現什麼目標。

2 管理學系統

1. 過程管理
2. 行政管理

「管理系統」的主要目的是指：有效地支援目標管理運作，它在管理學實際運作上扮演重要角色。在管理系統的領域裡，主題與關鍵人物包括：過程管理——亨利·法約爾（Henri Fayol），行政管理——馬克斯·韋伯（Max Weber）。

一、過程管理

討論過程管理的議題，主要內容包括以下四個項目：理論背景、關鍵人物、理論基礎以及實際運作。

1. 理論背景

過程管理（Process Management）又稱爲過程化管理，是現代管理學的一項觀念，其基本理論是從「橫向」管理視角，把企業組織看作一個作業整體，而非傳統的「垂直」管理概念。

過程管理的基本概念並非排斥傳統官僚體制的垂直結構，而是將作業管理系統確立在「橫向」管理過程化，以便取得更優勢的工作效率。另一方面，過程管理也從產業革命以來的部門分工，邁向企業組織經營整體運作的管理新概念。

2. 關鍵人物

亨利·法約爾（Henry Fayol，法文 Henri Fayol，1841-1925）是法國科學管理專家，被稱爲「管理過程之父」，管理學先驅之一。他 1841 年生於土耳其伊斯坦布爾，1860 年礦業學院畢業，然後進入康門塔里福爾香堡（Comentry- Fourchambault）採礦冶金公司，成爲一名採礦工程師，也是一位在理論上有特殊發現的地質學者。

法約爾的代表著作是 *Gestion générale et industrielle*，（英文翻譯 *General and Industrial Management*, by Henry Fayol, 1949 出版，中文翻譯本《工業管理與一般管理》）。法約爾一生從事管理過程效率的改善研究，其理論影響今日的管理思想良多。他在採礦冶金公司度過了整個職業生涯，1925 年於巴黎去世。

3. 理論基礎

過程管理的基本理論是：從「橫向」管理視角把企業組織看作一個運作整體，主要是由產品研發、生產管理、銷售管理、採購管理、計畫管理、品質管理、成本管理、消費者管理以及人事管理等業務，按照制訂的作業方式，組成整體的網路作業系統。

這個作業系統是根據企業組織的經營目標，從優化設計業務過程開始，然後確定業務過程之間的聯結方式或組合方式，最後以業務過程爲中心，制訂資源配置方案和組織機構設計方案。此過程管理包括：制訂解決企業組織資訊流程、物資流程、資金流程和工作流程等管理的方案。它綜合應用資訊技術、網路技術、計畫與控制技術等等的過程管理。

4. 實際運作

應用過程管理法在企業組織管理實踐中，必須改變傳統的管理模式、管理方法和管理結構，以便建立新的管理模式。對企業組織來說，要做的工作主要有以下四項：

（1）過程系統設計

在企業組織管理中運用過程管理法最關鍵的工作是，對企業組織業務過程進行系統設計。在企業組織業務過程設計中，要根據企業組織經營目標，按整體最優原則、精簡原則和注重過程輸出結果的原則等，進行概念開發。

在上述前提下，企業組織管理先設計上層業務過程，然後分層設計，把複雜的業務過程分解爲若干較爲簡單的業務過程，應用於並行工程技術。儘量以「並聯作業」取代「串聯作業」，尋找最優或較優的作業組合方式，不斷調整和改進。透過簡化、合併、組合、替代和改變業務過程之間的聯結等方式，優化業務過程。

（2）資訊與回饋系統

建立管理資訊系統和回饋控制系統包括：資訊採集、資訊傳輸、資訊儲存和資訊加工等處理的過程。進行各業務過程的運行狀況，包括：物資流程、資金流程均可用資訊方式進行描述。在企業組織應用過程管理方法，要利用電腦資訊技術建立能夠描述企業組織各業務過程、業務過程之間的資訊輸出和輸入及加工處理狀況的資訊模式。

要實現業務過程管理的預期目標，也必須運用回饋控制技術，建立業務過程回饋控制系統，使每一個業務過程運行處於可控制狀態，也就是依據回饋資訊，透過改變輸入因素和控制變量，對各業務過程的運行狀況進行即時控制，即時解決過程運行中出現的問題，對各業務過程的運行進行整體協調。

(3) 組織變革與創新

過程管理也要透過組織變革與創新來實現。在企業組織要以業務過程爲中心，按照業務過程的結構和運行特點進行組織結構設計，以便有利於按照業務過程運行的變化作調整。還有，在運用過程管理方法時，也要進行創新文化環境。

企業組織按照業務過程管理，要求管理人員建立工作標準體系、績效評估體系以及制訂業務過程運行控制和協調規則。要創建團隊合作、相互溝通、知識共享、持續學習、持續改進的企業組織文化，注重提高管理人員的學習能力、創新能力、應變能力和解決實際問題的能力。

(4) 技術整合

最後，在企業組織運用過程管理方法，需要整合多方面的技術，包括：將管理技術、電腦資訊與製造技術、生產管理技術、人工智能技術以及自動控制等等結合起來，實現技術整合，以便解決業務過程的各項問題。

如在處理資訊流程、貨物流程和工作流程管理問題時，包括：解決業務過程的計畫和控制，解決業務過程部分作業實現自動化處理或高效率處理以及解決提高業務過程系統運行效率等。例如，運用智能技術，以資訊設備或智能設備取代人工的運作，使企業組織業務流程作業實現自動化處理的高效率作業。

二、行政管理

行政管理的議題，主要討論的內容包括以下四個項目：理論背景、關鍵人物、理論基礎以及實際運作。

1. 理論背景

從管理學的觀點看，行政管理（Administration Management）是指包括：企業組織、社會團體以及非營利機構，由擁有職權者執行相關事務而進行的治理活動。換言之，行政管理是一種系統性的組織治理活動，它隨著社會發展，管理範圍與對象逐漸擴大，也包括了政府的行政措施。

2. 關鍵人物

馬克斯·韋伯（Max Weber, 1864-1920）是德國著名社會學家與政治學家，也是一位現代最具生命力和影響力的管理思想家。他的著作大部分環繞著倫理學、資本主義、宗教學以及官僚體制與行政管理等主題。行政管理的論述主要在他的《社會與經濟組織理論》（*The Theory Of Social And Economic Organization*, by Max Weber, 1997）。

3. 理論基礎

現代行政管理主要運用系統工程概念和方法，以減少人力、物力、財力以及時間的支出和浪費，提高工作的效能和效率。因此，行政管理正是企業組織關鍵體系，例如，高層行政部門與董監事會所追求的目標。

要使行政組織發揮作用，管理應以知識爲依據進行控制。管理者應有勝任工作的能力，也應該依據客觀事實而不是憑主觀意志來領導，因此，這是一個有關集體活動理性化的概念。要規範典型的行政組織體系，從小規模的創業性管理向大規模的職業性管理的過渡，它應該具有上述的理論基礎。

4. 實際運作

企業組織要有效地進行系統性的行政管理活動，有下列七項必要的實際運作：

(1) 確定目標

任何機構組織都應有確定的目標，是根據明文規定的規章制度組成的，並具有確定的組織目標。人員的一切活動，都必須遵守程序，其目的是爲了實現組織的目標。

(2) 勞動分工

組織目標的實現，必須施行勞動分工。把實現目標的全部活動進行劃分，然後落實到組織中的每一個成員。在組織中的每一個職位都有明文規定的合法權利和義務。

(3) 指揮系統

組織按照等級制度形成了一個指揮系統，具有完整的權責相互對應的組織，各種職務和職位按等級制度的體系來進行劃分。每一級的人員都必須接受其上級的控制和監督，同時個人也必須爲自己的行動負責。

(4) 人員關係

組織內部人員的關係，是一種指揮和服從的關係。這種關係是由職位所賦予的權力所決定。因此，個人之間的關係，不應該影響到工作上的關係。

(5) 教育訓練

承擔每一個職位的人都是經過挑選，然後接受適當的教育訓練，以便獲得所要求的資格。由職位的需要來確定需要何種的培訓。人員必須是稱職的，同時也應該獲得工作保障。

(6) 嚴格制度

管理人員有固定的薪酬，並且有明文規定的升遷制度及嚴格的考核制度。透過這種嚴格制度來培養組織成員的團隊精神，要求他們對組織的向心力。

（7）遵守紀律

最後，要求管理人員必須嚴格地遵守組織中的法規和紀律。組織對每個成員的職權和協作範圍都有明文規定，從而減少內部的衝突和矛盾。韋伯認為，嚴格紀律型統治是官僚組織結構理論的基礎，因為它為管理的連續性提供了基礎。

根據上面的前提，擔任管理職務的人員是按照他對工作的勝任能力來挑選，包括：領導人具有其合理性；具有行使權力的法定手段；所有的權力都有明確的規定，任職者不能濫用其正式權力。嚴格紀律型統治是以一種對正規形式的「法律性」以及對掌權者根據這些條例發佈命令的權力的信任作為基礎。這種組織的管理制度不僅具有合法的公認權威性，並且最好需要具有「理性」的搭配。

3 管理學行動

1. 決策管理
2. 績效管理

在「管理行動」的領域裡，討論主題與關鍵人物包括：決策管理——赫伯特・亞歷山大・西蒙；績效管理——約翰・羅傑斯・康芒斯。

一、決策管理

討論決策管理的議題，主要內容包括以下四個項目：理論背景、關鍵人物、理論基礎以及實際運作。

1. 理論背景

決策管理（Policy-making management）是指：企業組織決定採取某種行動，這種行動的目的在於使涉及的事件得以解決尋找最適當方法。同時，也讓當事人所面臨的問題獲得令人滿意的解決。換言之，決策管理就是：決策者透過制訂決策以及採用適合於本企業組織的決策模式，以便達到企業組織管理的一種管理方法。因此，與前述的科學管理與目標管理並列爲管理的三大基礎理論。

2. 關鍵人物

赫伯特·亞歷山大·西蒙（Herbert Alexander Simon, 1916-2001）。西蒙的父母親是德國猶太人，於1903年遷居美國。1933年進入芝加哥大學，1943年獲得芝加哥大學政治科學博士。西蒙是經濟組織決策管理大師，他的決策管理代表著作《管理決策的新科學》（*The New Science of Management Decision*, by Herbert Alexander Simon, 1977）。1978年他獲得第十屆諾貝爾經濟學獎，瑞典皇家科學院的賀詞：西蒙博士的科學成就遠超過他所教的任何一門學科——政治學、管理學、心理學和資訊科學。西蒙獲得了很多榮譽，除了1978年的諾貝爾經濟學獎外，還包括1986年的美國國家科學獎章和1993年美國心理學會的終身成就獎。

3. 理論基礎

決策理論主要反應在決策模式上。爲了幫助企業組織領導者採取相對正確的決策模式，提出了下列三項決策理論原則：

（1）決策正確

首先，決策正確原則是企業組織重要的環節。假使這個決策是否正確會帶來重大的影響，而且領導者本身對某個問題沒有足夠資訊，或者沒有該方面的專業知識時，建議不要採用這項決策模式。應該採用其他決策模式，以集思廣義，透過腦力激盪找出最佳方案。

（2）團隊認同

決策要取得團隊的認同。這項原則要求團隊要參與決策，以便得到團隊對決策的最大認同與支持。當一個團隊的組成相對比較資淺，導致對公司的向心力不足，未能對公司目標取得認同，可能導致公司的決策難以順利執行。

（3）員工認同

員工對決策認同是企業組織重要環節之一。除了團隊的認同，也需要獲得個別成員的支持。公司決策應避免強制執行，需要出於員工眞心的認同，才能得到最佳成效。因此，透過團隊成員的共同討論，團隊自然會想出最合適的方案，在這個討論的過程，負面的想法會自然的被排除。

4. 實際運作

受到文化與價值觀的影響，企業組織決策管理的實際運作具有多樣化的模式。根據美國華盛頓大學貝廷教授（*The Role of Relevant Experience*, by Patrick J. Bettin, 1984）的多年研究分析，大多數領導者決策的實際運作可分爲以下五大模式：

（1）「L 型」決策模式

「L 型」決策模式，是領導者完全依據自己對該事情的瞭解與資訊，憑其經驗與知識做決策；對該項事情的決策，完全不與相關部屬討論或徵詢意見。自信滿滿的領導者，或認爲部屬沒有能力，或不習慣部屬的參與決策，都喜歡使用這種決策模式。假使領導者對該項事務並不十分瞭解，這時候採用 L 型的模式，就要冒決策失敗的風險了。

（2）「LI 型」決策模式

根據「LI 型」決策模式，領導者面對一項決策時，會選擇性的詢問部屬一些問題的看法，但是，並不會讓員工知道詢問的目的何在，之後自己根據這些得來的資訊，就做決策了。決策的品質與正確性是決策成敗的關鍵，當領導者對這項決策又缺少足夠知識時，L 與 LI 兩項類型都不是理想的決策模式。

(3)「LC」決策模式

「LC 型」決策模式，是領導者單獨的分別找幾位部屬，徵詢他們對決策的意見，領導者會先說明決策的目的與困難，並與這些部屬相互討論什麼是最佳的方案。 LC 型的決策模式，雖然也只是與少數幾位部屬分開討論，但是，因爲領導者會提出困難與決策的說明，可算是比較民主方式的領導。

(4)「LCT 型」決策模式

「LCT 型」模式，是指：領導者在需要做決策的時候，會先召集相關的關鍵成員一起開會，先向他們說明決策的目的與困難，並請他們提出各自的看法與決策建議。領導者只扮演引導討論的角色，最後領導者綜合意見後，加上自己的思考，才做出決策，並向成員說明最終的決定與原因。這種決策模式充分做到上下交流，全員參與，對形成團隊合作有很大的幫助。

(5)「T 型」決策模式

「T 型」模式，是一種全員參與的模式。領導者將決策的形成完全交給團隊，並全力的支持團隊最後的決定。 T 型模式可能會花比較多的時間，但是，這種模式最能被大家接受，並願意全力支持，效率最高。值得注意，假使對公司向心力與認同度不夠，員工容易只考慮自己利益的立場，容易發生偏差的決策。

二、績效管理

討論績效管理的議題，主要內容包括以下四個項目：理論背景、關鍵人物、理論基礎以及實際運作。

1. 理論背景

績效管理（Performance Management），又稱員工考核績效管理。績效管理是一種正式的員工評估制度，它是透過系統的方法與原理來評定和測量員工在職務上的工作行爲和工作成果。績效管理是企業組織管理者與員工之間的管理溝通活動。績效管理的結果可以直接影響到薪酬調整、獎金發放及職務升降等員工的切身利益。

2. 關鍵人物

約翰・羅傑斯・康芒斯（John R. Commons, 1862-1945）。康芒斯曾任美國工業委員會研究員、威斯康辛大學教授、美國經濟研究局局長等職務。他是制度經濟學與經濟管理學方面具有特色的貢獻者。康芒斯以實踐和實驗爲根據進行研究，在勞動關係、績效管理以及社會改革方面有卓越的貢獻。他在管理學方面也頗有建樹，創建了美國勞動法規聯合會，並首先提出了「人力資源績效管理」的概念。在《勞工，管理與社會政策》（*Labor, Management and Social Policy: Essays in the John R. Commons Tradition*, by Gerald Somers, 1963）書中有詳細的論述。

3. 理論基礎

績效管理的基礎建立在爲人員管理的決策提供了重要的參考依據。它也爲組織發展提供了重要的支援，並爲員工提供了一面有效的「鏡子」，也爲確定員工的工作報酬提供依據，同時也爲員工潛能的評估以及相關人事調整提供了很好的依據。績效管理的功能包括以下五個項目：

第一，績效管理提供員工的即時回饋，讓他們知道自己的工作做得怎麼樣。

第二，績效管理提供員工在職訓練需求的依據。讓他們得以獲得適當的培訓。

第三，績效管理提供組織管理層與員工適當溝通的機會。讓雙方得以取得合作的共識。

第四，績效管理提供驗證組織的選人方式是否妥當，是否可以適應各種工作需求。

第五，績效管理提供是否加薪或者發獎金的依據，同時也可以此爲依據，決定核發加薪或獎金的額度。

4. 實際運作

績效管理的運作是一項很複雜的過程，必要提高評估工作的品質，以便達到預期的效果。以下是實際運作的五項原則：

（1）客觀原則

績效管理應該應用科學工具進行評估，使之具有可靠性、客觀性、公平性。考評應根據明確的考評標準，針對客觀考評資料進行評估，儘量減少主觀性和感情色彩。

在此前提下，要求評估的內容要運用科學方法設計的指標來進行。在指標的設計過程中，要避免個人的主觀因素，儘量採用客觀尺度，使評估指標不僅內容準確、具體，而且應盡可能量化。評估指標有定性指標和定量指標之分；對定性指標也要盡可能量化，多運用一些數量方法，應避免主觀的隨意性，以增強評估的客觀性和準確性。

（2）共識原則

評估的共識原則是指：評估使用的方法要爲主管屬下雙方所接受，並能長期使用，這一點對於評估能否眞正取得成效很重要。評估專案的數量應適中，既不太多、太繁雜，也不太少、過於簡單，並且針對組織不同層次的人員採用不同的評估方法。另外，要明確評估方法的目的和範圍，使員工樂意接受與配合評估工作的進行。

（3）制度原則

評估作業要經常化與制度化。爲了使評估的各項功能得以有效發揮，組織應制訂一套科學的評估制度體系，將評估工作落實到具體的權責部門。應進行經常性的評估，盡可能多方地獲取有關員工的實際資料，加強評估的效果。此外，爲了特殊需要所採取的特案評估作業，也要制度化。

（4）多層原則

多層次評估原則是指：員工在不同的時間、不同的場合有不同的表現。這項員工績效的評估作業，要避免給員工帶來困難。爲此，也應間接從多方搜集資訊，從多個角度進行評估。主要包括：上級評估、同事評估、自我評估、下級評估、專家評估、消費者評估等等。綜合運用幾種方法進行評估，可以保證評估的客觀性、全面性以及系統性。

（5）回饋原則

考評結果一定要回饋給被考評者本人，這是員工得到有關其工作績效表現的回饋資訊的一個主要管道。一方面有利於防止考評中可能出現的偏見和誤差，以保證考評的公平與合理；另一方面可以使被考評者瞭解自己的缺點和優點，使績優者再接再厲，成績差者心悅誠服，奮起直追。在此，考評結果的公布，要注意個資法的要求。

4 管理學原則

1. 勞動分工
2. 權力與責任
3. 紀律原則
4. 統一指揮
5. 統一領導
6. 個人與整體利益
7. 報酬原則
8. 集中的原則
9. 等級制度
10. 秩序原則
11. 公平原則
12. 人員穩定
13. 首創精神
14. 團隊精神

法國管理理論學家亨利・法約爾在其系列著作 *Études Sur Le Terrain Houiller De Commentry*（《煤田研究》共三冊）針對管理理論的總結，提供了以下 14 項原則：

——勞動分工。
——權力與責任。
——紀律原則。
——統一指揮。
——統一領導。
——個人與整體利益。
——報酬原則。
——集中的原則。
——等級制度。
——秩序原則。
——公平原則。
——人員的穩定。
——首創精神。
——團隊精神。

1. 勞動分工

針對勞動分工原則（division du travail），法約爾認爲，勞動分工屬於自然規律。勞動分工不只適用於技術工作，而且也適用於管理工作。應該透過分工來提高管理工作的效率。但是，法約爾又認爲：「勞動分工有一定的限度，經驗與尺度告訴我們不應超越這些限度。」

2. 權力與責任

權力與責任原則（Autorité et responsabilités）。有權力的地方，就有責任。責任是權力的孿生物，是權力的當然結果。這就是管理學所謂「權力與責任相符」的原則。法約爾認爲，要貫徹權力與責任相符的原則，就應該設定有效的獎勵和懲罰制度，也就是「應該鼓勵有益的行動而制止與其相反的行動」。實際上，這就是現在我們講的「權、責、利」相結合的原則。

3. 紀律原則

紀律原則（La discipline）。法約爾認爲紀律應包括兩個方面，也就是企業組織與下屬人員之間的協定，和人們對這個協定的態度及其對協定遵守的情況。法約爾認爲，紀律是一個企業組織興盛的關鍵，沒有紀律，任何一個企業組織都不能興盛。他認爲制訂和維持紀律最有效的辦法是：

其一，各層級擁有好的領導者。其二，盡可能明確公平的雙方協定。其三，合理執行懲罰。由於紀律是由領導人主導，無論哪個社會組織，其紀律狀況都主要取決於領導人的價值觀與道德信念。

4. 統一指揮

統一指揮原則（L'unité de commandement）是一個重要的管理原則。按照這個原則的要求，一個下級人員只能接受一個上級的命令。如果兩個領導人同時對同一個人或同一件事行使權力，就會出現混亂。在任何情況下，都不會有適應雙重指揮的社會組織。與統一指揮原則有關的原則，也就是統一領導原則。

5. 統一領導

統一領導原則（Unité de direction）是指：對於力求達到同一目的的全部活動，只能有一個領導人和一項計畫。人類社會和動物界一樣，假使一個身體有兩個腦袋，就是個怪物，就難以生存。統一領導原則講的是，一個下級只能有一個直接上級。它與統一指揮原則不同，統一指揮原則是一個下級只能接受一個上級的指令。

這兩個原則之間既有區別又有聯絡。統一領導原則講的是組織機構設置的問題，也就是，在設置組織機構的時候，一個下級不能有兩個直接上級。而統一指揮原則講的是組織機構設置以後運轉的問題，也就是，當組織機構建立起來以後，在運轉的過程中，一個下級不能同時接受兩個上級的指令。「統一指揮」裡「指揮」一詞的詞義偏重於動詞，而「統一領導」中「領導」一詞偏重於名詞。

6. 個人與整體利益

個人利益服從整體利益的原則（Subordination de l'intérêt individuel à l'intérêt généra）。對於這個原則，法約爾指出：這是一些人們都應該十分清楚的原則，但是，往往「無知、貪婪、自私、懶惰以及人類的一切衝動總是使人們為了個人利益而忘掉整體利益」。為了能堅持這個原則，法約爾認為，成功的辦法是：其一，領導人的堅定性和建立好的榜樣。其二，盡可能簽訂公平的管理協定。其三，認真的進行監督的工作。

7. 報酬原則

人員的報酬原則（Rémunération）。法約爾認為人員報酬，首先要依據雇主的實際狀況與員工的需要，例如，生活費需求的高低以及企業組織的業務狀況與經濟地位等，然後，再按照雇用人員的技能與年資來決定採用適當的報酬方式。

在此前提下，人員的報酬要優先考慮是否能夠維持員工的最低生活消費和企業組織的基本經營狀況，這些是確定人員報酬的一個基本出發點。在此基礎上，再考慮根據員工的勞動貢獻來決定採用適當的額外報酬方式。對於各種報酬方式，法約爾認為不管採用什麼報酬方式，都應該能做到以下幾點：其一，它能保證員工報酬公平。其二，它能獎勵員工的努力和激發熱情。其三，它不應導致超過合理範圍的報酬。

8. 集中的原則

集中的原則（Centralisation）。法約爾關心組織權力的集中與分散的問題。法約爾認為：集中或分散的問題是一個簡單的尺度問題。問題在於找到適合於該企業組織的最適合的方式。例如，在小型企業組織，可以由上級領導者直接把命令傳給下層人員，所以權力就相對比較集中；而在大型企業組織裡，在高層領導者與基層人員之間，還有許多中間領導層級，因此，權力就比較分散。

按照法約爾的觀點，影響一個企業組織是集中還是分散的因素有兩個：一個是領導者擁有權力的大小；另一個是領導者對發揮下級人員的積極性態度。他指出：如果領導人的才能、精力、智慧、經驗以及理解速度允許他擴大活動範圍，他就可以加強集中權力，把助手降低為普通執行人員的作用。相反，如果他一方面要保留全面領導的特權，另一方面更多地採用其他成員的經驗、意見和建議，那麼，他可以實行廣泛的權力分散。總之，所有降低屬下作用重要性的做法是集中權力；反之，提高屬下作用重要性的做法是分散權力。

9. 等級制度

等級制度原則（Ligne d'autorité）是指：從高層權力直到低層管理人員的等級制度領導系列。貫徹等級制度原則就是要在組織中建立一個不中斷的等級鏈，這個等級鏈說明了兩個方面的問題：

第一，它表明了組織中各個環節之間的權力關係，透過這個等級鏈，組織中的成員就可以明確知道誰可以對誰下指令，誰應該對誰負責。

第二，這個等級鏈顯示了組織中資訊傳遞的路線，也就是，在一個正式組織中，資訊是按照組織的等級系列來傳遞。因此，貫徹等級制度原則，有利於組織加強統一指揮原則，保證組織內資訊聯絡的暢通。

另外要注意的是，一個組織如果嚴格地按照等級系列進行資訊的溝通，則可能由於資訊溝通的流程太長而使得資訊聯絡的時間過長，同時也容易造成資訊在傳遞的過程中失真。

10. 秩序原則

秩序原則（Commande）。包括：物品的秩序原則和人的社會秩序原則。對於物品的秩序原則，法約爾認爲，每一件物品都有一個最適合它存放的地方，堅持物品的秩序原則就是要使每一件物品都在它應該放的地方。

對於人的社會秩序原則，他認爲，每個人都有他的長處和短處，貫徹社會秩序原則就是使每個人都在最能使自己的能力得到發揮的單位上工作。爲了能貫徹社會的秩序原則，法約爾認爲首先要對企業組織的社會需要與資源有確切的瞭解，並保持兩者之間的平衡；其次，要注意防止只任用與自己親近的人、偏愛徇私、野心奢望和無知等弊端。

11. 公平原則

公平原則（Équité）。法約爾把公平與公道區分開來。他指出：公道（Juste）是實現已訂立的協定。但是，這些協定不可能什麼都預測到，要經常地說明它，補充其不足之處。爲了鼓勵其所屬人員能全心全意和忠誠地執行其職責，應該以善意來對待他。公平就是由善意與公道產生。也就是說，貫徹公道原則，就是要按照已定的協定辦事。

另外，要注意在未來執行過程中，可能會因爲各種因素的變化使得原來制訂的「公道」協定變成「不公道」的協定，這樣一來，即使嚴格地貫徹「公道」原則，也會使員工的努力得不到公平的待遇，從而不能充分地激發員工的勞動積極性。因此，在管理中要貫徹「公平」原則。所謂「公平」原則就是「公道」原則加上「善意」地對待員工。也就是說在貫徹「公道」原則的基礎上，還要根據實際情況對員工的勞動表現進行「善意」的評估。當然，在貫徹「公平」原則時，還要求管理者不能忽視任何原則，不能忘掉總體利益。

12. 人員穩定

人員的穩定原則（La stabilité de l’occupation du personnel）。法約爾認

爲，一個人要適應他的新職位，並且做好份內的工作，這需要時間，這就是「人員的穩定原則」。按照「人員的穩定原則」，要使一個人的能力得到充分的發揮，就要使他在一個工作單位上，相對穩定地工作一段時間，使他能有一段時間來熟悉自己的工作，瞭解自己的工作環境，並取得別人對自己的信任。

要注意的是：人員的穩定是相對的，而不是絕對的情形。例如，年老、疾病、退休、死亡等都會造成企業組織中人員的流動。對於企業組織來說，就要掌握人員的穩定性和流動性質的關鍵，以利於企業組織中成員能力得到充分的發揮。

13. 首創精神

首創精神（Initiative）。法約爾認爲：能夠想出一個計畫並保證其成功是一個管理者最大的快樂之一，這也是人類活動最有力的刺激物之一。這種發明與執行的可能性就是管理學所說的「首創精神」。他認爲，這與執行的自主性也都屬於首創精神。

法約爾認爲人的自我實現需求的滿足是激勵人們的工作熱情，和工作積極性最有力的刺激因素。對於領導者來說，需要極有分寸地，並要有勇氣來激發和支持大家的首創精神。當然，紀律原則、統一指揮原則和統一領導原則等的貫徹，可能會使得組織中人們首創精神的發揮受到限制。

14. 團隊精神

團隊精神（Esprit de Corps）。法約爾指出：人們往往由於管理能力的不足，或者自私自利，或者追求個人的利益等而忘記了組織的團結。因此，法約爾認爲管理者需要確保並提高勞動者在工作場所的士氣，培養個人和團隊的積極工作態度。

爲了加強組織的團結，法約爾特別提出，在組織中要禁止濫用書面聯絡。他認爲在處理一個業務問題時，用當面口述要比書面快，並且簡單得多。另外，一些衝突、誤會可以在交談中得到解決；盡可能直接聯絡，這樣做更迅速、更清楚，並且更融洽。

5 管理學運作

在「管理運作」的領域裡，主題與關鍵人物包括：營運管理——瑪麗・派克・芙麗特，企業組織再造——邁克・哈默。

一、營運管理

討論營運管理的議題，主要內容包括以下四個項目：理論背景、關鍵人物、理論基礎以及實際運作。

1. 理論背景

營運管理（Operational Management）是指：在企業組織內，爲了使生產、採購、物流、營業、勞動力以及財務等各種業務，能夠按照營運目的順利地執行與有效地調整，所進行的系列管理活動。換言之，是企業組織營運管理對企業組織整個生產營運活動進行決策、計畫、組織、控制、協調，並對企業組織成員進行激勵，以實現其任務和目標的一系列工作的總稱。

2. 關鍵人物

瑪麗・派克・芙麗特（Mary Parker Follett, 1868-1933）是一位具有重大建樹的一流女性學者。她是一位氣質非凡與魅力超群以及終生未婚的傳奇女性。芙麗特不僅在管理學、政治學、經濟學、法學和哲學方面都有著極高的素養，這使她可以把社會科學諸多領域內的知識融會貫通，從而在管理學界提出了獨具特色的新型理論。有人認爲，芙麗特的思想超前了半個世紀，甚至80年。

20世紀60年代以後管理學的諸多探索，都在芙麗特那裡得到了啓示。由於她對管理學的營運工作具有巨大貢獻，當代的大師杜拉克把她稱爲「管理學的先知」。甚至有人把她與泰勒相提並論，宣稱這位傑出的女性應當與「管理學之父」並列，可稱之爲「管理理論之母」。參考其著作《動態管理》（*Dynamic Administration: The Collected Papers of Mary Parker Follett*, by Mary Parker Follet, 2013）

3. 理論基礎

「營運與管理」的相同點：營運是管理職能的延伸與發展，二者是不可分割的整體。在商品經濟高度發展的經濟市場條件下，企業組織管理由以生產爲中心轉變爲以交換和流通過程爲中心，因而營運的交換和流通角色更具重要性。企業組織管理的職能自然要延伸到研究市場需要、開發行銷產品以及制訂市場策略等方面，從而使企業組織管理必然地發展成爲企業組織的營運管理。

「營運與管理」的差異點：管理是勞動社會而營運則是商品經濟化的產物；管理適用於一切組織，而營運則特別應用於企業組織；管理旨在提高作業效率，而營運則以提高經濟效益爲目標。

總之，營運管理的基本任務，在於合理地加強組織生產力，使供應、生產與行銷各個環節相互銜接；配合人力、財力與物力各種要素合理結合，充分利用；儘量減少不必要的勞動、浪費物質的消耗，以便生產出更多符合社會需要的產品。

4. 實際運作

營運管理的主要運作，是根據前面的理論基礎進行的。內容包括九項實際運作及五項關鍵內容：

（1）九項實際運作

第一，確定企業組織的營運形式和管理體制，設置管理機構以及配備管理人員。

第二，做好市場調查，掌握經濟資訊，進行營運預測和營運決策。

第三，確定營運方針、營運目標和生產結構以便編製營運計畫，簽訂經濟合約。

第四，建立健全的經濟責任制和各種管理制度，以便做好勞動力資源的利用和管理工作。

第五，加強土地與其他自然資源的開發、利用和管理，以便企業組織永續經營。

第六，做好機器設備管理、物資管理、生產管理、技術管理以及品質管理。

第七，計畫產品銷售策略、組織行銷團隊以及人員培訓，做好行銷管理。

第八，加強財務管理和成本管理，處理好收益和利潤的分配。

第九，全面分析評估企業組織生產營運的經濟效益，進行企業組織營運診斷等工作。

（2）五項關鍵內容

營運管理的關鍵內容，包括以下五個項目：策略管理、開發管理、決策管理、財務管理和公關管理。

第一，策略管理。策略管理是企業組織營運管理的首要管理工作。因為，企業組織所面對的營運環境是非常複雜的環境。影響這個環境的因素很多，競爭激烈，而且變化快速。在這樣的環境裡，企業組織期待長期穩定的經營與發展，就必須具有高度的理想以及隨機應變。營運管理的策略管理包括五項內容：

—營運環境分析。

—制訂策略目標。

──選擇策略重點。

──制訂策略方針與對策。

──制訂策略實施規劃。

第二，開發管理。在設定策略管理的理念之後，必須進行實務的開發管理運作。它不僅限於人力、財力與物力，而營運管理的開發管理重點在於：產品的開發、市場的開發、技術的開發以及能力的開發。

企業組織要在激烈的市場競爭中取得優勢，就必須擁有第一流的人才、第一流的技術、製造第一流的產品，創造出第一流的市場競爭力。唯有在技術、人才、產品、服務、市場適應性方面都具有優勢，企業組織才能在瞬息萬變的市場競爭中，得心應手，應付自如。

第三，決策管理。營運管理的中心內容是決策，企業組織營運的優劣與成敗，完全取決於決策管理。決策正確，企業組織的優勢能夠得到充分的發揮。在風險營運環境中，以獨特的營運方式取得優勢；決策失誤，將使企業組織長期陷於困境之中。

第四，財務管理。財務管理的得失通常扮演企業組織成敗的關鍵角色。財務管理過程，是指資金的籌措、運用與增值的過程。財務管理的具體表現在於：資金籌措管理、資金運用管理、增值分配管理以及營運分析管理。因此，企業組織營運的策略管理、開發管理、決策管理，都必須以財務管理爲基礎，並透過財務管理做出最終的評估。

第五，公關管理。企業組織必須與社會經濟系統裡的各個環節保持協調，這種與外部環境保持協調的管理，被稱爲社會關係管理或公共關係管理。公共關係的內容包括：企業組織與投資者的關係、與往來廠商的關係、與競爭者的關係、與消費者的關係、與員工的關係、與社區居民的關係、與公共團體的關係以及與政府機關的關係等等。

二、企業組織再造

討論企業組織再造的議題，主要內容包括以下四個項目：理論背景、關鍵人物、理論基礎以及實際運作。

1. 理論背景

企業組織再造（Reengineering）又稱爲企業組織流程再造（Business Process Reengineering）簡稱 BPR，也被翻譯爲「公司再造」或「再造工程」。企業組織再造是1993 年開始在美國出現的管理概念，是關於企業組織經營管理方式的一種新的理論和方法。所謂「再造工程」，簡單地說就是：以工作流程爲中心，重新設計企業組織的經營、管理以及運作方式。

按照該理論創始人美國麻省理工學院教授邁克・哈默與詹姆斯・錢皮（Michael Hammer and James Champy）的定義，是指：爲了飛越性地改善成本、品質、服務、速度等重大的現代企業組織的營運基準，而對工作流程（Business Process）進行根本性重新思考，並且徹底改革。這也是說：企業組織再造是從頭改變，重新設計。

爲了能夠適應新的世界競爭環境，企業組織必須放棄已成慣例的舊營運模式和工作方法，以工作流程爲中心，重新設計企業組織的經營、管理及營運方式。企業組織再造的項目包括：

—企業組織策略再造。
—企業組織文化再造。
—企業市場行銷再造。
—品質控制系統再造。
—企業組織生產流程再造。

2. 關鍵人物

邁克爾・哈默（Michael Hammer, 1948-2008）被譽爲「企業組織再造之父」，美國著名的管理學家。他出生於1948 年，先後在麻省理工學院獲得學士、碩士和博士學位，曾在 IBM 擔任軟體工程師，在麻省理工學院電腦專業擔任教授，是 Index Consulting 集團的 PRISM 研究負責人。哈默於2008年60歲時去世。

由於哈默對再造理論及對美國企業組織的貢獻，《商業週刊》稱他爲「20世紀90年代四位最傑出的管理思想家之一」。1996年，《時代雜誌》又將哈默博士列入「美國25位最具影響力的人」的首選名單。主要參考著作《企業組織再造》（*Reengineering the Corporation: A Manifesto for Business Revolution*, by Michael Hammer and James Champy, 2006）。

3. 理論基礎

企業組織「再造工程」的主要概念是：重新設計和安排企業組織的整個生產、服務以及經營過程，使之合理化。對企業組織原來生產經營過程的各個方面，從每個環節進行全面的調查研究和分析，然後對其中不合理、不必要的環節進行徹底的改革。它的基本思想就是：必須徹底改變傳統的工作方式，也就是徹底改變自工業革命以來、按照分工原則把一項完整的工作分成不同部分、由各自相對獨立的部門依次進行工作的工作方式。

在具體論述過程中，企業組織再造可以按照以下的四項流程概念進行：

—發現問題。
—設定改進方案。
—制訂配套措施。
—持續改善。

（1）發現問題

發現問題是再造工程論述過程的首要項目，是指：對原有流程進行全面的功能和效率分析，發現其中的問題。根據企業組織現行的作業程序，繪製詳細、明確的作業流程。原來的作業程序是配合過去的外部市場需求與技術條件而設定的，並由內部組織結構、作業規範作爲配合。當目前市場需求與技術條件發生的變化，使現有作業程序難以適應時，作業效率或組織結構的效能就會降低。因此，必須從以下三方面分析現行作業流程的問題。

第一，功能障礙問題。隨著技術的發展，舊有的團隊以及個人可完成的工作額度就會發生不能適應的變化，使原來的作業流程產生功能障礙，增加管理成本，造成與核算單位的權責功能脫節，並會造成組織結構設計的不合理，形成企業組織發展的瓶頸。

第二，變化性問題。不同的作業流程環節對企業組織的重要性與影響力是不同，而且互補。隨著市場的發展，消費者對產品與服務需求不斷變化，因而，作業流程中的關鍵環節以及各環節的重要性也在不斷變化。

第三，可行性問題。根據市場與技術變化的特點以及個別部門的現實情況，企業組織管理者必要認清問題的輕重緩急，以便找出流程再造的可行性切入點。爲了對上述問題的認識更具有針對性，還必須深入現場，具體觀察以及分析現存作業流程的功能，以便擬定可行性的對策。

（2）設定改進方案

根據前項所發現的問題，重新設計流程改進方案，並進行評估。爲了設計更加科學與合理的作業流程，企業組織必須集思廣益以及鼓勵更多的創新。在設計新的流程改進方案時，要考慮以下的理論基礎：

第一，組合與分工。爲了配合再造工程，企業組織需要將現在的業務或工作組合，依照新的需要加以合併，以便提高工作效率；工作流程的各個步驟必須要按照規劃的順序流程進行；爲同一種工作流程設置若干種工作方式，以便隨時按照需要調整。

第二，彈性與權責。工作應當具有彈性以超越過去的界限，應該用最適當的方式，在最適當的場所進行。儘量避免具有干擾性的檢查、控制以及調整等管理工作干擾；設置項目管理負責人以及給予員工參與決策的權力。

第三，評估與選擇。對於企業組織的需求提出的流程改進方案，還要從成本、效益、技術條件和風險程度等方面進行評估，最後選取可行性最高的方案。

（3）制訂配套措施

在進行評估與選取可行性最高的方案後，還需要制訂與流程改進方案配套的組織結構、人力資源配置和業務規範等方面的改進規劃，以便形成具有系統的企業組織再造完整方案。企業組織業務流程的實施，是以相對應的組織結構、人力資源配置方式、業務規範、溝通管道以及企業組織文化作爲保證的。因此，只有以流程改進爲核心，形成系統的企業組織再造方案，才能達到預期的目的。

（4）持續改善

企業組織實施再造方案，必然會觸及原有的利害關係，因此，必須精心規劃與謹慎推廣。既要態度堅定，克服阻力，又要積極宣傳，形成共識，以保證企業組織再造的順利進行。

企業組織再造方案的實施並不意味著企業組織再造的完成，而是一項階段性工作的開始。在社會發展日益加快的時代，企業組織總是不斷面臨新的挑戰，這就需要對企業組織再造方案不斷地持續進行改進，以適應新形勢的需要。

4. 實際運作

企業組織再造流程的實際運作，通常採用「業務流程重組作業」（Business Process Reengineering, BPR）。由於管理者意識到強大競爭威脅，必須要提高績效，而BPR的目標不管是在哪一種情境下，都是要進行擴大市場接受度以及提升營收爲目標。BPR可分爲以下五個步驟：

（1）確認消費者需求

BPR首先需要確認消費者需求。消費者購買產品眞正的出發點，不只是產品所直接提供的用途，還包含了消費心理層面的需求。例如，購買名牌包的消費者絕大部分不是因缺少包包使用，而是喜歡牌子背後象徵的尊貴奢華，這是消費者需求的核心。

（2）改造流程

BPR需要改造流程。透過上述消費者需求的分析後，對照企業組織目前提供的產品或服務，能夠釐清產品滿足消費者欲望的關鍵所在，發現核心需要而進行關鍵改造流程。

（3）目標與流程

BPR 需要進行目標與流程工作。目標與流程是指：擬定流程改造的學習對象和目標。改造的學習對象不限於相同產業，跨產業也可以適用，然後重新設計流程。新流程的價值在於具有適用性與創造力的特點，也就是，使個人決策責任歸屬明確。企業組織流程再造時，仍然強調眾人參與的群體決策，腦力激盪，如此，不僅能集思廣益，也能更容易激發創新的觀點。

（4）塑造新文化

最後，BPR 需要塑造新文化。企業組織需要改變舊思維，以便塑造新文化。改造設計完善後，仍要加以推廣和深植才能收到更大的成效。企業組織想要員工改變，就要先改變舊的思考模式，包括：管理者透過演說鼓勵、安排訓練課程、定期舉辦讀書會，刺激員工的學習意願，塑造新的組織文化。

（5）重新檢視關鍵因素

此外，要重新檢視企業組織再造成功或者失敗的關鍵因素。企業組織再造的失敗率很高，一項《管理學百科全書》調查顯示有約75% 的企業組織再造活動是不算成功的。這說明，企業組織再造理論在具體應用過程中，還需要加強若干關鍵因素的支持和配合。如果處理不好，變革就會遇到很大的困難，甚至失敗。企業組織再造成功的關鍵因素包括：

第一，人員的因素。有五類參加企業組織再造工程的人員：領導者、流程負責人、再造小組、指導委員會以及再造總監。這些人的因素，是企業組織再造流程的成敗關鍵之一。

第二，技術的因素。資訊與技術的充分應用是企業組織再造的前提。企業再造工程的技術因素，除了傳統的生產技術更新外，特別要進行新資訊系統與新科技等工具的應用。

第三，文化與價值觀因素。企業組織擁有者與投資人，甚至包括管理者的正確價值觀，會影響企業組織的經營目標與發展的進度。它塑造了企業組織文化，也是再造成功的保證。

管理加油站

五塊錢的奇蹟

能夠堅持到最後，

這是成功管理者自我管理的關鍵！

一、個案背景

話說，很久以前在美國紐約的海關裡，有一批沒收的腳踏車，在公告後，決定拍賣。

拍賣會中，每次喊價拍賣的時候，總有一個坐在前排的十歲左右的男孩喊價，他總是以五塊錢開始出價，然後眼睜睜地看著腳踏車被別人用二十、三十元買去。拍賣暫停休息時，拍賣員問那小男孩，為什麼不出較高的價錢來買。男孩說，他只有五塊錢。

拍賣會又開始了，那男孩還是給每輛腳踏車相同的價格，然後被別人用較高的價格買去。後來，聚集的觀眾開始注意到那位總是率先出價的男孩，他們也開始觀察到底會有什麼結果。

二、奇蹟出現

直到最後一刻，拍賣會要結束了。這時，只剩下一輛很棒的腳踏車，車身光亮如新，有多種排檔、十段變速器、雙向手煞車、速度顯示器和一套夜間電動燈光裝置。

拍賣員問：「有誰出價呢？」這時，站在最前面，而幾乎已經放棄希望的小男孩輕聲地說：「五塊錢」。

拍賣員停止唱價，只是停下來站在那裡。這時，所有在場的人全部盯住這位小男孩，沒有人出聲，沒有人舉手，也沒有人喊價。直到拍賣員唱價三次之後，他大聲說：「這輛腳踏車賣給這位穿短褲白球鞋的小夥子！」

此話一出，全場鼓掌。那小男孩拿出握在手中僅有的五塊錢鈔票，買了那輛毫無疑問是世界上最漂亮的腳踏車時，他臉上流露出燦爛的笑容。

三、管理信念

在課堂上或者在職場上，年輕人不免會抱著「勝過別人」與「壓過別人」的競爭心態。這當然是好的，它激勵我們變得更好與更強。但是，我們是否意識到有一種信念對於成功而言更加重要。那就是：不願放棄最後一絲希望。

身為管理者，在職場上的競爭，往往由於個人的主觀與客觀情況，不能從一開始就見分曉，而總是在最後一刻才能見輸贏。絕不放棄的信念，特別顯得可貴。獲勝的願望誰都會有，強者、弱者真正的差別是：誰能夠堅持到最後。這是成功管理者自我管理的關鍵！

討論問題

1. 泰勒認為導致管理效率不彰情況而需要大力改革的原因有哪三項？
2. 目標管理實際運作包括哪三個項目？
3. 對企業組織來說，過程管理要做的工作主要有哪四項？
4. 企業組織要有效地進行系統性的行政管理活動，有哪七項必要的實際運作？
5. 決策理論主要反應在決策模式上。為了幫助企業組織領導者採取相對正確的決策模式，有哪三項決策理論原則？
6. 根據美國華盛頓大學貝廷教授（*The Role of Relevant Experience*, by Patrick J. Bettin, 1984）的多年研究分析，大多數領導者決策的實際運作可分為哪五大模式？
7. 績效管理的功能，包括哪五個項目？
8. 試述統一指揮原則與統一領導原則的差異。
9. 營運管理的關鍵內容，包括哪五個項目？
10. 「業務流程重組作業」（Business Process Reengineering, BPR）可分為哪五個步驟？
11. 企業組織再造成功的關鍵因素包括哪些？

第3章

管理的工具

1. 作業管理工具
2. 規劃管理工具
3. 進階管理工具
4. 文書管理工具

學習目標

1. 討論作業管理工具的兩項主題

   包括：標準作業流程與生產作業流程。

2. 討論規劃管理工具的三項主題

   包括：甘特圖、管理方格圖以及魚骨圖。

3. 討論進階管理工具的兩項主題

   包括：全面品質管理與電子檔案管理。

4. 討論文書管理工具的三項主題

   包括：新聞稿、業務計畫書以及招標公告。

管理工具（Management Tool）是影響企業組織競爭力的核心要素之一。管理工具對實現組織運行的穩定性、規範性以及獲得較高的效率，具有明顯的推動作用，這是現代管理者必修的課題。在本書《管理學概論》各章裡引述許多的管理工具，為了避免重複，本章選擇了以下的四大類，總共10項管理工具進行論述：

——作業管理。
——規劃管理。
——進階管理。
——文書管理。

1 作業管理工具

1. 標準作業流程
2. 生產作業流程

在「作業管理的工具」裡，討論包括：標準作業流程（SOP）與生產作業流程（PPFC）。前者的討論內容，包括：SOP的特色、SOP的功能、SOP的格式以及製作SOP等四項。後者的討論內容，包括：多功能應用程序、生產作業計畫以及加工訂單和派工單等三項。

一、標準作業流程

標準作業流程（SOP）是Standard Operation Procedure的簡稱，由三個單字中第一個字母所組成。它是指：將某一事件的標準運作步驟和標準運作要求，以統一的格式描述，用來指導和規範特定的日常工作。其精神就是將細節部分進行量化以及細化工作。

早在手工業的工作坊時代，製作一件成品往往工序（工作程序的簡稱）很少，甚至從頭到尾是由一個人完成，而且技術手藝的培訓是以學徒形式，透過長時間學習來完成。隨著工業革命的興起，生產規模不斷擴大，產品日益複雜，分工日益明細，品質要求與成本急劇增高，每一項工作程序的管理日益困難。因此，必須以書面作業指導形式，來統一各工作程序的運作步驟。於是產生了標準作業流程的概念，並加以實現。

1. SOP 的特色

根據上述基本概念來看，SOP 具有以下四項內在的特色：

（1）一種工具

SOP 是針對一個作業過程描述的工具，而不是一種制度，會隨著目標與環境的變化而調整。以目前台灣爲例，最常用於緊急事件的處理，包括：醫院急診室的急救作業、消防隊的消防救火作業、救護車的急救作業以及交通事故的危機處理流程等等。

（2）一種作業程序

SOP 是一種運作層面的程序，是具體可運作的，不是一種理念。如果按照 ISO9000 體系的標準，SOP 是屬於三階文件，也就是「作業性文件」。另外，一階文件是「核心標準文件」，二階文件則是「支援性標準文件」。

（3）一種標準化程序

SOP 是一種標準化程序。所謂標準化，具有最優化的概念，是經過不斷實用整合出來的，也是在當前條件下，可以運作的最有效程序設計。其相關運作的步驟是經過了細化、量化和優化的實驗，在正常條件下大家都能理解的程序。

（4）一個體系

SOP 也是一個體系，雖然我們可以單獨地應用每一個 SOP，但是，從企業組織整體管理來看，SOP 不可能只是單獨的，依照 ISO9000 體系概念，必然是包括一個整體體系。它是企業組織標準作業流程的「藍皮書」(Blue Book),另一本則是公司策略的「紅皮書」(Red Book),可見SOP的重要性。

2. SOP的功能

討論SOP的功能,它由於具有以下四項有效的作用,因而被各行各業所樂意應用。

(1)傳承功能

SOP將企業組織累積下來的技術與經驗,記錄在標準檔案中,以免因人員的流動而使運作技術流失。同時,也因爲逐步的作業改善,讓SOP的功能更加的優越。

(2)培訓功能

SOP使新進的運作人員經過短期培訓,就能夠快速地掌握較爲陌生的運作技術,節省人力成本。因此,SOP是培訓與在職訓練課程的必備工具。

(3)品管功能

根據SOP作業標準,容易在品管流程上追查不良品產生的環節與原因。因此,在樹立企業組織的良好生產形象前提下,SOP在品管功能上扮演了重要角色。

(4)ISO精神

SOP貫徹ISO的整合:「說,寫,做」的核心精神,促進了企業組織的生產管理規範化與生產流程的標準化。於是,SOP成爲發展企業組織有效的管理作業必要工具。

3. SOP的格式

依據SOP的功能,SOP的格式必須指出:SOP格式化項目以及SOP完整內容等兩個項目。

(1)SOP格式化項目

爲了配合SOP功能的作業要求,其格式化的內容必須包括以下六個項目：

—在每頁 SOP 頁首處註明「標準運作流程」字樣。

—指出制訂 SOP 單位的全部名稱。

—指出該份 SOP 屬性的編碼、總頁數、所在頁碼。

—指出該專案 SOP 業務的具體題目。

—簡述該份 SOP 的目的、背景和原理。

—指出該項 SOP 主題的關鍵字，以利電腦檢索。

（2）SOP 完整內容

上面所提到 SOP 格式化六個項目，並不是單獨或者個別作業，而是針對一項整體目標。因此，其完整的內容必須包括以下三項要求。

第一，SOP 內容要具體、簡單與明確，以便能使具備專業知識和受過培訓的工作人員都容易理解和掌握爲原則。

第二，每份 SOP 內容必須包括：備註處有負責者的簽名、制訂者的簽名、審定者的簽名以及批准者的簽名和簽署的日期。

第三，每份 SOP 內容也必須包括：列出制訂該份 SOP 的主要參考資料、參考文獻以及註明該份 SOP 的生效日期。

4. 製作 SOP

製作 SOP 的方式可能由於不同的管理模式和管理方式，會有所區別。我們大體上可以按以下四個步驟來進行：

（1）先做流程程序

按照公司對 SOP 的分類，各相關職能部門應先做流程程序。流程程序通常按照順序，包括以下八個項目：

—將相應的主流程圖做出來。

—根據主流程圖做出相應的子流程圖。

—依據每一子流程做出相應的程序。

—在每一程序中，確定有哪些控制點。

—確定哪些控制點應當需要做 SOP 。

——確定哪些控制點不需要做 SOP 。
——確定哪些控制點是可以合起來做一個 SOP 。
——在每一個分類，都應當考慮清楚，並制訂出來。

（2）工作執行步驟

根據各相關職能部門的流程程序，確定每一個需要做 SOP 的工作執行步驟。

第一，對於在程序中確定需要做 SOP 的控制點，應先將相應的執行步驟列出來。

第二，執行步驟的劃分應有統一的標準，例如，按時間的先後順序來劃分。

第三，假使對執行步驟沒有把握，要即時向更專業的人員諮詢和溝通，先把這些障礙掃除掉。

（3）套用範本制訂 SOP

在確定某項需要的前提下，著手編寫 SOP 。

第一，照公司的範本在編寫 SOP 時，不要改動範本上的任何設置格式。

第二，對於一些 SOP，可能除了一些文字描述外，還可以增加一些圖片或其他圖例。

第三，在圖片或圖例中如有必要，可以將某些細節部分進行形象化和量化。

（4）把 SOP 做好

依據製作 SOP 的步驟，先做流程程序、工作執行步驟以及套用範本制訂 SOP，最後，要用心去做，才能把 SOP 做好。以下三個注意項目提供參考。

第一，製作 SOP 步驟時，由於編寫 SOP 本身是一個比較繁雜的工作，要避免讓作者產生枯燥感覺。

第二，製作 SOP 步驟時，由於 SOP 工作對於公司的重要性，公司在這方面必定要用心與耐心投入。

第三，製作 SOP 步驟時，除了要用心與耐心投入，更要保證在一定的時間與範圍內完成，避免走到形式主義的負面結局。

二、生產作業流程

生產作業流程圖（Production Process Flow Chart，簡稱 PPFC）是多個生產作業活動的序列，由多個作業活動所組成的生產作業流程。它的表現形式往往是比較複雜的，在不同管理類型的企業組織中，PPFC 經常是不一樣。例如，流程型的化工企業組織與離散型的製造企業組織、汽車製造企業組織與電視製造企業組織以及生產汽車輪胎的企業組織與生產汽車發動機的企業組織等等，他們的 PPFC 的外在形式顯然是不盡相同。

1. 多功能應用程序

雖然不同行業與不同類型的企業組織具有不同的生產作業流程，但是，從管理實質上來看，這些企業組織的生產作業計畫圖也有許多相似的地方。例如，生產作業計畫之後，是生產作業計畫的應用，生產作業實施之後的成果，進入到倉庫或銷售環節中等等，基於這種思考，常見的生產作業流程都具有共同的作業流程。

在標準的 PPFC 中，起點是 MRP（物資需求計畫，Material Requirement Planning 的簡稱）。其生產作業流程如下：

第一，生產作業流程是 MRP 的運算結果。生產作業計畫是一種細密的實施計畫，是進行整個生產作業工作的起點。

第二，生產作業計畫的落實，必須透過生產作業技術的支援。這時需要執行一個重要的判斷，制訂生產作業計畫依據的生產作業環境和條件是否與當前實際的生產作業環境和條件一致。只有當計畫環境和實際環境一致時，工作才可以繼續進行。

第三，需要對生產作業計畫進行確認，確認後的生產作業計畫轉爲生產訂單下達。當多個生產訂單任務下達到一個工作中心後，要確定生產訂單任務的安排順序。

第四，當多個生產訂單任務下達到一個工作中心，這時需要採取合適的方法對多個生產任務或生產作業進行排序，經過排序的生產任務被稱爲派工單。

第五，當生產作業開始執行時，爲了確保生產過程能夠按照計畫順利執行，需要即時採取合理的作業調度措施，監控可能異常事件的發生，並且控制好在製品的數量，要搜集好資料，提供有價值的生產統計資料。

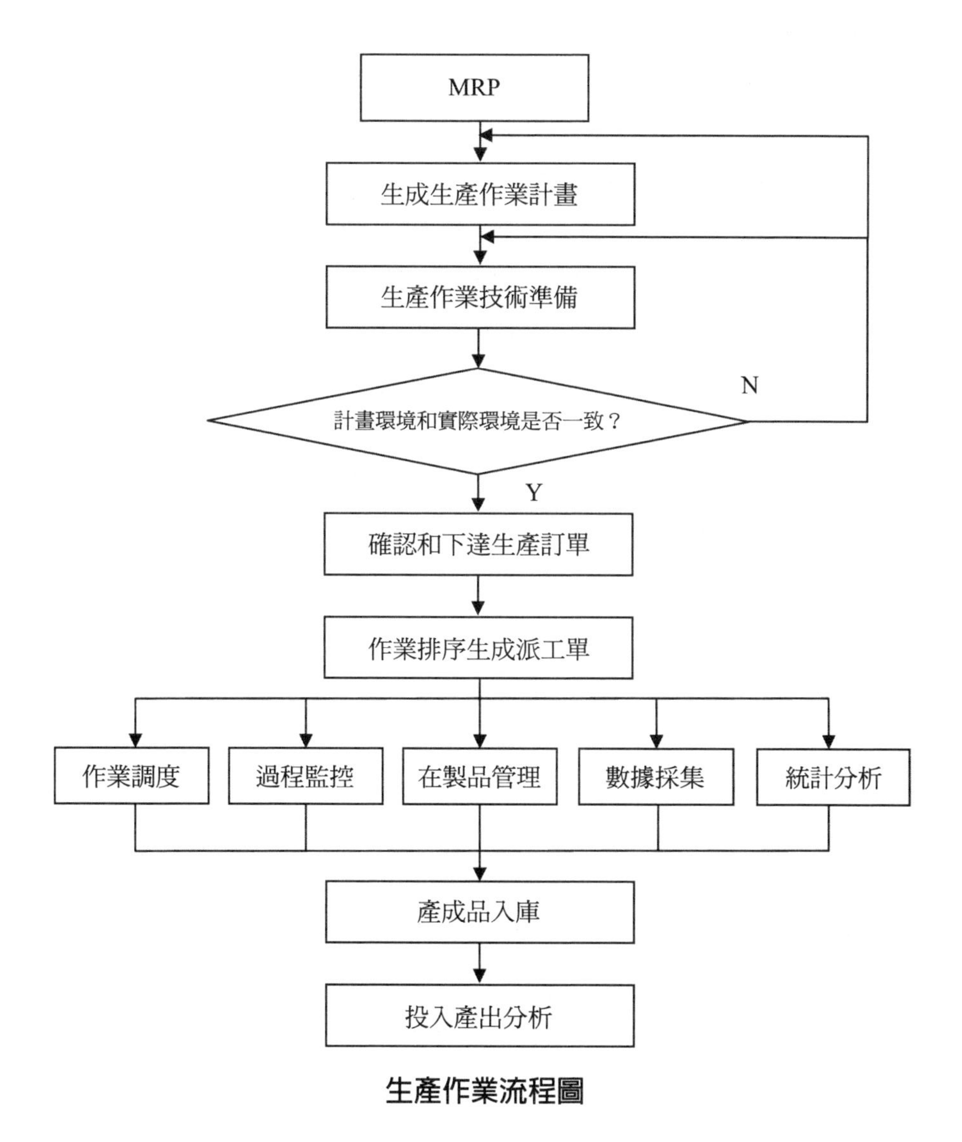

生產作業流程圖

第六，當生產作業完成後，經過檢驗合格的成品辦理入庫手續。然後對整個生產作業過程的計畫投入和實際產出進行分析，找出生產過程中存在的各種問題，以便在今後的生產作業中改進。

具體的關鍵 PPFC，包括：生產作業計畫、生產作業技術準備、生產任務和加工訂單以及作業排序和派工單等。

2. 生產作業計畫

生產作業計畫是依據生產作業計畫圖（PPFC）的作業，因此，也可以指它是 PPFC 。討論內容包括以下四個項目：（參照生產作業流程圖）

（1）生產作業計畫的意義

「生產作業計畫」是多個生產作業步驟的合理序列。有些人也把生產作業計畫稱爲「生產計畫訂單」。也就是用於指導採購管理工作的採購作業計畫和用於指導生產作業管理工作的生產作業計畫。物料來源類型用於描述該物料是採購得到還是生產得到。在「物料清單」BOM（Bill of Material，物料清單的簡稱）結構中，假使某個物料的來源類型是生產，那麼當 MRP 運算結束之後，該物料就出現在生產作業計畫的詳細安排中。

（2）生產作業計畫的內涵

在生產作業計畫中，包括了：計畫編碼、物料編碼、物料數量、工藝路線編碼、計畫開始日期和計畫完成日期等資料。其中，工藝路線由工序編碼、工序名稱、定額時間、工作中心編碼和工作中心名稱等資料組成。根據物料編碼、物料數量和對應的工作中心編碼，可以計算出該工作中心的工作負荷。

（3）工序時間的定額

工序時間的定額是指：生產作業計畫工序所規定的時間，通常由這幾個部分組成，也就是加工準備時間、加工時間、等待時間、移動時間、排隊時間等。物料在生產作業系統中的大多數時間是消耗在加工準備、排隊和移動等過程中。根據物料的最遲完成日期，就可以推算出其最遲進行的日期。假使已知該物料的最早完成日期，則也可以計算出最遲完成日期。

（4）生產作業計畫的確認

生產作業計畫是進行生產作業活動的依據。生產作業內容、數量、日期安排和需要的加工手段等，爲生產作業的各項活動提供了基礎。但是，生產作業計畫必須經過確認之後，才能眞正有效地指導生產作業活動的進行，這是因爲生產作業計畫是基於各種定額資料計算得到的，這些定額資料是否與實際情況相符，必須經過確認。

3. 加工訂單和派工單

企業組織要完成生產作業計畫，必須透過加工訂單和派工單等兩項作業過程。

（1）加工訂單

生產作業計畫被確認之後，就可以作爲可行的生產任務來實施。可行生產任務是指加工訂單，加工訂單有時也被稱爲加工單或者生產任務指令單等。

每一個加工訂單都有一個唯一的編碼，稱爲加工訂單編碼。每一個加工訂單編碼都針對一個生產成品或半成品。每一個加工訂單都應該有具體的任務，可以追溯到某個消費訂單。加工訂單通常包括三個部分的內容，也就是：加工訂單明細、加工訂單工序明細和加工訂單用料明細。加工訂單明細內容主要是描述各個加工訂單的基本屬性。

（2）派工單

加工訂單的隨後作業是派工單。派工單（Dispatch List）或稱調度單，是一種向工作中心說明加工優先順序的文件，說明工作中心在一週或一個時期內要完成的生產任務。

生產作業排序是企業組織制訂生產作業計畫的重要工作。它包括：確定工件的加工順序，確定每台機器設備加工每項工件的開始和完成時間。最後，生產作業計畫由派工單來完成作業。

2 規劃管理工具

1. 甘特圖
2. 管理方格圖
3. 魚骨圖

在「規劃管理工具」裡，討論內容包括：甘特圖、管理方格以及魚骨圖等三項主題。

第一，在甘特圖裡，討論的項目包括：甘特圖的特色、甘特圖表的使用、製作甘特圖以及應用與評估。

第二，在管理方格圖裡，討論的項目包括：管理方格圖的內容、管理方格圖的運作以及管理方格圖的應用。

第三，在魚骨裡，討論的項目包括：魚骨圖的類型、繪製魚骨圖的關鍵以及魚骨圖繪製與應用。

一、甘特圖

「甘特圖」(Gantt Chart)，也稱爲「條狀圖」(Bar Chart)。是在1917年由亨利．甘特（Henry Gantt）開發，其內在思想簡單，基本是一條線條圖，橫軸表示時間，縱軸表示活動項目，線條表示在整個期間上計畫和實際的活動完成情況。它直接顯示任務計畫在什麼時候進行，及實際進展與計畫要求的對比。

管理者透過甘特圖極爲便利地確定一項特定任務已經作了多少，還剩下哪些工作要做，並可評估工作是提前還是延後，或者正常進行。因此，甘特圖可以說是一種理想的工作進度控制工具。

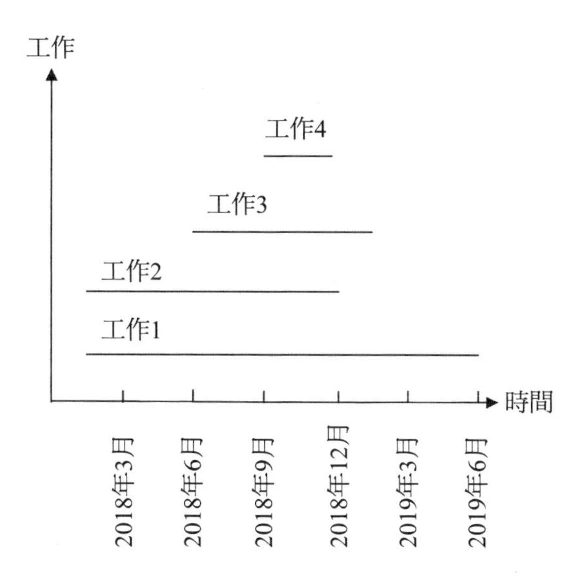

1. 甘特圖的特色

甘特圖包含以下五個特色：

第一，甘特圖以圖形表格的形式顯示活動，基本上僅由橫線與直線兩個線條組成簡單的管理工具。

第二，自從甘特圖推出以來，受到管理者，特別是生產過程工作者的喜愛。它是現在管理者顯示進度的通用方法。

第三，甘特圖在結構裡，主要包括：實際日曆天和持續時間，並且不要將週末和節假日算在進度之內。

第四，甘特圖具有簡單、醒目和便於編製等特點，在企業組織管理工作中被廣泛應用。

第五，甘特圖依照內容的不同，可分爲計畫圖表、負荷圖表、機器閒置圖表、人員閒置圖表以及進度表等五種形式。

2. 甘特圖表的使用

一般而言，甘特圖表的使用以通用甘特圖表爲主，有時也被運用在專案管理與網路管理兩大類別。

在通用的甘特圖中，以生產管理爲例，橫軸方向表示時間的長度，縱軸方向並列機器設備名稱、運作人員和編號等。圖表內以線條、數字、文字代號等來表示計畫實際所需時間、計畫實際產量、計畫實際開工或完工時間等。

3. 製作甘特圖

進行製作甘特圖，提供以下七個注意項目：

—明確項目。
—設計草圖。
—活動與進度。
—具有彈性。
—避免路徑過長。
—預留時間。
—其他事項。

(1) 明確項目

製作甘特圖，首先要確認其結構。明確項目牽涉到的各項活動、項目、內容。它包括：專案名稱、開始時間、工作期間、任務類型以及彼此之間的任務關係。

(2) 設計草圖

明確項目之後，其次在製作甘特圖的結構前，要先設計甘特圖草圖。將所有的專案工作在橫線中按照開始時間與工作期間，在直線上標記工作項目或者執行工作者到甘特圖上。

(3) 活動與進度

然後，根據草圖指出專案活動的相互關係以及時序進度，按照專案的類型將專案結合起來，並且將活動與進度作妥善安排。

(4) 具有彈性

在甘特圖計畫中，要考慮在未來計畫可能有所調整的情況下，各項活動仍然能夠按照正確的時序進行。也就是確保所有活動具有彈性，並且在情況變化中依然能夠按照計畫進行。

（5）避免路徑過長

規劃甘特圖時，要考慮避免關鍵性路徑過長。關鍵性路徑是由貫穿專案始終的關鍵性任務所決定，它既表示了專案的最長耗時，也表示了完成項目的最短可能時間。

（6）預留時間

關鍵性路徑會由於單項活動進度的提前或延期而發生變化。對於進度表上的不可預知事件要安排適當的「閒置時間」（Slack Time）備用。但是，作爲關鍵性路徑的一部分，閒置時間不適用於關鍵性的專案任務。

（7）其他事項

製作甘特圖的其他事項包括：計算單項活動任務的工時量、確定活動任務的執行人員、需要調整工時以及計算整個項目的時間等等。

4. 應用與評估

綜合管理學者的研究以及管理者的實務經驗，甘特圖的應用與評估摘要如下：

第一，根據管理者的實務經驗，在專案管理中，甘特圖有以下八項具體應用：

——概述項目活動。
——計畫專案活動。
——設計關鍵路徑。
——提供日程建議。
——配置專案資源。
——溝通項目活動。
——協調項目活動。
——監測專案工作進行。

第二，根據管理者的實務經驗，甘特圖具有管理工具上的三項優點：

—圖形化概要，通用技術，易於理解。
—中小型項目一般不超過30項活動。
—有專業軟體支援，無須擔心複雜計算和分析。

第三，根據管理者的實務經驗，甘特圖在管理工具應用上，有以下的三項限制：

其一，甘特圖事實上，僅僅部分地反應了專案管理的三重功能：時間、成本和範圍，因爲它主要重視時間進度管理，其他部分則無法反應。

其二，軟體的配備不足。儘管能夠透過專案管理軟體描繪出項目活動的內在關係，但是，如果關係過多以及複雜的路線圖，必將增加甘特圖的閱讀難度。

其三，爲了不至於轉移閱讀者的注意力，最好避免在甘特圖上使用過長的格數或者過多的註記。

二、管理方格圖

管理方格圖（Managerial Grid）的理論是由美國德克薩斯大學的行爲科學家羅伯特．布萊克（Robert R. Blake）和簡．莫頓（Jane S. Mouton）兩位教授在1964年出版的《管理方格圖》（*Managerial Grid*）一書中提出的。該理論在美國和工業國家受到管理學者和企業家的重視。此書1978年修訂再版，改名爲《新管理方格圖》（*The New Managerial Grid*, by Robert R. Blake and Jane S. Mouton, 1978）。出版後長期暢銷，出版接近100萬冊。

管理方格圖是研究企業組織有效領導方式的理論，它應用方格圖表示和研究領導方式。管理方格圖的理論指出：

第一，在企業組織管理的領導工作中，往往出現兩種極端的觀念：以生產爲中心與以人爲中心的「非此即彼」的絕對化觀點。然而，這種對立觀點一直造成領導者在實務操作上的不少困惑。

第二，爲了克服此問題，該理論指出：在對生產取向的領導方式和對人關心的領導方式之間，可以有兩者在不同程度上互相結合的多種領導方式。

1. 管理方格圖的內容

管理方格圖與甘特圖結構類似，是一張縱軸和橫軸各9等級的方格圖。

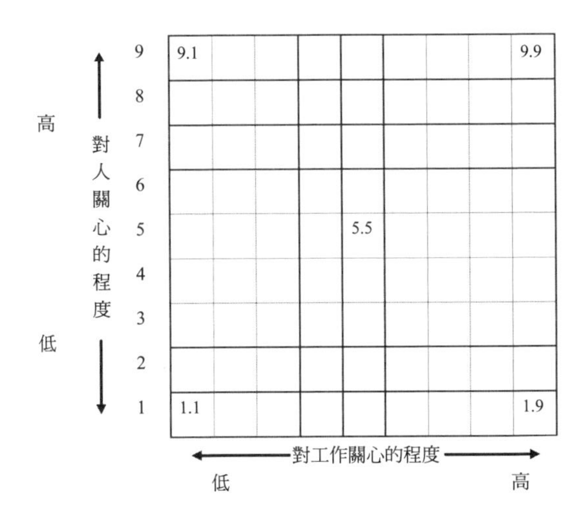

（1）管理方格圖結構

管理方格圖是一張縱軸和橫軸各9等級的方格圖。結構說明如下：

第一，縱軸表示企業組織領導者對人的關心程度。它包括：員工對自尊的維護、基於信任而非基於服從來授予職責、提供良好的工作條件和保持良好的人際關係等等。

第二，橫軸表示企業組織領導者對業績的關心程度。它包括：策略決議的品質、決策程序與過程、研究工作的創造性、職能人員的服務品質以及工作效率和產量。

第三，在管理方格圖中，第1格表示關心程度最小，第9格表示關心程度最大。關心的程度以數字指出擴大或者縮小。

(2) 應用範圍與內容

針對管理方格圖的應用範圍與內容，提出以下三項的詳細說明：

第一，管理方格圖中，「1.1」方格表示對人和工作都很少關心，這種領導必定會失敗。「9.1」方格表示重點放在工作上，而對人很少關心。領導人員的權力很大，指揮和控制下屬的活動，而下屬只能奉命行事，不能發揮積極性和創造性。

第二，「1.9」方格則完全相反，表示重點放在滿足員工的需要上，而對指揮監督、規章制度卻不重視。「5.5」方格表示領導者對人的關心和對工作的關心保持中間狀態，只求維持一般的工作效率與士氣，不積極促使下屬發揚創造革新的精神。

第三，在管理方格圖，只有「9.9」方格表示對人和工作都很關心，能使員工和生產兩個方面最理想、最有效地結合起來，這是最理想以及最有效的領導方式。

(3) 領導管理模式組合

除了上列基本的定向外，管理方格圖還可以找出一些領導管理模式的組合。

第一，「5.1 方格」表示這是生產中心穩定型管理組合，比較關心生產，卻不大關心人。雖然它可以維持生產的穩定，卻不利於部屬工作士氣的維護。

第二，「1.5 方格」表示這是以人爲中心型管理組合，比較關心人，不大關心生產。這種管理模式，它雖然可以維持內部的穩定，卻不利於生產效率。

第三，「9.5 方格」表示以生產爲中心的準理想型管理組合，其重點在於關心生產，也相對的維持一定程度的關心人。

第四，「5.9 方格」表示以人爲中心的準理想型管理組合，其重點在於關心人，也相對的維持一定程度的關心生產。

第五，如果一個管理人員與其部屬關係會有「9.1 方格」定向的強勢作風，同時又有「1.9 方格」的體諒，這種組合就是所謂家長管理作風。

第六，當一個管理人員以「9.1 方格」定向方式著重生產，但這樣做的時候激起了怨恨和反抗時，管理者又轉到了「1.9 方格」定向，這種組合就是大弧度的管理鐘擺效應。

布萊克和莫頓認爲，作爲領導者應該客觀地分析組織內外的各種情況，把自己的領導方式改造成「9.9」型的方式，這種領導方式可以創造出優勢的管理狀況：

—員工能瞭解組織的目標並關心其結果。
—自我控制與自我指揮，充分發揮生產積極性。
—爲實現組織目標而努力工作，以求得最高效率。

2. 管理方格圖的運作

布萊克與莫頓還根據自己從事組織開發的經驗，總結出向「9.9 方格」的理想管理方式，發展出五個階段的培訓模式：

階段一：組織的每個管理者都要參與方格學習培訓，並用它來評估自己的管理風格。

階段二：以健全的協作文化取代陳舊的傳統先例和過去的方式，建立優秀的目標，增強個人在職位行爲中的客觀性等。

階段三：群體之間關係的開發，利用系統性的架構來分析群體之間的協調問題。善用群體之間的對抗情節，以便從中發現組織中存在的管理問題。最後，利用這種有控制的對抗和識別，建立一體化的作業，使各單元之間的合作關係不斷改善，以便作下一次實施計畫的依據。

階段四：設計理想的策略組織模型。這項策略組織模型要明確規定最低限度的和最優化的公司財務目標，在公司未來進行經營活動時，要融入市場範圍和特徵。同時，也要針對怎樣創造一個能夠具有協力效果的組織結構，以及決策基本政策和開發的目標等方面有明確的描述，以此作爲公司的基本綱領，以及日常管理運作的基礎。

階段五：持續貫徹開發，研究現有組織情況，檢視目前的營運方法，依據與理想策略模型的差距，明確瞭解企業組織應該在哪些方面進行改進，然後，設計出如何改進的目標模式，並且在向理想模型轉變的同時，要使企業組織依然能夠正常運轉。

最後，布萊克和莫頓也認爲，透過以上的努力方式，就可以使企業組織逐步改進現有領導管理模式中的缺點，逐漸進步到9.9的最理想管理模式上。

3. 管理方格圖的應用

在管理方格圖的應用上，它反應了各種類型的領導模式。根據企業組織管理者「對業績的關心」和「對人員的關心」程度的組合概念，在管理者實際應用上，可以獲得有效的改善。以下五項是管理方格圖中的領導應用模式：

（1）貧乏的領導者

管理方格圖反應了貧乏的領導者。這種領導模式對業績和對人關心都少，實際上，這類領導者已放棄自己的職責，只想保住自己的地位與職務。

（2）俱樂部式領導者

管理方格圖反應了俱樂部式領導者。這種領導模式對業績關心少，對人關心比較多。他們努力營造人人得以輕鬆、感受友誼與快樂的環境，但是，對於一起努力以實現企業組織的生產目標並不熱心。

（3）小市民式領導者

管理方格圖反應了小市民式領導者。這種領導模式，既不重視、不關心生產，也不關心部屬，風格平庸，不設定比較高的目標，僅以能夠得到少許的士氣和適當的產量爲滿足，並不追求卓越的表現。

（4）專制式領導者

管理方格圖也反應了專制式領導者。這種領導模式對業績關心多，對人員關心少，作風專制。在他們眼中沒有「存在性」的個人，只有需要完成生產任務的「工具性」員工，他們唯一重視的只有業績的指標。

（5）理想式領導者

最後，管理方格圖反應了理想式領導者。這種領導模式對生產和對人都很關心，對工作和對人都很投入。在管理過程中，把企業組織的生產需要與個人的需要緊密結合起來，既能夠帶來生產力和利潤的提高，又能使員工得到工作的成就感與滿足感。

三、魚骨圖

「魚骨圖」（Fishbone Diagram）又稱「特性因素圖」（Cause & Effect Diagram），是由日本管理大師石川馨（いしかわ かおる，1915年7月13日～1989年4月16日）所發展出來的，故又名「石川圖」。魚骨圖是一種發現問題「根本原因」的方法，它也可以稱之為「因果圖」。因其形狀如魚骨，所以又叫「魚骨圖」，它原本用於品質管制，隨後擴大到管理的各層次的應用。參閱《魚骨圖：將您的業務提升到最高水準的第一步》（*Fishbone Diagram: The First Step to Bring your Business to Highest Level: Quality Money will take your Business to the Next Level*, by Juan José Blesa and Mariana Blehm, 2015）。

「魚骨圖」的概念指出：問題的特性總是受到一些因素的影響，管理者透過腦力激盪法（Brainstorming, BS）找出這些因素，並將它們與特性放在一起，按照相互關聯性整理成層次分明、條理清楚，並標出重要因素的圖形，因而被稱為「特性因果圖」。它是一種透過觀察現象、探究本質的分析方法，也被稱為「因果分析圖」。 同時，魚骨圖也應用在生產作業中，用以表示生產工作的流程。

所謂「腦力激盪法」是管理者透過集思廣益、發揮團體智慧，從各種不同角度找出問題的所有原因或構成要素的方法。BS有以下四大原則：

——嚴禁批評。

——自由發揮。

——多多益善。

——搭便車。

1. 魚骨圖的類型

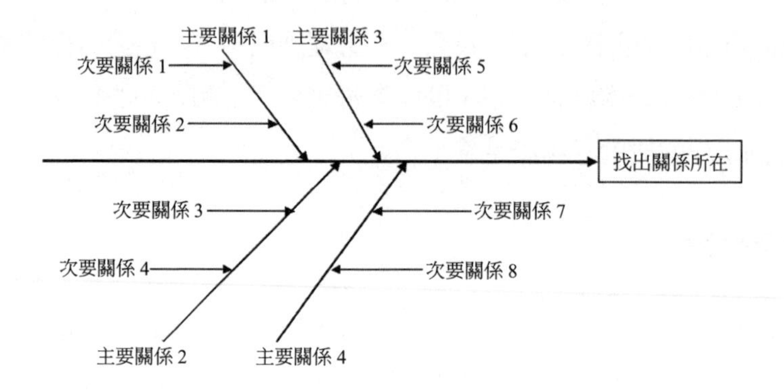

關係型魚骨圖

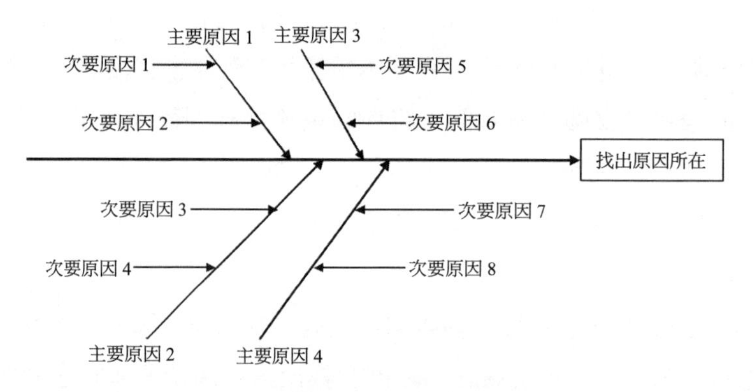

原因型魚骨圖

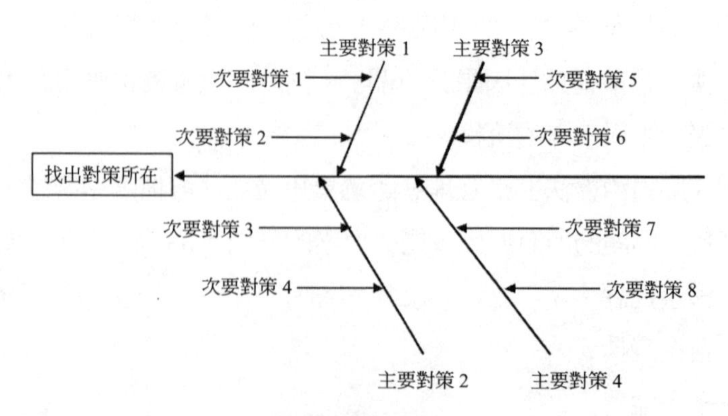

對策型魚骨圖

在管理上，魚骨圖通常有以下三種比較常用的類型：

──關係型魚骨圖
──原因型魚骨圖
──對策型魚骨圖

第一，關係型魚骨圖。它是一種整理問題型的魚骨圖。此圖追究各要素與特性之間的不清楚關係，然後建立結構與結構之間的連結關係，並對問題進行結構化整理。

第二，原因型魚骨圖。此圖的特性值通常以「爲什麼？」的疑問句子，來追究問題的來由。

第三，對策型魚骨圖。此圖的特性值通常以「如何提高？或者如何改善？」的疑問句子，來追究問題的來由。

2. 繪製魚骨圖的關鍵

製作魚骨圖，通常有兩個關鍵：

──問題原因。
──分析問題。

（1）問題原因

製作魚骨圖的第一關鍵，是問題原因。工作重點在於，針對問題關鍵點進行提問。問題原因的要點如下；

第一，是針對問題關鍵點，在不同層別之間的關係進行提問。例如，人員與機器之間問題的原因，人員與工作環境之間問題的原因等。

第二，除了針對問題關鍵點之外，再針對因素關鍵點進行提問。按照腦力激盪法，分別對各層面類別之間，找出所有可能的原因。它包括：人員與環境之間的問題，或者不同團隊人員之間的問題。

第三，針對已經掌握問題的各種要素，進行歸類與整理。確定所有各種關係要素之間的相互關係或者它們之間的從屬關係。

(2)分析問題

製作魚骨圖的第二關鍵，是分析問題。工作重點在於，選取在前面步驟取得的重要因素，檢查各要素的描述方法，以確保語法簡明與意思明確。分析問題的要點如下：

第一，確定魚骨圖的大骨架時，現場作業一般從「人員與機器」關係開始進行。內容通常牽涉到「人，事，時，地，物」等層別之間的關係問題，詳細情形應視具體情況來決定。

第二，在進行魚骨圖的大骨架時，必須用中性詞描述，避免誤導後續中骨架與小骨架進行的價值判斷。例如：不良……；不當……；不妥……等。

第三，在進行腦力激盪時，應盡可能全面地找出所有可能原因，而不僅限於自己能完全掌控或正在執行的內容。例如，對人的原因，要從行動而非僅從思想或態度層面著手進行分析。

第四，大骨架與中骨架、小骨架與中骨架之間有直接的因果以及問題關係。因此，在進行小骨架時，應該分析到可以直接下對策的程度。

第五，假使某種原因可以同時歸屬於兩種或兩種以上因素時，請以關聯性最強者爲優先，必要時可以到現場看實際狀況，透過相對條件的比較，找出相關性最強的骨架歸類。

第六，選取重要原因時，最多不要超過七個項目，且在最末端應該清楚地標示出項目排序的原因。

3. 魚骨圖繪製與應用

魚骨圖繪製與應用過程，一般由以下七項內容所組成：

第一，成立工作組。由解決問題的負責人召集與問題有關的人員組成一個工作組，該組成的人員必須對問題有相當深度的瞭解。

第二，指出問題。由解決問題的負責人將計畫中已經找出原因的問題寫在黑板或白紙右邊的一個三角形的框內，並在其尾部引出一條水準直線，該線稱爲魚脊。

第三，問題的主因。由解決問題的工作組成員在魚脊上畫出與魚脊成45° 的直線，並在其上標出引起問題的主要原因，這些成45° 的直線稱為大骨。

第四，問題原因細化。將處理工作所引起問題的原因進一步細化，畫出中骨，然後畫出小骨。在問題原因細化的過程中，盡可能列出所有原因。

第五，優化整理與討論。在問題原因細化後，對魚骨圖進行優化整理，然後根據魚骨圖進行討論。由於完整的魚骨圖，並不像管理方格圖以數值的「定量」來表示問題的狀況，而是透過整理問題之間的原因與層次來標明關係，因此，能夠有效地描述「定性」問題。

第六，實施工作。魚骨圖的實施，要求工作組負責人，也就是進行企業組織診斷的專家，擁有豐富的指導經驗，整個過程負責人盡可能為工作組成員創造友好、平等、和諧的討論環境，使每個成員的意見都能完整表達。

第七，保證魚骨圖的正確完成。這項保證，一方面防止工作組成員將原因、現象與對策互相混淆；另一方面，保證魚骨圖內的層次清晰。此外，負責人不對問題發表任何看法，也不能對工作組成員進行任何誘導。

3 進階管理工具

1. 全面品質管理
2. 電子檔案管理

在「進階管理工具」裡，內容包括：全面品質管理（TQM）與電子檔案管理（EAM）等兩個項目：

第一，在全面品質管理方面，討論的項目包括：TQM 的方法、TQM

的流程、TQM 的應用以及貫徹 ISO9000 系列標準。

第二，在電子檔案管理方面，討論的項目包括：認識電子檔案管理、EAM 的功能以及 EAM 的應用。

一、全面品質管理

全面品質管理（Total Quality Management，簡稱 TQM）是企業組織以品質爲中心，以及以全體員工參與爲基礎的活動。目的在於透過讓消費者滿意和本組織所有成員及社會受益，而達到長期成功的管理工具。

20 世紀50 年代末，美國通用電氣公司的品質管理專家首先提出了「全面品質管理」的概念，認爲：全面品質管理是爲了能夠在最經濟的前提下，並考慮到充分滿足消費者要求的條件下，而進行生產和提供服務。它把企業組織各部門在研製品質、維持品質和提高品質的活動中，建立整體性的一種有效體系。在60 年代，日本工業領域的企業組織，根據這項概念發展出了「品質管理圈」（Quality Control Circle，簡稱 Q.C.C）管理活動，使全面品質管理在日本迅速發展起來，隨後也引進台灣。

1. TQM 的方法

TQM 的基本方法可以概括爲以下三個部分：

——一個「過程」。

——四個「階段」。

——八個「步驟」。

（1）一個「過程」

一個「過程」，也就是說：企業組織管理是一個過程。企業組織雖然在不同時間內，完成不同的工作任務，但是，在管理上，它是一個持續與完整過程。企業組織的每項生產與經營活動都包括相同的一系列過程。它包括：產生、形成、實施和驗證等等。

（2）四個「階段」

根據TQM是一個過程的理論，美國的管理學者威廉・戴明（William E. Deming）在《品質與生產力的戴明之路》（*The Deming Route to Quality and Productivity*, by William Scherkenbach and W. Edwards Deming, 2011）書中，把它運用到品質管理中來，總結出PDCA迴圈：

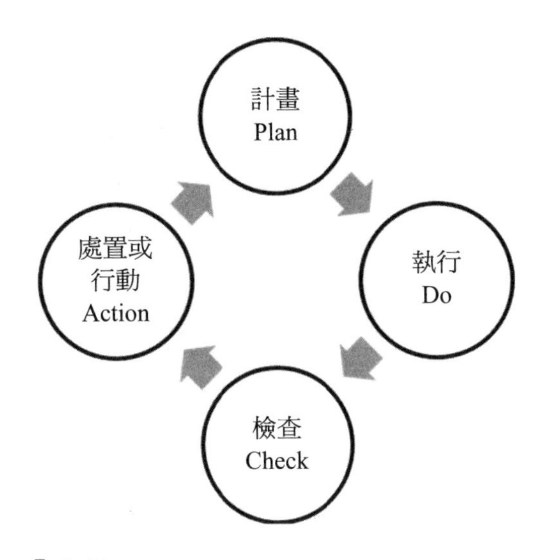

（3）八個「步驟」

為了解決和改進品質問題，在上面的PDCA中的四個階段，還可以具體劃分爲以下八個步驟。

第一，計畫階段。主要工作包括：分析現狀，找出存在的品質問題；分析產生品質問題的各種原因或影響因素；找出影響品質的主要因素等等，提出計畫與制訂措施。

第二，執行階段。主要工作包括：隨著計畫階段工作的完成，進入執行計畫階段，以便落實預期的工作措施。

第三，檢查階段。主要工作包括：隨著執行階段的工作完成，檢查計畫的實施情況。

第四，處理階段。主要工作包括：總結經驗、加強績效以及工作標準化。

第五，執行階段。主要工作包括：依據處理階段的總結經驗，加強績效以及工作標準化等措施計畫的要求去做。

第六，檢查階段。把執行階段所取得的結果與計畫中要求達到的目標進行對比工作。

第七，標準化階段。把成功的經驗總結出來，然後制訂相應的全面品質管理標準。

第八，轉入階段。主要工作包括：把沒有解決的問題及新出現的問題，轉入下一個 PDCA 迴圈中去解決。

在應用 PDCA 四個迴圈階段以及八個步驟來解決品質管理問題時，需要搜集和整理大量的資料，並用科學的方法進行系統的分析。最常用的包括七種方法：排列圖、因果圖、直方圖、相關圖、控制圖、分層法及統計分析表。這套方法是以數理統計爲理論基礎，不僅科學化，既可靠，且有效率。

2. TQM 的流程

由於 TQM 的有效工具性，許多企業組織樂意應用 PDCA 迴圈工作流程以達成規劃目標。「PDCA 迴圈」流程的基本工作內容，是在執行某方案事前先制訂計畫，然後按照計畫去執行，並在執行過程中進行檢查和調整，最後，在計畫執行完成時進行總結處理。

美國管理專家戴明把這規律總結爲「PDCA 迴圈」，它反應了品質管理必須遵循的四個階段。PDCA 代表英文的四個單詞：

——計畫（Plan）。
——執行（Do）。
——檢查（Check）。
——行動（Action）。

P 階段——計畫（Plan），是指：發現使用者的要求，並以取得最經濟的效果爲目標，透過調查、設計以及試製過程，然後制訂技術經濟指標、品質目標、管理專案以及達到目標的具體措施和方法。這是計畫階段。

D階段——執行（Do），是指：按照所制訂的計畫和措施規劃，執行付諸實施的作業。這是執行階段。

C階段——檢查（Check），是指：對照計畫，檢查執行的情況和效果，即時發現計畫實施過程中的重要經驗和問題。這是檢查階段。

A階段——行動（Action），是指：根據檢查的結果採取必要措施，鞏固成績、吸取教訓，以利持續發展。這是總結處理行動階段。

3. TQM的應用

隨著產品的日益多樣化，大部分產品已處於買方市場，消費者在購買商品時越來越挑剔。同時，消費者的生活水準也迅速提高，購買商品的標準逐步從「價廉」向「物美」轉變。在這種消費環境中，企業組織想要長久生存，必須把握好產品的品質管理。

在執行產品的品質管理時，對生產過程的全面追蹤管理是必要的工作。正如品管經驗談所指：「產品的品質不是檢驗出來的，而是生產出來的。」因此，只有做好商品生產各個環節的品質管理，才能保證產品的品質檢驗合格。對一個企業組織而言，實施TQM是十分必要的。但是，怎樣才能實現品質管理的全程化，並且為企業組織帶來較好的效益呢？值得企業家與管理者深思。

4. 貫徹ISO9000系列標準

TQM是指：一個組織進行以品質為中心，以本組織全體成員參與為基礎的一種管理方式。它的目標必要透過消費者的滿意和該組織全體成員和社會受益，以達到持續的發展。因此，進行TQM必須要建立一個品質體系。一般而言，一個組織能夠為社會提供產品或者服務，該組織應該具備一個品質體系，但是，這個品質體系通常是不夠完善的，或存在著一些問題。要健全這個體系，管理者可以充分的利用ISO9000系列標準，從而為企業組織有效地進行TQM提供保證。

（1）確認問題

管理者需要針對主要問題的原因，採取解決的措施。提出的問題包括如下：

—為什麼要制訂這個措施？
—這個措施將要達到什麼目標？
—在何處執行工作？
—由誰負責完成？
—什麼時間完成？
—如何執行？

（2）建立品質體系

建立有效的品質體系是指：為實施 TQM 所需的組織結構程序、過程和資源的管理體系。企業組織為實現其所規定的品質方針和品質目標，就需要分析其產品的品質形成過程，設置必要的組織機構，明確責任制度，配備必要的設備和人員，並採取適當的控制辦法。

這項體系要求能夠有效的影響產品的技術管理和人員的各項因素。這些因素必須都得到控制，以減少、清除、特別是預防品質缺陷的產生。所有這些要求項目的總和就是品質體系。或者也可以說，品質體系是所有這些項目的綜合體。因此，管理者要確認建立品質體系是 TQM 的核心任務，離開品質體系，TQM 就成了一個空殼。由此看來，企業組織建立全面品質體系是必須的，是實現 TQM 的根本保證。

二、電子檔案管理

電子檔案管理是一項專業管理系統，正式名稱「電子檔案管理系統」（Electronic Archives Management System，簡稱 EAM），是現代管理者必備的專業工具。

檔案管理（File Management）是 EAM 的基礎，它利用電腦技術形成，經鑒定具有保存和利用價值，按照有關電子文件歸檔管理規定處理，並且已經歸檔的電子文件。因此，EAM 進行全程管理的電腦網路系統，將具有以下功能：

──歸檔電子文件的接收。
──電子檔案的整理。
──電子檔案的案卷處理。
──電子檔案檢索目錄的編製。
──電子檔案閱覽。

1. 認識電子檔案管理

電子檔案管理是現代管理作業上的一項優勢作業，並廣爲企業組織所應用的管理有效工具。

第一，從 EAM 的觀點，電子檔案管理具有以下的優勢作用：其一，電子資訊不必依賴人工的記憶儲存，可節省人力作業；其二，由於電子資訊存儲的高密度性，可以節省儲存的空間；其三，電子資訊與儲存容器（硬碟）之間，具有可分離性，又可以結合；其四，電子資訊可以透過工具或媒體發揮最大的多功能效益；其五，電子系統的高度可靠性，除非保護措施不當而被駭客入侵或者操作不當。

第二，電子檔案的種類繁多，可以在管理作業上廣爲應用。其作用如下：其一，文字處理文件。用電腦處理技術形成的文字文件、表格文件等；其二，圖像文件。用掃描器、數位相機等設備獲得的靜態圖像文件；其三，圖形文件。採用電腦輔助設計或繪圖獲得的靜態圖形文件；其四，影像文件。用數位攝影機等視頻設備獲得的動態圖像文件；其五，聲音文件。用音頻設備取得並經電腦處理的文件；其六，多媒體文件。包含聲音、圖像、圖形、影像等兩種以上的複合資訊形式；其七，數據庫文件。採用數據庫系統製作的數據文件及產生的各種相關輔助文件；其八，電腦程序。電腦使用的商用或自主開發的系統軟體、應用軟體以及相關支援軟體等；其九，數據文件。用電腦軟硬體系統進行資訊處理等過程中形成的各種管理數據與參數等。

2. EAM 的功能

EAM 是企業單位資訊化建設的必要工具。它能夠增強檔案的處理效率，並且能夠實現高效率的歸檔和檢索以及閱讀檔案資訊等等。簡言之，EAM 的功效是指：把當前的檔案資訊存入電腦，在電腦中建構檔案數據庫，並把各種檔案資訊在電腦頁面中顯示，以方便使用者的查詢和調閱，實現對檔案資源的科學、規範和有效的管理，爲使用者提供高效率的檔案利用服務。

EAM，是透過建立統一的標準，規範整個電子文件管理，以規範各業務系統的電子文件管理。主要包括，建構完整的電子檔案資訊共享服務平台以及檔案管理全過程的資訊化處理。資訊化處理包括：採集、移交、接收、歸檔、存儲管理、借閱利用和編碼研究等等。同時，EAM 逐步將業務管理模式轉換爲服務化管理模式，以服務模型爲業務管理基礎，將業務流程和數據流程建立在以服務爲模型的系統平台之上。

3. EAM 的應用

EAM 的開發涉及人員、技術和管理等多方面的因素，是一個複雜的系統工程，運用系統工程的組織管理方法，可以將開發過程中諸多方面的複雜關係處理得更好。概括起來，運用系統工程方法，組織管理 EAM 開發的優勢，有以下四方面：

第一，強調管理的整體性。EAM 在系統工程方法上，強調把研究對象和研究過程結合起來，這樣才能達到系統效率最優化。

第二，降低管理過程的複雜性。通常現代企業組織研究的對象在規模、結構、層次、相互聯絡等方面都比較複雜，其管理不僅涉及電腦工程技術，且包括檔案數字化過程中的很多問題。因此，EAM 運作可降低管理過程的複雜性。

第三，重視組織管理的科學化。一個複雜系統的研製有兩個並行的過程，也就是工程技術過程和管理控制過程，有時管理控制過程甚至更為重要。因此，具有科學化的 EAM 運作擁有組織管理的優勢。

第四，減少投資決策的不確定性。EAM 可以將企業組織的技術結構複雜性降低，以及廣泛地影響投資建設，在管理中減少不確定因素，有利於投資的預測、估計以及正確決策。

4 文書管理工具

1. 新聞稿
2. 業務計畫書
3. 招標公告

在「文書管理工具」裡，內容包括以下三個部分：

——新聞稿。
——業務計畫書。
——招標公告。

第一，在新聞稿裡，討論的項目包括：新聞稿的目的、新聞稿的撰寫、撰寫新聞的關鍵以及撰寫新聞的誤解。

第二，在業務計畫書裡，討論的項目包括：計畫書的內容、編寫計畫書的原則以及計畫書編寫的格式。

第三，在招標公告裡，討論的項目包括：招標公告的目的、招標公告的內容以及招標公告的發佈。

一、新聞稿

新聞稿是企業組織用於針對特殊事件向媒體及大眾發佈的資訊。其目的有二：其一，對事件的整體描述；其二，正式表達對該事件的觀點。股票上市或上櫃的大型企業組織，通常也會定期向投資人與社會大眾發佈公共關係（以下簡稱公關）的新聞。

1. 新聞稿的目的

對於企業組織而言，公關新聞是指：關於企業組織有利於塑造良好企業組織形象、發展良好公眾關係以及對於新近活動的報導，以便維護企業組織的形象與權益。

新聞稿件的篇幅一般較小，但是，要在小篇幅的限制下，既要將事件描述清楚，又要精確地表達正式觀點，使得新聞稿的撰寫成爲管理者的一件高難度工作。雖然秘書或助理可以代勞，身爲主管者也要負責效果成敗的責任。但實際上，對於企業組織新聞稿的「新聞」而言，主要的難處在於如何「把負面事件，寫成花邊新聞」，或者是「把一件司空見慣的小事，寫成意義非凡的大事」。

2. 新聞稿的撰寫

新聞稿撰寫通以三個段落完成一篇新聞稿：

第一部分，摘要或者引言。以較爲簡捷的文字對事件做概括性的描述，通常只要說清楚事件的主體、客體、時間、地點，再以一句簡單句子概括出事件的意義。這是新聞事件的「摘要」，其作用在於方便媒體記者的報導，同時，也有利於讀者的閱讀。

第二部分，本文。對摘要所描述的事件進一步說明，交待事件發生的背景以及事件相關的細節。在這個部分裡，撰寫者有適當的機會「選擇性」的陳述，所謂「避重就輕」或者「避輕就重」。這部分是新聞稿的重點所在。

第三部分，結語或者結論。主要是對事件提出「觀點」。假使新聞內容是正面的，就要對事件的「意義」進行「擴大」作用。也就是要把這一事件放到大的市場環境、產業背景以及企業組織的發展歷史中，因此，新聞稿才能夠在更高、更深的層面去展現事件的價值和意義。相反的，假使新聞內容是負面的，就要對事件的「解讀」進行「淡化」作用。

3. 撰寫新聞的關鍵

撰寫新聞稿，需要注意以下四個關鍵點：

第一，撰寫的內容，一定是要直接或間接與本企業組織有關，而且須與本企業組織要表述的重點內容互相呼應。特別是在新聞的引言與結論，一定要能夠清楚地表述本企業組織的宣傳核心。

第二，塑造企業組織良好形象。「塑造」一詞是透過各種語言描述客觀事實，製造良好氣氛，最終透過記者的報導，讓讀者獲得企業組織要傳播的資訊結論。因此，要避免過多的形容詞彙，這樣容易被認為自賣自誇。

第三，既然是「新聞」，所報導的應該接近事實，這一點非常重要，一定要把最新與最近發生的，具有新聞價值的事情傳播開來。假使是一項舊事件，也要有新的證據與說法。

第四，為了讓媒體記者方便參考，發送即時新聞稿件，建議準備三份不同字數的新聞稿：100 字以內的簡短稿件，200 ～ 300 字的中型稿件以及 500 字以上的詳細內容稿件。避免新聞稿過長，以致記者錯誤解讀，或者被斷章取義。

4. 撰寫新聞的誤解

新聞稿的撰寫，除了要遵守撰寫新聞的四項關鍵之外，還要避免陷入以下的四項誤解。

（1）認知偏差

新聞稿要掌握關鍵重點，避免與讀者的認知有誤差。例如，針對消費者的促銷活動，一定要準確地配合消費者的需要以及把握活動的目的。活動的目的當然要在稿件中敘述，主題要圍繞在活動目的。產品促銷新聞稿亦是同理，點明產品的新賣點，包括迎合消費者喜好，利用「名人效應」的新聞代理人或者名人推薦，遠比描述產品的特點更重要。

（2）複雜籠統

新聞稿要避免太過深奧或者情節太複雜，導致新聞稿成了綜合敘述稿。其實，新聞稿並沒有想像的那麼複雜，它所承擔的任務就是，把最近發生的或者是即將發生的事情進行簡明扼要報導。假使要加入作者的觀點，就必要透過議論的表達方式融入新聞稿中。

（3）標題不妥

新聞稿的另一項誤解，是標題不具備新聞性。有些撰稿人不能掌握標題的關鍵，僅僅概括新聞內容而已。可能是撰稿人偏重文辭的美化，卻忽視了標題的內容，光看標題，卻不知所云。因此，新聞稿的標題特別重要。最起碼，讓讀者能透過標題，就可大概知道新聞的內容。

（4）角度不客觀

新聞稿的論述角度一定要客觀。撰稿人要站在媒體的角度上，考慮稿件是否具備新聞價值，寫作是否公正客觀。也就是，要站在消費者的角度上，審查稿件是否傳達了他們希望知道的資訊。

二、業務計畫書

業務計畫書，是指：企業組織管理工作者在計畫業務開發初期所編寫的一份書面業務計畫，用以描述開辦一個有關外部或內部的新方案。也就是說，業務工作者在正式啓動業務項目之前，基於對整個業務的調研與策劃以及預期成果，撰寫新方案的計畫書。

1. 計畫書的內容

在業務計畫書中，通常包括以下七個項目：

──業務種類。
──資金規劃。
──階段目標。
──財務預估。
──行銷策略。
──風險評估。
──其他項目。

（1）業務種類

業務的種類包括：創辦事業的名稱、事業組織型態、業務項目或者主要產品名稱等，這是業務計畫書最基本的內容。

（2）資金規劃

資金的規劃包括：各出資人的金額比例、銀行貸款金額以及總金額等資金來源。這會影響整個事業的股份與紅利分配多寡。另外，如果是以業務計畫書來申請貸款，應同時說明貸款的具體用途。

（3）階段目標

階段目標是指：業務開辦的短期目標、中期目標與長期目標，主要是讓業務關係人明瞭事業發展的可能性與各個階段的目標。

（4）財務預估

財務預估是指：預估收入與支出。財務預估內容包括：事業成立後，前三年或前五年內，每一年預估的營業收入與支出費用的明細表。預估數字的主要目的，是讓業務關係人瞭解何時能達到收支平衡，以便確實計算利潤。

（5）行銷策略

行銷策略包括：說明服務市場或產品市場的目標、銷售方式以及競爭條件。行銷策略主要目的，是根據業務種類找出目標市場的定位。

（6）風險評估

風險評估是指：在業務過程中，業務工作可能遭受的阻礙與挫折。風險評估內容包括：可能發生的景氣變差、競爭對手太強以及客源流失等等。這些風險可能導致業務計畫失敗。

（7）其他項目

其他項目包括：股東名冊、預定員工人數、組織結構、管理制度以及未來展望等等。

2. 編寫計畫書的原則

編寫計畫書，除了計畫書上列七項的內容外，業務計畫書的編寫要注意以下的六項原則：

—精簡原則。
—經營目標。
—資金需要。
—經營風險。
—避免事項。
—附件資料。

（1）精簡原則

計畫書的編寫要精簡。一般來說，以2-3頁的執行大綱爲序言，本文內容以7-10頁爲佳，結論頁數則與序言相等。注重企業組織內部經營計畫和預算部分，而一些具體的財政數據，則可留待下一步面談會議時，再進行詳細說明。

（2）經營目標

計畫書的編寫要正確地說明經營的目標。要在第一時間讓讀者知道公司的業務類型，以及闡述爲達到目標所制訂的策略。

（3）資金需要

計畫書的編寫要陳述業務需要資金的數目、資金的來源、使用的期間，以及如何使用。

（4）經營風險

經營風險是撰寫計畫書比較困難的部分。必須有清晰和符合邏輯的陳述，說明此項業務可能要冒的經營風險，以及讓投資者明瞭在必要時，可能需要撤資的策略。

（5）避免事項

計畫書要避免使用過於技術化的用詞來形容產品或生產與營運過程，盡可能用通俗易懂的文辭，使閱讀者容易接受。同時，也要避免使用含糊不清或無確實根據的陳述或結算表，更要避免隱瞞事實之眞相。

（6）附件資料

計畫書要附上具體的參考資料。這些資料包括：有根據和有針對性的數據資料，以及公司過去具有代表性的營運成果紀錄。再者，計畫書要設計一個具有創意又能夠吸引人的封面。此外，還要準備好明確的財務參考數據資料作爲附件。

3. 計畫書編寫的格式

計畫書的編寫格式，需要依據計畫類型的大小以及經營項目的多寡與複雜性程度而定。基本上包括五個部分：

—封面部分。
—摘要部分。
—產品部分。
—研發部分。
—其他部分。

第一，封面部分：

封面部分是吸引讀者對本計畫書是否能夠產生興趣的關鍵，需要精心設計。包括公司標記的封面背景，內容包括以下項目：

公司名稱：

地址：

公司網站：

業務項目：

資金數額：　　　　　（萬元）

聯絡人：

電話：

傳眞：

E-mail ：

第二，摘要部分：

計畫書的摘要部分，內容包括：資金需求、經營項目、業務宗旨以及特殊性。

資金需求──

種子資本：

第一輪：

第二輪：

第三輪：

經營項目──

經營情況：

預估數據：

業務宗旨──

發展策略目標：

各階段的目標：

特殊性──

技術獨特性：

與同類技術比較：

第三，產品部分：

在產品部分裡，要將產品或服務作適當的介紹。內容包括以下四個項目：

產品的名稱——
產品的特性——
產品的用途——
產品或服務的價値——

第四，研發部分：

在研發部分裡，要介紹產品的研究與開發過程與內容。主要包括以下以六個項目：

產品開發過程——
研究資金投入——
研發人員情況——
研發設備——
產品技術先進性——
產品發展趨勢——

第五，其他部分：

其他部分，要依據計畫書的類型，在上面所未包括的項目，認爲有必要加以說明的事項進行補充。內容的多寡要依照實際需要來調整。主要包括以下九個項目：

產品處於生命週期的階段——
產品市場前景與競爭力——
經營可能的風險——
產品技術的改進——
技術更新替換計畫——

技術更新的成本——

利潤的來源——

持續經營的模式——

參考數據附件資料——

三、招標公告

招標公告是以公開的方式發佈公告。按照政府規定，公開招標是招標人以招標公告的方式，邀請不特定的法人組織或者合格的個人投標。招標公告以何種方式發佈，直接決定了招標資訊的傳播範圍，進而影響到招標的競爭程度和招標效果。但是，無論如何，凡是採用公開招標方式的，都必須發佈公告。

1. 招標公告的目的

招標公告的主要目的是：發佈招標資訊，使有興趣的供應商或承包商知悉，前來取得招標文件與編製投標文件，並參加投標。因此，招標公告內容，對潛在的投標者來說，是非常重要的。一般而言，在招標公告中，主要內容是對招標人和招標項目進行描述，使潛在的投標者能夠在掌握這些資訊的基礎上，根據自身情況，作出是否投標的決定。

2. 招標公告的內容

招標公告應具備以下三項內容：

——招標的對象。

——招標的項目。

——招標的辦法。

(1) 招標的對象

在招標的對象裡，指出招標機構或組織部門、招標人的名稱及職稱、地址以及聯絡方式。這是對招標人身份的簡單描述。

（2）招標的項目

招標的項目包括：性質、數量、實施地點和時間。招標項目的性質，說明該項目屬於何種性質的設施。例如，是土建工程招標，或是設備採購招標，或是設計與研究課題等服務性質的招標。招標項目的數量，是指把招標項目具體地加以量化，例如設備供應量、土建工程規模等；招標項目的實施地點，是指材料設備的供應地點，或土建工程的建設地點，服務項目的提供地點等。招標項目的實施時間，指設備、材料等貨物的交貨期，工程施工期間及完工時間，服務項目的提供時間等。

（3）招標的辦法

招標辦法是指：取得招標文件辦法。如分發招標文件的地點、負責人、索取招標文件的地址、投標人的資格要求。假使是規模重大的建設案件，招標通常要繳保證金，就要列出保證金的金額、招標人或招標代理機構的開戶銀行及帳號等。

3. 招標公告的發佈

招標公告發佈的過程，要注意以下三件事：

—公告招標。
—指定招標。
—強制招標。

（1）公告招標

公告招標是指：招標公告應在報刊、資訊網站或者其他媒體上發佈。透過報刊發佈招標公告，是一種傳統的資訊發佈方式。隨著現代資訊技術的發展，企業組織開始運用網際網路網站的方式發佈招標公告，使資訊傳播更加快速、準確、方便以及低成本，招標採購工作的品質和效率也進一步提高。隨著科技的發展，還會出現一些新的發佈管道，作爲報刊和資訊網路的補充。

（2）指定招標

發佈公告的報刊、資訊網路或者其他媒體必須符合規定。例如，地方性招標，全國性招標以及國際性招標。招標人應該依規定進行招標。這樣要求的目的，是爲了集中招標資訊的發佈管道，使投標人能更迅速、方便地獲取資訊。爲了符合公開招標的目的，發佈招標公告的報刊、網路必須具有發行量較大、涵蓋面較廣、影響範圍比較深遠的特性。爲了引起競爭，並方便資訊的傳達與溝通，通常不應僅指定一種報刊或網路，而應根據招標項目的性質，以及可供選擇的報刊、網路情況，確定合適的媒體。

（3）強制招標

強制招標的方式，僅針對依法必須進行特定的招標項目，也就是強制招標項目。例如，爲了保護智慧產權，特定的產業發展需要以及國家安全的考量，必須限制由國內符合資格的投標人參與。這項招標類似限制性招標，但是有更嚴格的限制。這是所謂強制招標。

管理加油站

推銷自己

管理者並非僅僅在管理工作，
而是在管理自己的信念！

一、個案背景

在35歲以前，喬，吉拉德（Joe Girard）百事不順，做什麼工作都以失敗收場。他換過40種工作，仍然一事無成，幾乎走投無路。然而，誰能想像到，這樣一個誰都不看好的倒霉鬼，竟然在短短三年內大走鴻運，他登上了世界第一：銷售出一萬三千多輛汽車，創造了商品銷售最高紀錄。

14年後，在49歲那年，喬·吉拉德便急流勇退地退休了。如今他周遊世界，向眾多企業精英傳授他最重要的經驗：「推銷員並非在推銷產品，而是在推銷自己的理念。」他也把自己的理念與實際經驗寫成多本暢銷書，包括《如何推銷你自己》（*How to Sell Yourself, by Joe Girard and Robert Casemore*, 1988）以及《喬·吉拉德的13條銷售基本規則：如何成為最高成就者，過著美好生活》（*Joe Girard's 13 Essential Rules of Selling: How to Be a Top Achiever and Lead a Great Life, by Joe Girard*, 2012）

二、推銷自己

吉拉德相信推銷生意的機會遍佈於每一個細節。他有一個習慣性動作：只要碰到人，左手馬上就會到口袋裡去拿名片。去餐廳吃飯，他給的小費每次都比別人多一點，同時放上兩張名片。因為小費比別人多，所以人家就會好奇地想看看這個人是做什麼的。他甚至不放過看體育比賽的機會來推銷自己。在人們歡呼的時候，他就如同天女散花一樣，把名片拋出去。

他把所有客户資料都建檔儲存。他每月要發出一萬張卡片，無論買車與否，只要有過接觸，他都會讓人們知道喬．吉拉德記得他們。他認為這些卡片與垃圾郵件不同，它們充滿愛，而他自己每天都在發出愛的資訊。他創造的這套客户服務系統，被世界500大的許多公司採用。吉拉德的結論是：「我打賭，如果你從我手中買車，到死也忘不了我，因為你是我的！」

許多人寧可排隊也要見到他，買他的車。「世界金氏紀錄」核實他的銷售紀錄時說：我們試著隨便打電話給人，問他們是誰把車賣給他們，所有人的答案都是喬。令人驚奇的是，他們脱口而出，就像喬是他們熟悉的好友。在生意成交之後，喬總是把一疊名片和獵犬計畫的說明書交給顧客，並告訴顧客，如果顧客介紹別人來買車，每賣一輛他就會得到25美元的酬勞。另外，以後顧客每年都會收到喬的一封附有獵犬計畫的信件，提醒他們：喬的承諾仍然有效。

三、管理的省思

假使把喬，吉拉德的推銷名言：「推銷員並非在推銷產品，而是在推銷自己的理念」這句話換成管理者的理念：「管理者並非僅僅在管理工作，而是在管理自己的信念」，能夠這樣做到的人必然是一位偉大的管理者！

不論你的管理職位多高，管轄的人數有多少，都要設法展示你的管理信念。而且要記住，讓部屬親身參與，如果你能吸引他們的注意，那麼你就能掌握住他們的情感了。這樣你在管理工作時，便能藉此凝聚部屬的向心力，自動自發地同心協力把工作做好。

記得，2016年9月10日三立新聞網刊出台積電創辦人張忠謀，儘管身價非凡，通勤方式卻十分親民，日前有網友在區間車上意外拍到高齡85歲的他腰桿挺直，坐在博愛座上。值得許多「身在高處不勝寒」的管理者省思。

討論問題

1. SOP的四項內在特色是什麼？
2. SOP的功能是什麼？
3. SOP完整內容必須包括哪三項要求？
4. 製作SOP的四個步驟是什麼？
5. SOP流程程序通常按照順序，包括哪八個項目？
6. 試說明生產作業流程。
7. 生產作業計畫的意義是什麼？
8. 甘特圖的特色是什麼？
9. 製作甘特圖，要注意哪七個項目？
10. 根據管理者的實務經驗，甘特圖具有管理工具上的哪三項優點？
11. 管理方格圖的理論是什麼？
12. 布萊克和莫頓認爲，作爲領導者應該客觀地分析組織內外的各種情況，把自己的領導方式改造成「9.9」型的方式，這種領導方式可以創造出哪樣優勢的管理狀況？
13. 布萊克和莫頓在「9.9方格」的理想管理方式，提出哪五個階段的培訓模式？
14. 管理方格圖中的領導應用模式，有哪幾種？
15. 製作魚骨圖，通常有哪兩個關鍵？
16. 試述TQM的四個「階段」與八個「步驟」。
17. 試述電子檔案管理系統（EAM）的功能。
18. 新聞稿是企業組織用於針對特殊事件向媒體及大眾發佈的資訊。其目的是什麼？
19. 新聞稿撰寫通以哪三個段落完成一篇新聞稿？
20. 撰寫新聞稿，需要注意哪四個關鍵點？
21. 新聞稿的撰寫，要避免陷入哪四項誤解？
22. 業務計畫書中，通常包括哪七個項目？

23. 業務計畫書的編寫要注意哪六項原則？
24. 計畫書的編寫格式，基本上包括哪五個部分？
25. 招標公告應具備哪三項內容？

實務篇

第4章

計畫管理

1. 認識計畫管理
2. 滾動計畫管理
3. 總體計畫管理
4. 生產作業計畫管理
5. 計畫管理系統工程
6. 編寫招商計畫書

學習目標

1. 討論「認識計畫管理」的四項主題

   包括：「計畫」的意義、計畫預測管理、內部計畫管理以及外部計畫管理。

2. 討論「滾動計畫管理」的三項主題

   包括：滾動計畫法的含義、滾動計畫管理重點以及滾動計畫管理作業。

3. 討論「總體計畫管理」的四項主題

   包括：認識總體計畫管理、總體計畫管理的重要性、總體計畫管理的方式以及總體計畫管理的實施。

4. 討論「生產作業計畫管理」的三項主題

   包括：認識生產作業計畫管理、生產作業計畫管理的功能以及生產作業計畫管理的應用。

5. 討論「計畫管理系統工程」的四項主題

   包括：認識計畫管理系統工程、計畫管理系統工程的功能、計畫管理系統工程的特點以及計畫管理系統工程的應用。

6. 編寫招商計畫書

   包括：計畫書封面、計畫書摘要、計畫書內容以及計畫書附件。

1 認識計畫管理

1.「計畫」的意義
2. 計畫預測管理
3. 內部計畫管理
4. 外部計畫管理

一、「計畫」的意義

計畫管理是指：企業組織將各項經營活動納入統一計畫進行管理。換言之，它是經營管理者在特定時間與環境，對要完成特定目標而進行的活動，所做出的統籌性策劃安排。依據管理學大師亨利‧法約爾（Henri Fayol）的觀點，計畫（Panning）在管理六大功能中，居關鍵地位，其他包括預測（Forecasting）、組織（Organizing）、領導（Leading）、協調（Coordinating）以及掌控（Controlling）。後來，將預測納入計畫項目，增加了人事（Staffing）項目。

計畫管理是企業組織經營活動的基礎性工作之一，其關鍵性與重要性逐漸引起企業組織相關人士的高度重視，帶動了企業組織經營效益和效率的提升，也為企業組織的持續發展奠定良好的基礎。因此，制訂具有科學基礎的計畫，並對其實施有效管理，是企業組織經營活動的核心工作。

計畫既然是經營管理者在特定時間與環境，對要完成特定目標而進行的活動，所做出的統籌性策劃安排。在管理概念上，即具有非凡的意義。「計」是在特定時段裡，企業組織為完成特定目標，而對所處環境、組織內外影響因素的預測，以及本身發展需求的目標所進行的歸納總結。「畫」則是依據「歸納與分析」所得出的結論，制訂相應的措施、辦法以及執行原則和標準。因此，「計」是前置性的策略，「畫」則是行動的配合工作。

計畫管理是管理功能的關鍵角色，其工作內容也相對的廣泛，內容如下：

第一，根據有關指令和資訊，組織有關人員編制各種計畫。

第二，計畫管理是協助和督促執行單位落實計畫任務，保證計畫的完成。

第三，計畫管理是利用各種生產統計資訊和其他方法，例如，經濟活動分析、專題調查資料等檢查計畫執行情況。

第四，計畫管理是對計畫完成情況進行考核，據此評定生產經營成果。

第五，在計畫執行過程中，當環境條件發生變化時，即時對原計畫進行調整，使計畫仍具有指導和組織生產經營活動的作用。

計畫管理是企業組織對計畫的制訂、執行、檢查以及調整的全部過程，有利於合理地利用人力、物力和財力等資源，有效地協調企業組織內外各方面的生產經營活動以及提高企業組織經濟效益。

二、計畫預測管理

預測（forecasting）是計畫管理的前置作業，以便作爲規劃特定工作的重要參考依據。在理論上，預測是根據未來學概念所發展出的活動。可以說是對未來的主觀或直覺的預期。它的主要工作包含：

—採集過去的數據並用電腦模式來推測將來。
—綜合所採集的資料，經由良好的判斷與調整獲得結論。

進行預測作業時，沒有一種預測方法會絕對有效。對一個企業組織在某種環境下是最好的預測方法，對另一企業組織或者對本企業組織內的另一部門，卻可能不適用。無論使用何種方法進行預測，雖然預測的作用有限，卻沒有一家企業組織可以不在計畫工作前進行預測。因此，一項具有優勢的特定經營規劃，肯定取決於對市場供需的準確預測。

1. 計畫預測方式

在計畫管理作業，企業組織針對未來業務規劃，通常會選擇以下三種類型來進行預測：

——經濟預測（Economic Forecasts）。
——技術預測（Technological Forecasts）。
——需求預測（Demand Forecasts）。

（1）經濟預測

經濟預測是指：透過預計通貨膨脹率、貨幣供給量、產品生產率以及其它有關指標，來進行預測經濟週期預測。

（2）技術預測

技術預測是指：參照經濟趨勢，預測由於新產品的技術應用，因而帶動新工廠和新設備可能需要的新技術。

（3）需求預測

需求預測是指：爲公司產品或服務的市場需求預測。這項預測將決定公司的產品、生產能力以及計畫體系，並使公司財務、行銷、人事作相對的調整。

2. 時間計畫預測

爲了執行預期的計畫，也要預期所需要執行的時間，它包含三種時段：

——短期預測。
——中期預測。
——長期預測。

（1）短期預測

短期預測的時間最多爲1年，通常至少3個月。它適用於採購貨品、工作安排、所需員工、工作指定和生產水準的預測工作。

（2）中期預測

中期預測的時間通常是從1到3年。適用於預期銷售計畫、生產計畫和預算、現金預算和分析不同作業方案。

（3）長期預測

長期預測的時間通常爲3年及3年以上。適用於對規劃新產品、資本支出、生產設備安裝以及研究與發展等工作進行預測。

3. 預測管理應用

預測管理的應用有以下三種基本方式：

—定性預測。
—時間序列分析法。
—因果關係法。

（1）定性預測

定性預測法是指：根據已掌握的資料，運用個人經驗進行分析。它是對事物未來可能發展的性質和程度做出判斷，以便作爲預測估計和評價未來的主要依據。定性預測，屬於主觀判斷，常見的方法包括：市場調查法、小組討論法以及經驗類比法等。

（2）時間序列分析

時間序列分析是應用過去需求的相關數據預測未來的需求。數據內容包括：趨勢、季節、週期等因素。常見的時間序列分析方法有：
—簡單平均分析。
—加權平均分析。
—指數平均分析。
—回歸分析。

（3）因果關係法

因果關係是指：假定需求與某些內在因素或周圍環境的外部因素有關，依此進行預測未來。常見的因果關係法，包括：

——回歸分析法。

——經濟因果關係法。

——投入產出分析法。

4. 進行預測

無論採用何種預測方法，進行預測時都必須遵循以下九個步驟：

(1) 確定用途

進行預測工作，首先要確定預測的用途。此步驟要確定管理計畫者進行預測要達到什麼目標，以及如何使用這些預測取得的資料。

(2) 選擇對象

這一步驟要確定工作者需要對什麼對象進行預測。例如，生產預測中通常需要對公司產品的市場需求進行預測，從而爲公司指定生產作業計畫提供預測資料。

(3) 預測時間

設定預測的時間。這是要確定所進行的預測工作可能需要的時間點以及時間的長短：它是短期、中期、還是長期的。

(4) 預測模型

選擇預測模型。根據要預測對象的特點以及預測的性質而定，選擇一種合適的預測模型來進行下一步的預測。

(5) 預測數據

搜集預測所需的數據。搜集預測所需數據時，一定要確認這些數據資料取得的合法性、資料的準確性、可靠性以及實用性。

(6) 驗證預測

驗證預測的工作，包括：用途、對象、時間、模型、數據。這一步驟是要確定計畫者選擇的工具對於要進行的預測是否有效。

(7) 進行預測

進行預測。計畫者要根據前面搜集的相關數據資料、確定的預測模型對需要預測的對象做出合理的預測。

（8）連結與歸納

上面這些步驟，以系統性進行資料的連結與歸納，提供計畫管理的工作依據。假使是定期做預測，數據則應定期搜集。實際運算則可由電腦進行。

（9）付諸實際

將預測結果在計畫工作中付諸實際應用。按照前面步驟，計畫者已經對所需要預測的對象做出了預測，接著就需要將得到的預測結果實際應用到計畫中，從而達到進行預測的目標。

三、內部計畫管理

工作計畫（Work Plan）以生產工作計畫爲主，是企業組織或專案單位爲了達到內部發展目標，所進行的預測專案研究。內容包括：調查、分析、搜集以及整理取得所需的資料。隨後，根據此應用的格式編輯一份完整的書面資料。它是針對將進行工作的目的，提出任務、指標、完成時間以及步驟方法。內容包括以下兩個項目：

1. 計畫種類

工作計畫種類繁多，依照專業領域，例如，生產取向、研發取向以及行銷或服務取向行業等，重點有所不同，基本上有下列四種：

第一，按照計畫內容，包括：單項計畫，例如，生產計畫、作業計畫以及培訓計畫等。

第二，按照計畫範圍，包括：系統計畫、部門計畫以及單位計畫等。

第三，按照時間，包括：常年計畫、中期計畫、年度計畫以及季度或月份計畫等。

第四，按照計畫詳細程度，包括：要點計畫、簡要計畫以及詳細計畫。

2. 計畫結構

工作計畫結構，主要分為：標題、本文與結尾等三部分。

第一，標題。計畫的標題，有三個部分：計畫單位的名稱、計畫時限以及計畫內容摘要。計畫名稱。一般有以下三兩種寫法：完整的標題，例如，「2018 年行銷部新年促銷工作計畫」；簡單的計畫標題，例如，「急診室標準作業流程計畫 SOP」。假使所訂計畫還需要討論定稿或經上級批准，就應在標題的後面或下方用括號加注「草案」、「初稿」或「定稿」字樣。

第二，本文。通常本文包含以下三方面的事項：目標、措施與步驟。

目標——是工作計畫的關鍵。目標是計畫產生的導因，也是計畫工作的方向。因此，計畫應根據需要與可能，規定在一定時間內所須完成的任務和應達到的要求。任務和要求應該具體明確，有時還要指出數量、品質和時間要求。

措施——由於要明確指出何時實現目標和完成任務，必須制訂出相應的措施和辦法，這是實現計畫的保證。措施和方法指要達到既定目標需要採取的手段、動員的力量、創造出的成果以及需要排除的困難等。

步驟——這是指執行計畫的工作程序和時間安排。每項任務，在完成過程中都有階段性，而每個階段又有許多環節，它們之間常常是互相交錯的。因此，制訂計畫必須整合各個細節，妥善安排順序。在實施中，明確界定輕重緩急之分。在時間安排上，要有總體時限，也要有階段性時限，以便配合人力與物力的安排。

第三，結尾。在正文結束的後下方，指出制訂計畫的日期以及作者名稱與職稱。假使在標題下已經註明，不必重複。此外，如果計畫有表格或其他附件，或需要副本送某些單位，也要註明。

四、外部計畫管理

外部工作計畫，又稱「商業方案計畫」，簡稱「商業計畫」。它與內部工作計畫的目的不同，是依照對外招商而設定。企業組織或專案單位為了達到招商、融資和其他對外發展目標，其作業過程與內部工作計畫相同。包括：調查、分析、搜集以及整理取得所需的資料，然後應用一定格式而編輯一份完整的書面資料。其終極目標是要向投資者全面地展示公司目前狀況以及未來發展的潛力。在本章後的個案:「招商計畫」有詳細的討論。

商業計畫要詳細介紹一家公司，主要內容包括以下十個項目：

—產品服務。
—生產能力。
—市場和消費者。
—行銷策略。
—人力資源。
—組織架構。
—基礎設施。
—供給的需求。
—融資需求。
—資源和資金利用。

商業方案計畫的目的，是為了尋找策略合作夥伴或者投資資金，其內容應眞實與合理的反應方案的投資價值。一般而言，專案規模越龐大，商業方案計畫的篇幅也就越長。如果企業組織的業務單純，則可簡潔一些。因此，商業方案計畫應該做到內容完整、意願眞誠、基於事實、結構清晰以及通俗易懂。一份好的商業方案計畫的特點包括：

—重視產品服務品質。
—充分市場研究調查。
—有力的資料佐證與說明。
—完整與妥善的財務規劃。
—擁有優秀的工作與管理團隊。
—清楚的行動目標。

2 滾動計畫管理

1. 滾動計畫法的含義
2. 滾動計畫管理重點
3. 滾動計畫管理作業

滾動計畫（Scrolling Plan）也稱滑動計畫（Sliding Plan）是一種定期修訂未來計畫的有效計畫管理方法。討論包括以下三個項目：

一、滾動計畫法的含義

滾動計畫是一種動態編制計畫的方法。它不像靜態分析那樣，等一項計畫全部執行完了之後，再重新編制下一時期的計畫，而是在每次編制或調整計畫時，將計畫按時間順序向前推進一個計畫期，也就是向前滾動一次。然後，按照制訂的項目計畫進行施工，這對保證項目的順利完成具有十分重要的意義。

由於各種原因，在項目進行過程中，可能出現偏離計畫的情況，因此，要透過「追蹤計畫」（Tracking Plan）的執行，以發現存在的問題。追蹤計畫還可以監督過程執行的費用支出情況，追蹤計畫的結果通常還可以作爲向承包商要求支付的依據，值得注意。

滾動計畫的編制方法是指：在已編制出的計畫基礎上，每經過一段固定的時期，例如一年或一個季度，這段固定的時期被稱爲滾動期，根據已改變的環境條件和計畫的實際執行情況，從確保實現計畫目標出發，對原計畫進行調整。每次調整時，保持原計畫期限不變，而將計畫期順序向前推進一個滾動期。

二、滾動計畫管理重點

滾動計畫法雖然使得計畫編輯工作的任務量加大，但是，在電腦軟體工具已廣泛應用的今天，其優點十分明顯。以下有三項管理重點提供參考：

1. 時段銜接

執行滾動計畫，注意要把計畫期內各階段以及下一個時期的預先安排銜接起來，並定期調整補充，以便符合實際情況，解決各階段計畫的銜接問題。

2. 穩定作用

進行滾動計畫，可以使計畫更有相對穩定性，以及化解理想與實際情況的矛盾，使計畫更好地發揮其指導的實際作用。

3. 靈活結合

採用滾動計畫法，使企業組織的生產活動能夠靈活地適應市場需求，將產銷密切結合起來，從而有利於實現企業組織預期的目標。

採用滾動計畫法，可以根據環境條件變化和實際完成情況，定期地對計畫進行修訂，使組織始終有一個較爲切合實際的長期計畫，並使長期計畫能夠與短期計畫緊密地銜接在一起。需要注意的是，要適應企業組織的具體情況，選擇適合的滾動間隔期。一般情況是，生產比較穩定的大量產品，企業組織最好採用較長的滾動間隔期，生產不太穩定的小批量產品，企業組織則可考慮採用較短的間隔期。

三、滾動計畫管理作業

滾動計畫法管理作業是指：按照「接力計畫」（Relay Project）的管理

原則，制訂一定時期內的計畫，然後按照計畫的執行情況和環境變化，調整和修訂未來的計畫；然後，逐期向後推移，把短期計畫和中期計畫結合起來，成爲長期計畫的一種有效計畫方法

在計畫編制過程中，尤其是編制長期計畫時，爲了能準確地預測影響計畫執行的各種因素，可以採取近期計畫訂得較細、較具體，遠期計畫訂得比較概略。在一個計畫期終了時，根據上期計畫執行的結果和產生條件、市場需求的變化，對原訂計畫進行必要的調整和修訂，並將計畫期順序向前推進一期，如此不斷滾動、不斷延伸。

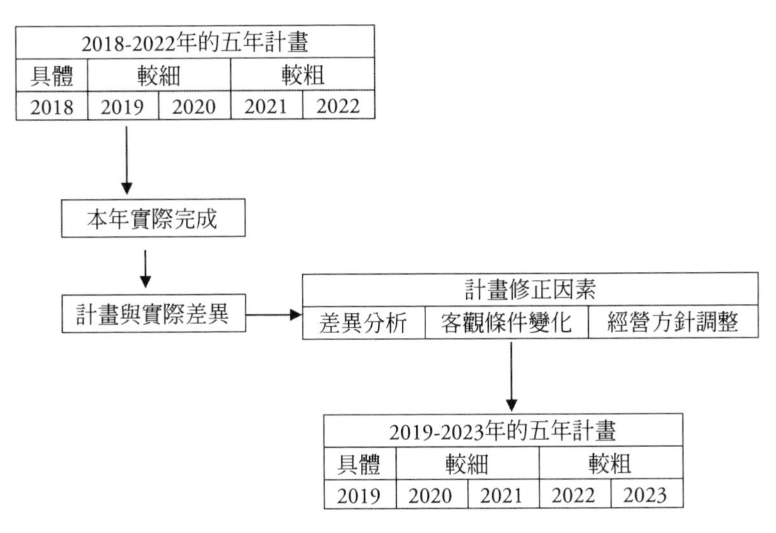

滾動計畫法的制訂流程

滾動式計畫法的最大優勢，是能夠根據已經改變的組織環境，即時調整和修正組織計畫，反應了計畫的動態適應性，而且可使中長期計畫與年度計畫緊緊地銜接起來。

3 總體計畫管理

1. 認識總體計畫管理
2. 總體計畫管理的重要性
3. 總體計畫管理的方式
4. 總體計畫管理的實施

總體計畫管理（Overall Plan Management，簡稱 OPM）是生產製造活動的前期工作，它屬於企業組織一級管理層的業務活動。主要內容包括，計畫期的總產量計畫以及進度計畫。計畫期的長度一般爲一年，具體情況視生產的特點而定，生產週期與需求波動週期較長者，計畫期相對要長一些；反之，則短一些。該計畫的主要目的是合理利用企業組織生產資源。

一、認識總體計畫管理

從下圖可以看出 OPM 與其他計畫的關係。長期計畫跨年度制訂，期間在兩年以上。中期計畫也跨年度，一般爲一到兩年。短期計畫可以從月度計畫到年度計畫。

首先，長期計畫是總體計畫的總結，從策略的高度考慮企業組織的經營方向、發展規模以及製造技術的策略定位。在生產管理中，生產策略計畫屬於這個類型。

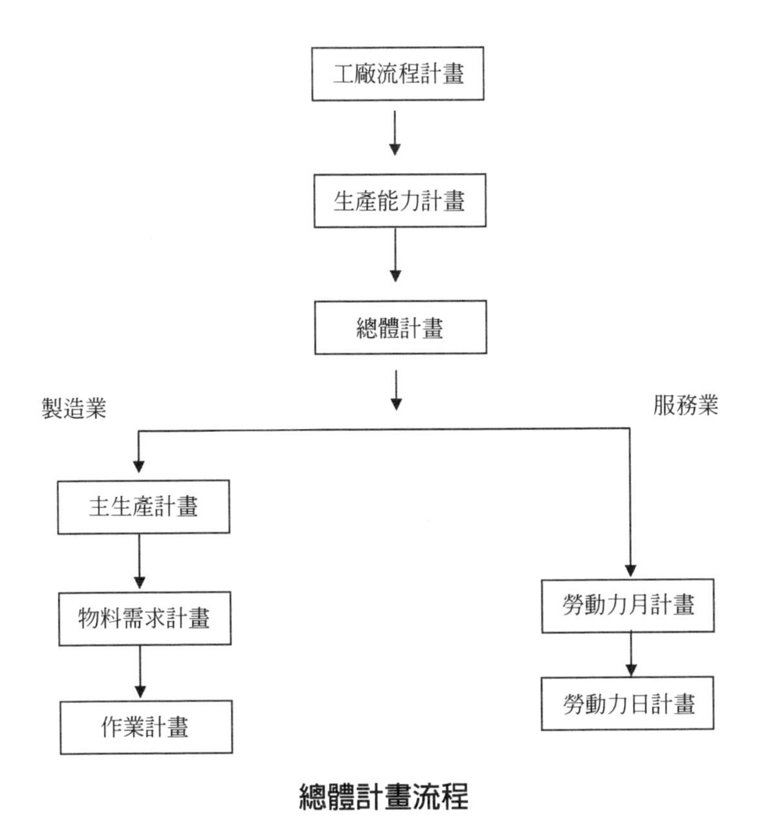

總體計畫流程

其次，中期計畫則是總體計畫中的一個發展計畫。特別考慮產品與技術開發、生產能力發展的步驟以及人力資源規劃等。

最後，短期計畫是產品製造計畫，它又可以分成月度作業計畫和季度作業計畫。它主要考慮的問題是：如何在一年左右的計畫期內，合理使用企業組織的生產資源。

總之，無論製造業還是服務業，兩者的總體計畫基本內容相同，只是製造業可以使用庫存來緩和供需問題，而服務業則不行。因此，再往下延伸的中期與長期計畫，兩者之間的差別就很大。在製造業中，OPM 的生產計畫過程可歸納以下四個要點：

（1）依據已有的訂單或預測的訂貨量進行「生產計畫」（Production Plan）的編排。該計畫要爲每張訂單安排出產的時間與數量。

（2）對生產計畫提出「生產能力平衡計畫」（Production Capacity Balance Plan）。此計畫要估計設備與人力能否滿足生產量、主要供貨商能否及時提供貨源擬定應對的辦法。

（3）根據生產能力平衡計畫，再作「物料需求計畫」（Material Requirements Planning）。該計畫按照生產計畫的出產日程，將最終產品的生產物料，編排成物料需求計畫。

（4）工作令計畫與作業計畫。每項具體的製造任務分配給每台機器、每條生產線，或者加工中心。在經濟市場條件下，生產要配合需求，面對情況不穩定的市場需求，所以企業組織需要有較長的目標來考慮生產資源的合理利用，OPM 就顯得十分重要。

二、總體計畫管理的重要性

OPM 的重要性是指：在計畫期內從整體上考慮生產資源的合理使用，以期獲得最佳效益。由於計畫的時間跨度可以有一年以上，在這段時間內，對企業組織決策者而言，市場需求是不穩定的。

在此前提下，企業組織可能已經得到部分訂單，但是，還沒有達到企業組織的生產能力範圍，企業組織也沒有完全掌握市場對各種不同品種的需求。於是，為了充分利用企業組織的生產資源，企業組織應該作好計畫。但是這個計畫不可能十分詳盡，至少它不可能安排詳細的品種計畫。它只能依據部分訂單和市場預測的資訊，對企業組織一年內的生產總量做計畫，並做生產資源優化條件下的進度計畫，所以稱之為 OPM 。

1. 不確定計畫

OPM 看起來是個不十分確定的生產計畫，但是，對於企業組織經營決策者，雖然此時企業組織只掌握部分的市場資訊，這並不妨礙做生產資源計畫。事實上，在考慮下一年度計畫時，有經驗的決策者，開始時關心的並不是產品的品種需求，而是產品的總量需求，它甚至只是一個抽象產品或代表產品的總需求量。有了對總需求量的估計，就可以在基本上確定下年度的生產總量，為企業組織籌措生產資源提供可靠的基礎。

2. 抽象產品概念

OPM往往是以抽象的產品概念或某類產品作爲計畫的單位，例如，手機廠是以手機台數來計量，而不考慮產品的型號規格，因爲此時不可能獲得詳細的市場資訊。OPM要解決的問題是在既定的市場條件下，如何確定總產量，進一步再考慮生產進度如何安排，人力資源如何調整以及庫存數量如何決定，其中主要目的是使總體的利潤最大化，生產成本最小化。

OPM特別適用於一年內需求的季節性生產類型，它雖然十分的粗略，但是，由於對市場需求有了大致的瞭解，對於決策者來說，已經對年度生產任務有了全盤的安排，在以後的生產管理活動中，不會因爲需求的變動而措手不及。

三、總體計畫管理的方式

由於OPM的主要目標之間，例如，生產、物料與行銷部門，可能存在著矛盾關係，那麼，就需要對這些矛盾關係的目標進行平衡作業。在平衡這些具有矛盾關係的目標時，需要先提出初步的候選方案，經過綜合考慮，然後作最後的決策。如何制訂初步的候選方案？有兩種基本的決策方式：積極進取型與穩妥應變型，以及整合運用策略。

1. 積極進取型

積極進取型是主張透過調節需求模式，以便影響與改變需求。其基本概念是主動以調節對資源的不平衡要求來達到滿足需求的目的。積極進取型是屬於「攻勢的計畫管理策略」（Offensive Planning Management Strategy），常用的方法有二：

（1）產品互補

積極進取型的首要工作是指：規劃產品的互補作用。也就是說，使不同產品的需求錯開。例如，生產外銷歐美農業用拖拉機的企業，也可以同時生產冬季必備的電動清雪機，這樣其主要部件「電動機」的年間需求可以保持穩定。春夏季主要裝配拖拉機，秋冬季主要裝配雪橇。關鍵是找到合適的互補產品，這樣既能夠充分使用現有資源，又可以使不同需求的高峰與離峰錯開，使生產保持均衡。

（2）價格調整

積極進取型的第二項工作是：以調整價格來刺激淡季需求。在需求淡季，可舉行各種促銷活動，以降低價格等方式刺激需求。例如，航空業在淡季出售廉價機票；百貨業在夏季結束前，削價出售夏季服裝；進入冬季則降價出售冷氣機機的價格。

2. 穩妥應變型

穩妥應變型是指根據市場需求制訂相應的計畫，也就是說，將預測的市場需求視爲基本條件，採用調節人力、調節加班時間、安排休假、改變庫存量以及外部協商等方式，來滿足市場需求。與積極型的調整外部市場需求概念相反，穩妥應變型的概念是屬於調整內部作業計畫的「守勢」（Defensive）策略，在這種基本的概念之下，常用的應變方法有下列五項：

（1）調節人力

調節人力水準是以聘用和解聘人員來實現應變策略。例如，當淡季時，又逢人員主要是非熟練工人或半熟練工人時，採用解聘方法；在旺季時，則採用聘用方法。但是，符合技能要求的人員來源並非容易，而新工人需要加以培訓，培訓是需要時間的。尤其是對於需要熟練工人的汽車製造業，解聘工人的決策並不容易執行。而對於旅遊業、農業等人員，採用解聘與再聘則是很平常的事。

（2）調節時間

調節時間的策略是採取加班或部分開工來調節企業的生產作業。當正常工作時間不足以滿足需求時，可以考慮加班；反過來，正常工作時間的產量大於需求量時，就部分開工，只生產所需的量。但是，加班需要付出更高的工資，通常爲正常工資的1.5倍，這是生產運作管理者限制加班的主要原因。工人有時候也不願意加太多班，或長期加班。此外，加班過多還會導致生產率降低，品質下降等。部分開工是在需求不足，又不採取解聘人員的情況下才使用的方法。在許多專業化生產方式的企業裡，對工人所需技能的要求較高，再聘具有相當技能的工人不容易，就常常採用這種不得已而爲之的方法。這種方法的主要缺點是可能會抵觸相關勞動法、人工成本增加以及效率下滑。

（3）安排輪休

安排輪休通常是在需求淡季時進行，只留下部分人員進行設備維修和最低限度的生產作業，大部分設備和人員都停工。在這段時間，可讓工人休假或輪休。例如，歐美企業組織經常在復活節、聖誕節及新年期間使用這種方案，不僅利用這段時間進行設備維修與安裝等，還可順便減少庫存。這種方案的應用方式如下：

第一，按照生產需求，由企業組織安排工人的休假時間和休假長度。此法由管理者主動安排，比較容易操作。

第二，企業組織規定每年的休假長度，由工人自由選擇時間。此法主動權在工人，管理者需要考慮在需求高峰時，工人的休假需求要如何因應。

第三，在採取此方案時，勞資雙方對於有償休假或者是無償休假要取得共識。在雙方有爭議時，管理者需要有一套SOP對應。

（4）外部協商

外部協商是用來彌補生產能力短期不足的常用方法。可以利用承包商提供服務，製作零部件，某些情況下，也可以讓承包商代工成品。採用外部協商的優點是：省時、省力又操作方便；缺點則是：品質比較難以控管，適合的承包商也不是隨意就可找到。

（5）調節庫存

利用調節庫存的策略可以在需求淡季適量的儲存，以便在需求旺季時使用。這種方法可以使生產速率和人員水準保持穩定。但是，庫存卻需要耗費相當成本。成品的儲存是最耗費的一種投資，因爲它所包含的附加勞動成本最多。因此，應該儘量儲藏零部件與半成品，當需求增加時，再迅速組裝，以減少成品的儲藏空間。

總之，穩妥應變型的決策任務是：決定不同時段的不同生產速率，由生產運作管理者來審查合適與否。積極進取型概念的方案主要是由市場行銷人員來考慮，生產運作管理者扮演配合角色。這兩個部門人員密切合作，才能使一個綜合計畫達到最佳境界。

3. 整合運用策略

上述兩種類型的各種候選方案最好聯合應用。假使積極進取型可採取的方法已經被納入供應需求作業，那麼，下一步就要考慮如何集中在穩妥應變型的各種方法上了。穩妥應變型方法的關鍵在於生產速率和人員水準，因此，在制訂 OPM 時，如何考慮整合這兩個因素？有下列三種基本策略：

（1）追趕策略

追趕策略是在計畫時間範圍內，調節生產速率或人員水準，以適應需求。這種策略的關鍵，是不使用調節庫存或部分開工。追趕策略有多種應用方法，例如，聘用或解聘工人、加班人員以及外部協商等。因此，其主要優點是使庫存投資小，避免訂單積壓。但是，缺點是：在每一次計畫期內都要調整生產速率或人員水準，也要花費成本。此外，追趕策略容易造成勞資關係疏遠，以及生產率和品質下降等問題。

（2）平衡策略

平衡策略是使用調節庫存或部分開工來適應需求，以便在計畫期內保持生產速率和人員水準。在製造業，穩定的生產速率主要靠保持人員穩定，可是要注意，在使用調節庫存或部分開工來平衡供需時，可能難以保持人員的水準。假使生產速率仍要求保持不變時，可考慮使用加班、臨時聘用或外包等方式來處理。這種方法的優點是：供需均衡以及人員水準穩定；缺點是：增加了庫存費用；加班或部分開工的方式也會引起額外費用。

（3）混合策略

混合策略主要是避免以上兩種策略的缺點。對於一個企業組織來說，最好的策略應該是在需求淡季時，建立調節庫存、人員水準幅度變動以及加班等幾種方式結合使用策略。無論選擇什麼策略，重要的是 OPM 必須反應它想要達到的目標，又對有關的各職能部門有一定的影響力，才能夠使得未來一段時間內，企業組織的經營方向能夠成爲有效的計畫管理工具。

四、總體計畫管理的實施

由於 OPM 是以抽象產品或代表產品爲計畫單位，又是在需求資訊不完備的條件下做出的，所以不能用於具體的生產活動安排，但是，它可以作爲企業組織制訂月度生產計畫、作業計畫、勞動力計畫、物料計畫的指導方針。排定月度生產計畫或其他計畫時，企業組織需要更詳細的需求資訊，例如，客戶訂單、分品種的市場需求預測等資料。不過，只要作 OPM 的有關資料是基本可靠，就不會影響排下一層次的計畫。

一般而言，隨著時間的推移會發現實際情況與 OPM 總是不一致，尤其在計畫實施的前期出現這種情況時，需要對計畫進行修改，有時調整的幅度會很大。例如，某機車廠考慮到發展策略，制訂的年度總產量計畫爲 70 萬輛。這年該廠的發動機製造能力與整車組裝能力要達到 100 萬。全廠以該計畫爲指南作各方面的計畫，執行才幾個月，發現市場情況與預期的相差很大，立即進行調整，上半年過去後，市場情況基本明朗，最後將總產量計畫定在 60 萬輛，實際的產量略高於 50 萬輛。如果不作調整，仍按照原來計畫100萬輛作生產資源的安排，損失肯定很大。

OPM的實施過程中，另一個十分重要的問題是各職能部門的協調。書本上所論述的管理活動，都是分門別類的、靜態的，而現實中的生產系統是整體的動態狀態。OPM的實施會影響企業組織許多部門的行爲，例如，物資供應部門必須根據計畫作物資採購計畫，外部協商部門要與協力廠安排商量加工計畫，人事部門要做勞動力調配計畫。可見，它會引起企業組織內部許許多多的決策活動。如果OPM變動過大，對全企業組織的管理活動衝擊很大，這樣是不利的。因此如何制訂一個可靠的OPM是一件很重要的事情。

4 生產作業計畫管理

1. 認識生產作業計畫管理
2. 生產作業計畫管理的功能
3. 生產作業計畫管理的應用

一、認識生產作業計畫管理

生產作業計畫管理（Production Project Management，簡稱PPM）是計畫管理內部主要的工作。另一項，則是對外招商的商業作業計畫管理。生產作業計畫管理是爲了實現企業組織的經營目標，然後，透過有效地利用生產資源，對生產作業過程進行組織、計畫與控制，以便生產滿足社會需要與市場需求的產品，以及提供服務的管理活動。

生產作業計畫管理這個名詞，是在近20年才被廣泛使用，先前通常只被稱爲生產管理。名稱上的轉變，反應了產業界的變革，這種趨勢和今日社會各界對服務業越來越重視的趨勢有密切的關係，因此，當我們談到PPM時，我們並不限於製造業。事實上，它更包括金融、保險、保全、餐旅等等行銷與服務領域。這些領域都可以使用此項的計畫管理原理及工具。

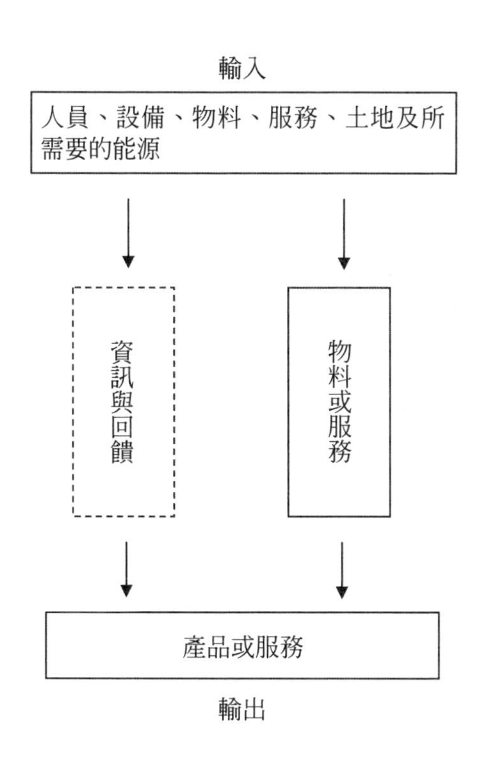

在一個企業組織中，PPM主要的功能之一，便是負責創造出企業組織的產品或服務，由生產及作業管理圖中，我們可以從系統的層面來看：

──輸入端部分：包含人員、設備、物料、服務、土地及所需要的能源。
──輸出端部分：即企業組織所要生產的產品或服務。
──中間部分：指我們將輸入透過某些轉換，而成爲產出物。
──虛線部分：在這張圖中，所代表的是資訊流，或者說是一些回饋，生產者便利用這些回饋來改善系統的績效。
──實線部分：所代表的是實際的物料或者是服務流。

因此，在重視消費者服務的今日，我們便可以看到物料流由左邊的輸入端，透過一些管理活動以及生產製程後形成生產，當生產的產品或服務到達消費者手中後，便由消費者處產生回饋，再回到系統中。

二、生產作業計畫管理的功能

PPM是從勞動力與原材料等資源，經過設計、作業和控制的轉換過程，最終讓消費大眾獲得產品和服務。任何企業組織都生產一定的產品，它是透過一個作業系統將輸入轉換成輸出，而創造價值。系統接受輸入——人、設備和材料，然後，將其轉換成能滿足需要的商品或服務。因此，不論是提供服務的企業組織或者提供製造產品的企業組織，在轉換過程上，其作用是相同的。

正如每個組織都生產東西一樣，組織中的每個部門也都生產一定的東西。行銷、財務、研發、人事和會計等部門都在把輸入轉換成輸出。輸出的內容，則包括：

—銷售額。
—市場增長。
—高投資回報率。
—新產品。
—積極生產的員工隊伍。
—正確的會計報表。

爲了更有效地實現目標，作爲一個管理者，無論管理的領域是什麼，都需要熟悉作業管理的概念。

PPM的目的就是提高生產率，而提高生產率是每一個企業組織的管理者所追求的目標。通常，生產率是指：生產的所有產品或服務，除以得到這些生產所需的全部投入。對一般企業組織來說，增加了生產率則顯示有了一個更具競爭力的成本結構和一個更具競爭力價格的能力。提高生產率始終是全球競爭的關鍵，無論是戰後日本經濟的崛起，還是今天美國經濟的極度繁榮，很大程度上都要歸功於生產率的快速提高，這要歸功於PPM的妥善運用。反觀台灣企業依然在與勞工計較加班費的支出，無視於工作效率與士氣的重要性，值得省思。

例如，40年前（1978～1986）日本的生產率年增長達5.5%，而同期美國的年增長率僅爲2.8%。但是，美國公司在最近的十幾年中，依靠大量的PPM措施來提高生產率。現在美國工人屬於世界上生產率最高的工人之一。生產率是人和作業計畫管理變量的複合體，爲了提高生產率，必須二者兼顧。一個眞正有效的組織透過使人成功地與作業系統合爲一體，實現生產率的最大化，其中，管理計畫工作尤爲重要。美國的管理顧問和品質專家愛德華茲·戴明（W. Edwards Deming）曾經提醒過：不是工人，而是管理者才是提高生產率的主要來源。

三、生產作業計畫管理的應用

PPM的應用是指：企業組織所設計的一套運用資源的政策計畫與實際運用，以支持企業組織長期競爭的目標。PPM應用的重點包括：

—企業組織透過計畫管理選定的目標市場。
—工作內容是在既定目標導向下，制訂企業組織建立生產系統時，所遵循的指導概念。
—在這指導概念下的決策規劃、決策程序和內容。
—使生產系統成爲企業組織立足於市場，並獲得長期競爭優勢的堅實基礎。

依據上面的概念前提，討論以下八項內容：

1. 產品選擇

產品的選擇是在目標市場確定後，企業組織需要考慮選擇生產何種產品，應該用何種產品才能滿足市場需求，同時能夠在消費市場具有優勢。

2. 生產計畫

生產計畫是指生產能力需求計畫。它需要在應用計畫作業中，對生產能力數量上的需求、時間上的需求以及種類上的需求進行計畫。

3. 生產設施

生產設施的主要目的，是配合生產能力的需求計畫而進行的設備措施。內容包括：選定生產工廠的地點、確定生產的規模以及專業化水準等。

4. 技術水準

技術水準是配合專業化水準的後續工作。技術水準包括：確定自動化的程度、設備自動化的佈置以及生產線協力化的水準。此時，也要確定自有與外購的比例以及協力廠的數量。

5. 勞動力計畫

勞動力計畫是進行 PPM 的運作階段。內容包括：確定所需勞動力的人數、員工的技能水準、工資的政策以及穩定勞動力的措施等。

6. 生產組織

生產組織的工作是規劃取得有效生產所要配合的組織系統結構。包括：確定生產系統結構、系統結構中的職務設計以及職位與職責分配等等。

7. 物料控制

物料控制與生產計畫有密切的因果關係。在進行 PPM 的運作上，著重策略性規劃。包括：資源利用的政策、物料控制計畫的方法以及物料計畫集中的程度等。

8. 品質管理

品質管理是進行 PPM 的最後階段。包括：對生產數量的控管、對不良品的預防以及對產品品質的監督與控制等等。

5 計畫管理系統工程

1. 認識計畫管理系統工程
2. 計畫管理系統工程的功能
3. 計畫管理系統工程的特點
4. 計畫管理系統工程的應用

一、認識計畫管理系統工程

計畫管理系統工程（Project Management System Engineering，簡稱 PMSE）是建立在計畫管理概念上，由若干子系統（Subsystem）所組成，以系統化形式運作的工程。PMSE 是一項特別用於實現企業組織產品目標的有效工具。它可以讓管理者能夠把每項工作目標作爲一項整體來處理，更有效率地建構工作目標的規劃，以便隨後的開發、製造和維護過程。

系統管理的概念，從 1911 年泰勒的「科學管理」以及隨後杜拉克的「目標管理」，由來已久。但是，PMSE 的誕生卻是近 40 多年來的事。隨著科學技術的迅速發展和生產規模的不斷擴大，企業組織迫切地需要發展一種能有效地組織和管理複雜的系統工程。PMSE 在系統科學結構體系中，屬於工程技術類，它是一門新興的學科，尙無統一的定義。1975 年出版的《美國科學技術辭典》（*Dictionary of Science and Technology*, 1975）開始有比較具體的解釋；

> PMSE 是研究複雜系統設計的科學，該系統由許多密切有關的因素所組成。設計該複雜系統時，應有明確的預定功能及目標，並協調各個因素之間及因素和整體之間的機動性聯絡，以使系統能從總體上達到最優越的目標。在設計系統時，要同時考慮到參與系統活動者的因素及其作用。

從這項論點可以看出，PMSE 是以大型複雜計畫系統工作爲對象，按照一定的目的進行設計、開發、管理與控制，以期達到總體效果最優化的理論與方法。換言之，PMSE 是運用系統概念直接改造客觀管理環境設計工程技術的總稱。該系統是由互相關聯、互相制約、互相作用的若干子系統，構成具有計畫功能的工程。這是管理者在長期的計畫管理實務中，逐漸形成了把一項工作的各個組成部分聯結起來的系統概念。

第一，根據特定需求，於是企業組織運用 PMSE 來對一項產品需求進行規劃、研究、設計、製造、試驗和使用的技術工程。

第二，此系統整合與約束子系統之間的交互作用，進行分析，並在整個產品生命週期做出重要決策。

第三，在整個生命週期，PMSE 利用各種的模型和工具來掌握、組織、分級以及交付在計畫管理系統中完成。

二、計畫管理系統工程的功能

PMSE 是一項計畫管理領域的新興學科，以操作大規模與複雜系統爲主要目標，透過處理系統工程技術完成。對新系統的建立或對已建立系統的經營管理，採用以數據爲研究基礎的定量分析法（Quantitative Analysis），以品質爲研究基礎的定性分析法（Qualitative Analysis）或者兩者結合的方法，進行系統分析和系統設計，以達到整個系統所預定的目標。

PMSE 的應用範圍已由傳統的生產工程領域擴大到技術和經濟發展工程領域，例如，企業組織 PMSE、經濟發展 PMSE 以及社會發展 PMSE 等。任何一種人際活動都會形成一項系統，這個系統組織的建立與有效運轉就成爲一項 PMSE 。因此，PMSE 可以解決的計畫管理問題，涉及到組織改造、提高生產力、增強領導力，直到改造整個企業組織經營活動的最終目的。

三、計畫管理系統工程的特點

PMSE 除了是系統工程之外，更是一項工程技術，用以改造企業組織的客觀環境以取得實際成果。這與一般工程技術問題有共同之處。但是，PMSE 在計畫管理上包括了許多項目工程，與一般工程比較，PMSE 有以下三個特點：

1. 範圍廣泛

PMSE 的首項特點，是應用的範圍廣泛。其應用在管理學的範圍包括：組織管理、人事管理、領導管理、協調管理以及控制管理等等的技術工程。

2. 領域廣泛

PMSE 是一門跨領域的管理學工具。不僅要用到數學統計，還要用到社會學、心理學、經濟學以及行爲科學等有關領域的整合。因此，PMSE 使管理者在處理問題時，具有系統性的整體觀點與理論基礎。

3. 整合方法

在處理複雜的大系統時，PMSE 常採用以品質取向的「定性分析」和以數據取向的「定量分析」結合的操作方式。由於 PMSE 所處理的對象除了物力，往往涉及到人力，這就涉及到人的價值觀、行為學、心理學、主觀判斷和理性推理，因而，處理 PMSE 問題，不僅要有科學性，而且要有藝術性和邏輯性。

四、計畫管理系統工程的應用

PMSE 在管理操作上，有以下四方面的應用功能與方法：

1. 資訊的應用

PMSE 在資訊操作上的應用，包括：在制訂最優越計畫方面所牽涉到範圍的廣泛資訊。例如，管理資訊系統的應用、預測技術的應用、整數規劃的應用、目標規劃的應用、動態規劃的應用、規劃計畫的應用以及預算系統的應用等等。

2. 任務與執行

PMSE 在任務與執行操作上的應用，包括：在安排計畫任務方面，進行線性規劃中的分派問題與動態規劃中的排序問題；在執行計畫方面，則包括計畫技術協調與計畫路線協調等。在此，動態計畫管理扮演重要的角色。企業組織在經營管理過程中，透過外部環境的預測、內部數據分析，對經營策略、管理手段進行適時的調整，以便對計畫進行有效的修改和補充。

3. 檢查與評價

PMSE 在檢查與評價操作上的應用，包括：用系統分析與成本效益分析等工具進行檢查和評價。系統分析的任務是將系統詳細調查中所得到的資料集中在一起，對企業組織內部整體管理狀況和資訊處理過程進行分析；成本效益分析則是透過比較項目的全部成本和效益來評估項目價值，以尋求在投資決策上，如何以最小的成本獲得最大的效益。

4. 調整與協調

PMSE在管理調整與協調方面，主要有三個任務：調整與協調產品的需要；調整協調外部環境與內部生產條件；以及對各種資料和資訊進行總匯、整理和綜合分析。在此，應用滾動計畫（Scroll Plan）法，按照計畫的執行情況和環境變化修訂未來計畫，並逐期向後移動，把短期計畫和中期計畫結合起來進行調整。

6 編寫招商計畫書

1. 計畫書封面
2. 計畫書摘要
3. 計畫書內容
4. 計畫書附件

招商計畫書（Investment Plan）是管理者計畫管理對外的一項重要工作，爲了達成任務必須遵照「求眞，求實，求簡」的三原則進行規劃。共包括四個項目：

—計畫書封面。
—計畫書摘要。
—計畫書內容。
—計畫書附件。

一、計畫書封面

招商計畫書的封面是吸引投資者目光的關鍵，管理者必須用心設計，以便達到最好的效果。封面包括：內容部分與設計部分

1. 內容部分

封面內容部分的主要目的是讓讀者有興趣繼續閱讀本文。內容以簡單爲原則，通常包括以下四個項目。

—公司名稱。
—招商目的。
—招商期間。
—聯絡方式。

2. 設計部分

封面設計部分的主要目的是加強內容部分的吸引力。建議考慮加上適當的色彩，除非是特殊的服務業，例如：餐旅、觀光以及專賣直銷等，避免過份華麗或者誇大。

—公司的標誌。
—招商的標誌。
—願景的象徵。

二、計畫書摘要

摘要是整個計畫書的精華，更是計畫書的核心所在。摘要的主要目的是要吸引投資者的興趣，然後繼續閱讀，以便得到更多的資訊。篇幅一般是占全文的20%，以一萬字的計畫書爲例，摘要最好控制在兩千字左右。主要內容，包括十個項目的簡要敘述，吸引讀者進入「計畫書內容」閱讀詳細說明。

1. 公司簡介。
2. 招商目的。
3. 產品（服務）範圍。
4. 市場與競爭分析。
5. 生產經營計畫。
6. 財務計畫分析。
7. 融資需求。
8. 管理組織與團隊。
9. 風險評估。
10. 退場機制。

三、計畫書內容

根據上面的摘要來詳細說明計畫書內容。按照項目的重要性以及篇幅，決定內容的大小。通常是占全文的60% 。

1. 公司簡介

這個部分主要介紹公司的四個項目：

—公司概述：包括公司名稱、地址、聯絡方法等。
—公司業務情況：包括公司發展歷史、目前狀況以及公司未來發展的預測。
—公司產品的獨特性以及與眾不同的競爭優勢。
—公司的獲利以及納稅情況。註明詳細資料在附件內。

2. 招商目的

招商目的除了一般性的擴大營業的增資外，主要是公司以研究與開發爲基礎，進行招商。介紹投入研究開發的人員和資金計畫及所要實現的目標，主要包括：

──研究資金投入。

──研發人員的專業背景。

──研發設備的設置。

──研發產品的技術優勢及發展趨勢。

3. 產品範圍

產品範圍是招商的重要項目。創業者必須將自己的產品或服務創意向投資者作介紹。主要有下列六項內容：

──產品的名稱、特徵及性能用途。

──產品的開發過程。

──產品處於商品生命週期的哪一階段。

──產品的市場前景和競爭力。

──配合市場變化，產品技術改進與更新代換計畫。

──技術改進與更新計畫的成本與效益。

4. 市場競爭分析

市場競爭分析是投資者最想瞭解的部分，內容包括五個項目：目標市場、市場細分、行業分析、競爭分析以及競爭策略。

（1）目標市場

主要對產品的銷售金額、年增率和產品或服務的總需求等，呈現出有充分依據的判斷。

──如何進行細分市場？

──誰是目標消費者群？

──生產計畫階段性（3,5,10 年）收入和利潤多少？

──擁有多少市占率？

──目標市場總量有多大？

──行銷策略是什麼？

（2）市場細分

目標市場既然是企業組織的經營關鍵，簡單地說就是產品送達的目的地，然而市場細分則是對企業組織的市場定位，計畫者應該細分各個目標市場，並且討論到底期待取得多少銷售總量收入、市占率和利潤。同時也要估計產品眞正具有的潛力、市場的概述以及應解決的問題。

（3）行業分析

接著要進行行業分析，規劃者應該回答以下問題：

——該行業發展程度如何？

——現在發展動態如何？

——該行業的總銷售額有多少？

——該行業的總收入多少？發展趨勢怎樣？

——經濟發展對該行業的影響程度如何？

——政府是如何影響該行業的？

——是什麼因素決定它的發展？

——競爭的本質是什麼？

——計畫者採取什麼樣的競爭策略？

——進入該行業的障礙是什麼？

——計畫者將如何克服？

（4）競爭分析

隨著行業分析之後，要進行市場的競爭分析，要回答如下問題：

——誰是主要競爭對手？

——競爭對手的市占率？

——競爭對手的市場策略如何？

——可能出現什麼樣的市場新發展？

——本計畫的對策是什麼？

——在競爭中計畫的發展、市場和地理優勢如何？

——本計畫能否承受競爭所帶來的壓力？

——產品價格、性能、品質在競爭中具有何種優勢？

（5）競爭策略

市場行銷是投資者十分關心的問題，計畫者的市場競爭策略應該說明以下問題：

—行銷機構和行銷隊伍如何？

—行銷管道與行銷網路的選擇如何？

—廣告策略與促銷策略如何？

—價格策略如何？

—市場的開拓計畫如何？

—市場行銷中意外情況的應急對策如何？

5. 生產經營計畫

生產經營計畫主要闡述新產品的生產製造、經營過程以及計畫期間的情形。內容要詳細，細節要明確。這一部分是以後投資談判中，對投資項目進行評估時的重要依據，也是創業者所占股權的一個重要組成部分。

（1）生產產品

投資者希望從這部分瞭解有關生產產品的事項，內容如下：

—生產產品的原料如何採購。

—供應商的有關情況。

—勞動力和員工的情況。

—生產資金、廠房、土地等安排。

（2）生產經營

生產經營計畫主要包括以下內容：

—新產品的生產經營計畫。

—公司現有的生產技術能力。

—品質控制和品質改進能力。

—現有的生產設備或者將要購置的生產設備。

—現有的生產工藝流程。

—生產產品的經濟分析及生產過程。

6. 財務計畫分析

財務計畫分析是投資得失的關鍵，計畫者要多花時間和精力來編寫。投資者期望從計畫書的財務分析部分來判斷未來經營的財務損益狀況，進而從中判斷能否確保自己的投資獲得預期的回報。融資需求分析是依據財務分析基礎來編列，這一點也是投資者所關心的議題。財務計畫分析資料包括以下兩方面的內容：

（1）背景資料。主要提供公司過去的營運報告資料，包括以下的項目：

—過去三年現金流量表。

—過去三年資產負債表。

—過去三年損益表。

—年度財務總結報告書。

（2）投資預期。它是根據財務計畫分析所編列的資料，主要提供包括以下項目：

—預計投資金額。

—未來籌資結構的安排。

—獲取融資的抵押與擔保條件。

—投資後雙方股權的比例。

—投資及財務報告編制。

—投資資金的收支安排。

—投資收益和再投資的安排。

—投資者介入公司經營管理的程度。

7. 融資需求

融資需求是資金需求計畫的重要部分。爲了實現公司發展計畫所需要的資金額度、資金需求的時間以及資金的用途，應該詳細列表說明，合併在計畫書的附錄。融資方案的內容包括：

──公司所希望投資人的投資金額。

──投資所占股份的比率。

──資金其他來源，例如，銀行貸款等。

8. 管理組織與團隊

在投資者考察參與特定企業組織時，除了財力與物力之外，就是人力。因此，在21世紀的投資管理概念裡，「人力」甚至比前兩項的角色更為重要。創業者的創業能否成功，最終要取決於該企業組織是否擁有一個強而有力的工作與管理團隊，這一點特別重要。要全面介紹公司管理團隊的情況。內容包括：

──公司的管理結構。

──主要股東與董事。

──關鍵工作團隊以及相關部門的結構。

──員工的薪資待遇、勞工協議以及獎懲制度。

──展示公司管理團隊的獨特戰鬥力。

──與眾不同的凝聚力和團結精神。

9. 風險評估

風險評估是指：詳細說明進行投資實施過程中可能遇到的風險，並提出有效的風險控制和防範手段。內容包括：

──技術風險。

──市場風險。

──管理風險。

──財務風險。

──其他不可預見的風險。

10. 退場機制

退場機制在是招商計畫書中，雖然是最敏感的項目，卻是避免以後可能發生投資爭議的關鍵部分，要特別慎重。投資者退出方式的議題包括如下：

第一，股票上市：依照商業方案計畫分析，對公司股票上市的可能與否做出分析。

第二，上市前提：針對股票上市前提條件是否符合要求，提出說明。

第三，股權轉讓：投資者是否可以經由股權轉讓方式收回投資。

第四，股權回購：依照計畫的分析，公司對實施股權回購計畫是否執行，應向投資者說明。

第五，利潤分紅：投資者是否可以透過公司利潤分紅達到收回投資的目的。

第六，分紅計畫：按照計畫，公司對實施股權利潤分紅計畫是否執行，應向投資者說明。

四、計畫書附件

招商計畫書附件，雖然不是計畫書的主要部分，卻具有相當大的作用。附件是有效地反應此項計畫的完整性以及具有的優勢。附件關係到招商計畫的經濟效益以及具有潛力的佐證，並不是可有可無的，千萬不可忽視。一般而言，招商計畫書的附件包括以下三類：

──目前與計畫相關的人力、物力以及財力證明資料。
──過去歷年來具有指標性成功案例的相關資料。
──新聞媒體報導本公司的相關資料。

上列附件資料包括：文字、圖表、動畫以及公司網站的連結等等。

管理加油站

管理與策略藝術

瞭解並懂得人性是非常重要的，
能夠掌握人性的藝術，
是發揮優勢管理的關鍵。

一、個案背景

台灣某公司成立以來，業績蒸蒸日上。但是，受國際恐怖活動的影響，當年的外銷利潤卻大幅滑落。董事長知道，這不能責怪員工，因為大家為公司努力以赴的情況，由於人人意識到經濟的不景氣，做事比以前更賣力。這也就愈發加重了董事長心頭的負擔，因為馬上要過年，照往例，年終獎金最少要加發三個月的工資。

今年可慘了，算來算去，頂多只能給一個月的獎金。「這要是讓多年來已被慣壞了的員工知道，士氣真不知要怎樣滑落！」董事長憂心地對總經理說：「許多員工都以為最少有兩個月獎金。」總經理也愁眉苦臉說：「好像給孩子糖吃，每次都抓一大把，現在突然改成兩顆，小孩一定會吵。」

二、計畫的藝術

「對了！」董事長突然靈機一動：「你倒使我想起小時候，到店裡買糖，總是喜歡找同一位店員，因為別的店員都先抓一大把拿去秤，再一顆一顆往回扣。那位比較可愛的店員，每次都抓不足重量，然後一顆一顆往上加。說實在話，最後拿到的糖沒什麼差異。但是，我就是喜歡那位店員。」

突然，董事長有了主意……。過兩天，公司突然傳來小道消息：「由於營業不佳，年底要裁員，上層正在確定具體實施方案。」頓時人心惶惶了！每個人都在想，會不會是自己。但是，不久之後，總經理就宣布：「公司雖然營運艱困，但是，大家都一起打拼這麼久了，再怎麼艱困，也不願讓同事失業。只是年終獎金，可能就要抱歉了！」一聽到不裁員，人人都放下心頭的一塊大石頭，不會被裁員的竊喜，早就壓過了沒有年終獎金的失落。接著，董事長召集各單位主管緊急會議。看主管們匆匆集合開會，員工們面面相覷，心裡都在想：「難道又怎麼了？」

幾分鐘過後，主管們紛紛衝進自己的單位，興奮地高喊著：「有了！有了！還是有年終獎金。整整一個月，馬上發下來，讓大家過個好年！」整個公司大樓發出一陣陣歡呼聲，連坐在辦公室的董事長，都隱約感覺到了地板的震動……。

三、管理的省思

董事長聯想到那位「比較可愛的店員」，值得管理者的省思。有人把管理看作是表演的藝術，這個想法確是有點道理，因為，管理者所面對的是活生生的人，而人總是有各種情緒，所以管理就是調和人的情緒。

本來降低獎金是個很棘手的問題，但是，因為董事長瞭解人性的弱點，才能夠想出解決問題的策略。瞭解人性是非常重要，在任何社會科學方面，能夠掌握人性的藝術是發揮優勢管理的關鍵。

討論問題

1. 「計畫」的意義是什麼？
2. 企業組織針對未來業務規劃，通常會選擇哪三種類型來進行預測？
3. 試述工作計畫結構。
4. 商業計畫要詳細介紹一家公司，主要內容包括哪十個項目？
5. 滾動計畫的管理重點是什麼？
6. 制訂初步的候選方案，有哪兩種基本的決策方式？
7. 何謂生產作業計畫管理？
8. 生產作業計畫管理的功能是什麼？
9. 生產作業計畫管理應用的重點包括哪些？
10. 何謂計畫管理系統工程？
11. 何謂定量分析法及定性分析法？
12. 計畫管理系統工程的特點是什麼？
13. PMSE 在管理操作上，有哪四方面的應用功能？
14. 招商計畫書的摘要包括哪十個項目？

第5章 組織管理

1. 認識組織管理
2. 企業組織管理模式
3. 團隊型式組織管理
4. 組織管理創新
5. 組織管理發展

學習目標

1. 討論「認識組織管理」的五項主題

   包括：組織管理宗旨、組織管理目標、組織管理結構、組織管理職能以及組織管理流程。

2. 討論「企業組織管理模式」的五項主題

   包括：內向型企業組織、外向型企業組織、集中型企業組織、放任型企業組織以及網路型企業組織。

3. 討論「團隊型式組織管理」的三項主題

   包括：認識團隊型式組織、發揮組織的高效益以及團隊型式競爭優勢。

4. 討論「組織管理創新」的五項主題

   包括：認識組織管理創新、組織管理創新的關鍵、組織管理創新的模式、組織管理創新的運作以及台灣組織管理創新關鍵。

5. 討論「組織管理發展」的四項主題

   包括：認識組織管理發展、組織管理發展目標、技術與結構的發展以及個人與團隊的發展。

1 認識組織管理

1. 組織管理宗旨
2. 組織管理目標
3. 組織管理結構
4. 組織管理職能
5. 組織管理流程

組織管理（Organizational Management，簡稱 OM）是指：透過建立組織結構，規定職位與分配職務以及確定權責關係，讓組織中的成員彼此合作配合、共同努力，以便有效地實現組織目標的過程。組織管理是隨著計畫管理之後的第二項管理功能，也稱爲組織職能。

一、組織管理宗旨

企業組織管理宗旨是指：企業管理者確定的企業生產經營的終極目標、終極方向以及總體指導概念。它反應了：

—企業管理者爲企業組織針對經營的業務，所規定的價值觀、信念與指導原則。
—描述企業組織力圖爲自己樹立的形象。
—確定企業組織與同行其他企業在目標上的差異。
—界定企業的主要產品和服務範圍。
—企業試圖滿足消費者的基本需求。

換言之，組織管理宗旨是企業透過組織中成員共同努力與合作，發揮具體管理工作效應所產生的總體經營目標。然而，這項組織管理的總體目標，必須配合包括：組織目標、組織結構、組織職能以及組織流程等等密切合作，而得以實現。

二、組織管理目標

企業組織按照總體目標的體系分工合作，各個部門，例如，生產管理、行銷管理以及財務管理，具有特定的管理目標，且在彼此合作上具有總體目標的一致性。組織作爲管理的主體時，各個部門的建立和活動都是爲實現總體目標而存在。

換言之，部門管理目標，也就是作爲管理總體組織目標的分支，一旦離開了共同目標，也就失去了該組織存在的意義。這正是組織成員的共同目標，使此組織內的部門彼此分工與合作，一旦組織的共同目標發生變化，組織部門也必須隨著調整功能。

在組織目標的指引下，組織成員互相溝通，各盡其責，實現組織目標，並共享組織發展帶來的成果。也就是說，組織是把管理目標的每項內容落實到具體的單位和部門，以實現管理職能，從而保證管理系統中的每一件事情都有適當的人做，每一項任務的具體要求和工作程序都有適當的人徹底執行。

三、組織管理結構

組織管理結構是根據組織管理目標的需要而成立。任何企業組織都是由作爲組成結構內的部門，按照一定的結構需要而建立起來的系統，而各個系統成員具有特定任務。由於個人的主觀局限性，企業組織必須具有縱向的上下層次關係以及橫向交叉關係。上下層次是一種權力和責任分配的關係，橫向層次則是一種專業分工的關係。

總之，在本質上權責關係與專業分工關係，還是權力與責任的分工，都在保證管理系統中的每一件事都能做好。管理系統中的每一個單位和部門必須權責一致，權力過小，擔不起應負的職責；權力過大，雖然能保證任務的完成，但是，也會導致權力濫用，甚至影響到整個系統的運行。就整個組織的運行而言，這個組織系統內的結構既要有對內的封閉權威性，又要有對外聯絡的開放性，才能夠保持企業總體組織具有封閉與開放的整合功能，實現組織的持續發展。

四、組織管理職能

組織管理職能是指：依據組織管理結構的分工與合作原則而賦予的任務。內容進一步的說明如下：

第一，職能是指：需要完成的任務、工作和責任以及爲完成這些任務所擁有的權力。

第二，組織職能定位是指：各個部門對特定任務所需完成的任務、工作和責任以及所擁有的職權的界定。

第三，企業總體職能是指：爲了整個企業的良好發展，各個部門得依據整個組織中所承擔的角色而對其需要完成的任務、工作、責任及相應擁有的職權的規定。

企業組織工作和組織活動在於合理地對各個部門和成員分配工作，調整各個部門之間的關係。當組織內部因素變動或外部生存環境變動，而引起組織的不適應時，組織的職能就必須調整而重新適應，以便使組織的各種功能正常發展。企業組織活動的職能就在於消除不斷產生的各種失序狀態，使之保持系統的既有功能性。假使企業組織無法完成職能，失序狀態不斷加劇，就有可能導致組織的崩潰。

五、組織管理流程

企業組織流程管理主要是指：對企業內部改革，改變企業職能管理機構重疊、中間層次過多、流程不順暢等。使每個流程可從頭至尾由一個職能機構管理，做到機構部門分工合作，業務順暢，以達到縮短流程週期、節約運作成本的作用。流程管理最終目標是提高企業組織的市場競爭能力以及消費者滿意度，以便達到提高企業績效的總體目的。企業組織依據各個發展時期來決定流程改善的總體目標，然後，在總體目標的指導下，再制訂每類業務或單位流程的改善目標。

當企業組織管理的焦點集中於部門與部門之間的關係時，就是流程管理工作的關鍵。此時的組織關係管理主要是指：宏觀和微觀層面的流程管理，也就是把企業內部所有部門之間的職能和本企業與其他企業相關的產品功能進行時間上和空間上的合作與競賽。只有使所有職能關係都按照實現企業目標的要求，納入企業組織的競賽與合作，並反應出高度的系統性和邏輯性，企業才能在不斷變化的外部環境下，即時做出有效的回應。假使部門之間的資訊不暢通，目標體系不配合，相關控制指令不整合，那麼，組織流程必定沒效率，甚至徹底失敗。

2 企業組織管理模式

1. 內向型企業組織
2. 外向型企業組織
3. 集中型企業組織
4. 放任型企業組織
5. 網路型企業組織

企業組織管理模式是指：企業組織如何整合企業組織和管理內部關係和外部關係，以便決定該企業組織的績效以及發展創業與創新的機會。所謂現代企業組織模式的基本規範，它規定企業組織的指揮系統，確定人與人之間的分工和合作關係，並規定各部門及其成員的職權和職責。

現代企業組織主要包括以下五種企業組織模式：內向型企業組織、外向型企業組織、集中型企業組織、放任型企業組織以及網路型企業組織。

一、內向型企業組織

內向型企業組織是指：企業組織以實力取向功能，進行內部的各項管理活動，以幫助管理階層凝聚共識，提高生產能力和經營能力，發展組織管理功能的優勢。根據這項前提，內向型企業組織在管理上有四項優勢：

1. 獨立性身份

以實力取向的內向型企業組織，其獨立性是第一項優勢。對於企業組織人員在執行管理的過程中，由於具有實力與向心力爲基礎，必然要排除企業組織外部的干擾，從而保證了該企業組織管理職能發揮獨立身份的優勢。

2. 輔助性職能

內向型企業組織管理的根本目的，是充分地履行受託管理責任。其主要職責是輔助經營部門，重視有限資源的合理配置與利用。這個職能是具有建設性與諮詢性的優勢。由於內部管理的實力與高效率，擺脫了傳統被動角色的局限，形成企業組織管理的獨特之處。

3. 防護性作用

在內向型企業組織管理發揮輔導職能的時候，也要求對管理活動進行隨時的檢查和評價，以便在問題尚未發生或問題出現之初，就發出警示並給予適當的建議，因此，具有隨機性反應作用。這種作用是前瞻性的，同時也具有強烈的「防護性」優勢。

4. 資訊系統

進行企業組織內部管理，是一個系統性的查驗、分析和評價工作過程。內部企業組織人員與部門，直接爲經營部門提供即時性、相關性以及全面性的資訊。由於進行企業組織管理形成的資訊系統是動態的，企業組織在管理功能上，才能夠具有支援性的資訊系統優勢。

二、外向型企業組織

外向型企業組織其主要作用與內向型相反，是指：企業組織以活動力取向的策略，進行對外各項活動，以幫助管理部門認識外部環境變化，提高經營能力，以便發展組織管理功能的優勢。根據這項前提，外向型企業組織在管理上發揮以下四項的優勢：

1. 防禦性策略

防禦性策略，相對於內向型履行受託輔助性管理責任，外向型則試圖在解決產銷問題過程中，幫助經營部門建立穩定的外在環境，以便生產的產品能夠在整個潛在市場佔有一席之地。因此，防禦性的外向組織會建議行銷部門在有限市場中，採用競爭性定價或生產高品質產品來阻止競爭對手的競爭，從而保持自己的穩定優勢。

2. 開拓性策略

相對於內向型防護性作用，外向型的開拓性功能更適合於發展動態的市場競爭環境，以便提供經營部門尋找和開發新產品的市場機會。因此，對於一個開拓性組織來說，在行業中能夠保持創新者的角色，比獲得過渡性或暫時性的高額利潤更具有優勢。

3. 分析性策略

上述防禦性策略雖有較高的組織效率，但是，比較缺乏競爭適應性，而開拓性策略正好相反：適應力強，效率比較差。分析性策略則是介於兩者之間，試圖以最小的風險和最大的機會，爭取經營利潤與管理績效的優勢。

4. 反應性策略

以上三種類性的策略雖然各自的形式不同，但都能夠適應外部環境與市場需求變化，並隨著策略運作過程，都會形成各自穩定的模式。此時，反應性策略適時在外部環境變化中，提供了一種隨機性的調整機制。也就是說，它的反應性策略會對環境變化和不確定性提出警告作用。反應性策略的缺點是不適合單獨運用，如果採用了這種策略，也要適時回歸到防禦性、開拓性或分析性策略形式。

三、集中型企業組織

集中型組織管理是指：基於實現企業組織管理的需要，採取統一資訊的新管理模式。集中型組織管理的基礎是資訊集中，特別是財務資訊，以實現企業組織資訊的集中監控，達到企業組織成員之間資源共享與共同發展的終極目標。要實現集中型組織管理，必須認眞分析企業組織當前存在的問題以及需要解決的關鍵，然後制訂符合本企業組織需要的目標。

爲了要保證企業組織主體（母公司）能夠從源頭適時獲取眞實與正確的資訊，必須建立企業組織財務資訊一體化的平臺，其運作包括以下三種模式：

1. 適時集中模式

適時集中模式是指：企業組織總部與各下屬成員單位之間建立即時的網路系統，形成資訊一體化平台。企業組織統一制訂財務制度，例如，會計體系、預算體系以及人員權限等，並下放給企業組織成員。整個企業組織只使用一套財務管理軟體，所有分支機構全部在網路上實施業務上線作業，並將數據即時傳遞到企業組織管理中心進行集中儲存，實現整個企業組織的財務集中型組織管理。

2. 定期集中模式

定期集中模式是指：企業組織總部與下屬成員企業之間建立定期集中的財務資訊一體化平臺，在日常業務處理過程中，下屬成員企業將數據保存在當地，並定期，例如，每日、每周、每月或者每年，透過網路等傳輸介面將各單位的帳簿數據或者會計報表數據上傳到企業組織，進行集中型組織管理。企業組織總部主要透過定期數據彙總、查詢、統計和分析，對下屬成員企業進行有效控制和評價。

3. 混合集中模式

混合集中模式是指：適時集中模式和定期集中模式的混合的模式，它具有兩者共同的特徵。例如，大型企業組織，涵蓋許多行業，因此，成立二級行業管理部門，並將三級相同行業的成員企業歸屬相應的二級管理部門進行管理。在二級對三級採用適時集中模式，一級對二級採用定期集中模式，並要求在不同的層級上提供不同的內部財務報告。

總之，集中型組織管理模式，通常被大型連鎖企業組織所採用。在處理企業組織與連鎖店的關係上具有靈活性，例如，根據其條件、實力給予不同的優惠和支援，而在經營方式上具有高度的統一性，以保證品牌與信譽不受傷害。麥當勞、假日酒店等企業組織在創業初期就是透過特許經營方式，迅速成長爲世界性的企業組織。

四、放任型企業組織

所謂放任型組織管理是指：組織管理者提出工作目標，而放手讓部屬選擇自主性的工作方式，管理者的任務是等著驗收工作成果。此類型的組織管理模式，除了以個案爲主的行業，例如，金融保險、直銷行業、觀光旅遊以及非營利組織等，較少被大型企業所採用。討論的項目包括：理念的來源、放任型的特點、放任型的評價以及台灣年輕人的機會。

1. 理念的來源

「放任」一詞來自法語的"laissez-faire"（讓他做），意思是指：政府放手讓商人自由進行貿易。這一詞首先在18世紀由字典裡使用，以反對政府對貿易的干涉。到了19世紀早期和中期成爲了自由經濟市場學的同義詞，一直以法語的原文沿用至今日。

2. 放任型的特點

放任型管理的特點，討論內容包括以下三個項目：

（1）管理者僅提出工作目標，工作方式由屬下自由選擇。過程中如有必要的支援，由部屬主動提出，再由主管配合行動。

（2）權力完全給予部屬個人，由部屬個人自由工作，同時，個人也要負責成敗的結果。在此前提下，極少發生勞資糾紛的個案，算是此類組織管理的最大優點。

（3）突顯英雄主義的特色，缺乏企業組織的部門之間、個人與部門之間以及同事之間的整體性認同感與歸屬感。

3. 放任型的評價

放任型管理組織既然沒有被淘汰，而能夠沿用至今日，必有其存在的價值，值得深思。

第一，放任型組織管理的指揮性行爲雖然少，卻給部分現代青年的創意與研發所需要的自由空間。事實證明，這種組織管理風格，培養出不少的傑出人物，包括，台塑企業創辦人王永慶與蘋果電腦創辦人賈伯斯。

第二，放任式組織管理方式會允許下屬去進行變革，不必經過長時間的討論，以便爭取時效。在現代科技發達的時代，只要企業組織能夠提供足夠的網路資料庫，讓部屬個人隨時應用，培養出個人成就感的同時，也自然會產生對企業組織的認同感與歸屬感。

4. 台灣年輕人的機會

放任型組織管理，將提供台灣青年人的另類發展空間。對於天然資源缺乏的台灣而言，年輕人的行動活力與創意智慧是他們的優勢。除了讓他們到外國打工謀生，不如由政府提供空間與資源，讓他們發揮創意智慧，在各個領域發揮專才。

例如，2017年5月在法國巴黎的雷平發明展（Concours Lepine），大會特別表揚兩名來自桃園會稽國中的二年級學生：張鈞翔以「防瞌睡警示器」獲得金牌；郭宇新的「防洪警鈴」獲銅牌。年僅14歲的兩人，首度出國參展就奪下獎牌。此外，21歲的高志宏以「Just it 歡樂碗」獲得特別獎。此次參展，台灣青年參賽者共獲得11金、23銀、40銅的成績。

台灣學子參加2017年7月在泰國舉辦的國際化學奧林匹亞競賽（07.14），4位代表全數奪金，國際排名第一，還有一位台中一中學生葉遠蓁，個人排名世界第二。台灣參加化學奧賽，每年都獲得不錯的成績，近10年國際排名都是前5名，加上今年共有6次拿下第一。此外，在匈牙利舉辦的世界模型大賽，2017年台灣拿到1金1銀3銅的佳績，難以相信的是，5位得獎者，都是第1次參加國際賽的年輕人，而且最小的得獎者，只有17歲。

過去政府提供了大筆金錢以打消銀行因經營不善所累積的呆帳，也爲了鼓勵企業投資而提供減稅優惠措施，然而，卻忽略了或者捨不得提供青年人創造機會的空間，值得省思。

五、網路型企業組織

企業組織經營的另類創新模式：網路型企業組織。它是以網路形式將設計者、供應商、製造商、分銷商聯結在一起的企業組織。在這個前提下，其中的每個企業組織都能夠專注地追求本身獨特的競爭力。以下探討網路型組織特點以及網路型組織優勢。

1. 網路型組織特點

網路型組織管理模式，兼有職能型結構的技術專業化、產品型結構的市場反應能力以及矩陣結構的平衡和靈活性。在這種企業組織形式中，是由企業組織成員與市場機制主導，而不是層級和權力組織導向，以實現企業組織整體目標。隨後，不合格的成員將自然被淘汰和更換。因此，成功的網路企業組織提供了潛在的柔性與創新性，對威脅和機會的快捷反應能力，以及降低了成本的風險。

2 網路型組織優勢

網路型組織管理模式，通常在電子、玩具和服裝行業很普遍，並佔有很大的競爭優勢。這些行業都要求快節奏地製造和銷售流行產品。例如，美國銳跑公司（Reebok）沒有自己的工廠，但它有很強的設計和銷售部門，而且選擇最好的生產企業組織作爲其網路成員。另外，在生物製藥領域，由小公司研究開發並創造出產品，而由醫藥界的大公司生產與銷售產品。在這種創新的企業組織管理模式中，準確地定位專長領域，選擇網路成員和彼此真誠和相互信任地合作，是成功的關鍵。這也是網路型組織管理模式的最大優勢。

3 團隊型式組織管理

1. 認識團隊型式組織
2. 發揮組織的高效益
3. 團隊型式競爭優勢

所謂團隊型式組織管理是指：對未來發展趨勢有著準確預估和判斷，能夠有效制訂未來的企業發展計畫，並能夠爲品牌作出優勢定位的企業。

此類型管理的特色，在於解決問題的理念不再依據所謂傳統的「精英領導」（包括自以爲是的老闆），而是依據「團隊合作」，懂得如何取捨、如何進退，不因短暫的成敗而喜或憂。

企業的經營，從產品研發、生產，再到行銷，每個環節都與企業的發展策略緊密相連，正如台灣企業家郭台銘所言：「阿里山的神木之所以大，4000年前種子掉到土裡時就已決定了，絕不是4000年後才知道的。」成功的企業必有成功的基因，未來能夠具有優勢的企業，一定是團隊型式組織管理。

一、認識團隊型式組織

團隊型企業組織是一種新的企業組織結構模式，它不是以傳統集權組織結構爲基礎，而是參照現代一般團隊型的運作方式而建立起來的。團隊組織單純地追求組織的整體合作性，但是，它並不完全具備高度動態性，卻兼顧著企業的穩定性發展。

團隊型組織的本質是一個典型的非傳統集權結構，其透過與環境不斷進行互動與交換，而實現企業組織的穩定而有秩序的發展。從組織基本特徵看，團隊型的組織是一種具有動態性、開放性、無邊界性與高度分權特徵的新企業組織模式。按照團隊型組織理論建立起來的企業組織，也必將是完全開放的組織，它對外部環境具有高度的敏感性，並且善於藉由外部條件來達到目標的實現。因此，團隊型組織內部各個部門之間也是相互開放。團隊型組織內部的開放性有以下五個特徵：

1. 超越界線

超越界線是團隊型組織的首項特色。也就是說，團隊型組織是在企業文化與團隊精神的前提下，各部門之間並無絕對的權力與義務的界限，各個部門之間存在著彼此相互支持與彼此相互學習的關係。

2. 適應與調整

團隊型組織是指：內部所有員工在工作單位上盡其本份，以及適應更多工作單位的需要。因而，組織能根據外部環境的變化，而可以即時調整組織內部員工的工作分配。

3. 競爭與開放

團隊型組織，同時也保持組織人員的高度競爭性與流動性。高度的競爭可以充分發揮組織員工的生產積極性與創新的動力，高度的流動性則可以為組織不斷注入新的刺激與動能，從而保持組織的活力，完全展現開放性。

4. 開放與結合

團隊型組織動態性作用的效益，則是使組織的邊界會隨著競爭而變化，所以具有開放性；團隊型組織一方面，本身具有邊界的不確定性，另一方面又在尋求打破邊界的約束。團隊型組織的開放性要求組織不能僅僅局限組織內部環境，而必須突破組織界限的束縛，將組織內部環境與外部環境整合起來。

5. 權力分散化

另外，團隊型組織也是一個權力分散化的組織，團隊型組織的管理者只控制組織的重大決策權，而操作的決策權則部分或全部授權給具體的實際操作人員。

二、發揮組織的高效益

發揮組織的高效益是團隊型的企業組織重要功能之一。有別於集權型組織的直線式組織結構的特徵，團隊型組織則要求管理者充分相信員工的能力，將原來屬於管理者的部分權力分散給員工，以發揮員工的自主性。

傳統集權的直線式組織結構往往很注重企業邊界的保持，而造成企業內部門或員工間緊密關係的分割，從而造成企業間不必要的衝突，增加企業摩擦成本與協調成本。在當代企業組織面臨全面轉型之際，在企業中建設團隊型組織是必要的工作。在企業組織中要建設團隊型組織結構模式可以有很多理由，但是，根本的理由有兩個方面：

1. 發展的需要

知識經濟的發展與經濟全球化，從根本上改變了當代企業組織的生存環境，原有組織模式已經不再適應於企業組織未來發展的需要。經濟與環境的發展，迫使組織理念與之同步發展，要求提出與新環境相適應的新理論。

在企業組織實踐的推動下，企業組織理論的研究必須根據企業組織發展的實踐而提出適應於新經濟環境要求的新組織理論，並建立起有效的新組織結構模式。研究認爲，這種迫切需要建立起來的新企業組織理論，就是所謂的「團隊型」理論。

2. 高效率與新概念

比較傳統式組織，團隊型組織具有高效率。它既是新組織理論發展的必然趨勢，也有未來企業組織發展的必然優勢。

自從經典的直線制組織結構理論提出以來，組織理論的發展爲企業組織的建設，提供了多種可供選擇的組織結構模式。這些組織結構模式在有些經濟時期內，的確可能是有效的，而且也在某些方面存在一些優勢，因而也的確曾經或正在被部分企業組織所採用；但是，它們都有一些本身所無法克服的缺陷。團隊型組織模式與各種傳統集權組織結構模式相比，既具有它們的優點，又彌補了它們存在的缺陷；正是基於彌補現有組織結構模式理論缺陷的需要，而提出了團隊型組織理論以及在企業中建設團隊型組織的新概念。

三、團隊型式競爭優勢

團隊型組織具有傳統集權的組織結構模式所不具有的競爭優勢。團隊型組織優勢主要表現在以下三方面：動態與開放優勢、穩定性優勢以及人力的優勢。

1. 動態與開放優勢

團隊型組織的動態性與開放性特徵，決定了團隊型組織在市場體系中具有靈敏反應的優勢。它能夠在短時間內，即時地瞭解市場變化資訊，並進行處理；並根據處理的結論，由任務負責人迅速對資訊做出正確、即時的反應。所以，團隊型組織形式與其他企業組織形式相比，能夠更好地適應外部環境因素的變化。

2. 穩定性優勢

正是因爲團隊型組織是一個典型的非傳統集權結構，因而團隊型組織能夠持續不斷地、主動地從外界環境中，輸入維持組織結構穩定與有序的因素，以抵消企業組織外在壓力的增加，從而確保組織在變化的環境中維持穩定與有序，並從較低層次的有序結構走向更高層次的有序結構。

3. 敏感性優勢

團隊型組織的特徵決定了團隊型組織對知識的敏感性。團隊型組織能夠即時地、主動地跟隨知識環境的變化、吸引、消化，並加以善用。

4. 人力的優勢

團隊型組織更注重人的因素。團隊型組織對人員的基本素質有比較高的要求，因而團隊型組織中員工與其他組織相比，具有更強的責任心與使命感，更重視企業組織的發展。員工責任心與使命感的增強將有助於企業組織更好、更快地實現企業組織的共同目標。

4 組織管理創新

1. 認識組織管理創新
2. 組織管理創新的關鍵
3. 組織管理創新的模式
4. 組織管理創新的運作
5. 台灣組織管理創新關鍵

組織管理創新是指：隨著社會與生產環境的不斷發展，而產生新的企業組織形式，例如，股份制、股份合作制、基金會制等。換言之，就是改變企業原有的財產與生產結構或法律形式，使其更適合隨後的社會與經濟發展以及技術的進步。

組織管理創新是企業管理創新的關鍵。現代組織管理創新就是爲了實現管理的新目標，將企業資源進行重新組織與重新定位，而採取的新管理方式、新的組織架構以及部門或人員間的新關係，以便使企業發揮更大效益的創新活動。在此前提下，從以下五項議題進行討論。

一、認識組織管理創新

組織管理創新主要是指：透過調整優化管理的關鍵要素，包括人力、財力、物力、時間以及資訊等資源結構的重新配置，提高現有管理的效能來實現。因此，作爲企業的組織管理創新者，主要工作包括以下的措施：

—進行新的產權制度。
—進行新的人事制度。
—進行新的管理機制。
—進行公司兼併和策略重組。

在組織管理創新概念的前提下，所進行的措施如下：

第一，組織管理創新的方向。就是要建立現代化企業制度，眞正做到「產權清楚、權責明確、資訊公開以及大公無私」等的組織功能定位。

第二，組織管理創新的策略。考慮企業的經營發展策略，要對未來的經營方向、經營目標以及經營活動進行系統性計畫。

第三，組織管理創新的市場。企業的組織管理創新要建立以市場爲中心的市場資訊、調整機制，以便即時作出反應。

第四，組織管理創新的組合優化。企業組織要不斷優化各項生產組合，開發人力資源。在注重實務管理的同時，應加強價値形態管理，注重資產經營、資本的累積等等。

二、組織管理創新的關鍵

組織管理創新的關鍵是指：要全面地解決當前企業組織運作的結構性問題，使之適應企業新發展的需要。具體內容包括以下六個方面的變革與創新：

1. 職能結構

職能結構的變革與創新與要解決的問題有密切關係。其一，走專業化的措施：由輔助性生產作業發展成專業化協作體系，集中資源強化企業核心業務與核心能力。其二，加強生產之前的市場研究、技術與產品開發，以及隨後的市場行銷與消費者服務等過去比較缺乏的環節。

2. 管理體制

管理體制的變革與創新是指：以集權和分權爲中心，全面處理企業縱向各層次單位之間的權責關係體系。任務包括：其一，在企業組織的不同層次之間，正確地設置不同的責任中心。其二，加重第一線生產經營部門的地位和作用，讓第二線管理部門除了管理以外，更要提供一線的支援服務。其三，將管理中心下移，加強作業層級承擔自我管理的任務。

3. 機構設置

機構設置的變革工作是指：橫向層次應設置的部門與職務，並處理之間的關係，以保證彼此間的適當配合與合作。創新的方向，則要推行機構綜合化，在管理方式上實現每個部門的管理工作，能夠做到連續一貫，達到物流暢通與管理過程連貫的作業。

4. 橫向協調

橫向協調的變革與創新有三個內容：其一，自我協調與遵循工作程序制度，強化相關工作程序之間的指導和服從；其二，自動協作。在設計各職能部門的責任制度時，對專業管理的界線與接合處，要安排一些必要的交叉點，以保證同一業務流程中的各個單位能夠彼此銜接和協作；其三，推行規範化的管理制度。這些標準包括；管理過程標準、管理成果標準和管理技能標準等規範。

5. 運行機制

運行機制的變革與創新，在於建立企業內部的「價值鏈」(Value Chain)，以便上下層級之間，生產與行銷之間作適當的連結，最終提高企業整體效益。改革傳統原有自上而下考核制度，而是按照「價值鏈」的聯絡方式，進行上下層次與橫向部門彼此考核的總體性的評價新體系。

6. 跨組織聯絡

跨企業組織聯絡的變革與創新是指：除了前面幾項組織管理創新內容，都是屬於企業內部組織結構及其運行方面的內容，此外，還要考慮企業外部相互之間的組織聯絡問題，以便重新調整企業與市場的界限，重新整合企業之間的優勢資源，推進企業間組織聯絡的網絡化，這是新世紀組織管理創新的一個重要方向。

三、組織管理的創新模式

在台灣現階段的經濟新發展時期，組織管理創新可劃分爲三種模式：

──策略先導型組織管理創新模式。
──技術誘導型組織管理創新模式。
──市場壓力型組織管理創新模式。

1. 策略先導型

從創新的動機看，策略先導型組織管理創新的動力來自企業策略導向的變化。在企業高層管理者對內外環境變化的預見或快速反應的前提下，企業將精力和時間資源以及相應的物資和組織資源，集中投入到企業策略的變革上。一方面轉變觀念、進行企業文化創新，形成新規範；另一方面，則著重新配置企業權責結構，使結構創新適應策略創新以及企業文化創新的需要。

2. 技術誘導型

從創新的行動看，技術誘導型組織管理創新的動力來自於企業新技術的發展。由於產品結構的變化，企業的部門設置、資源配置及權責結構都要有相應的調整，從而引發結構創新。在此前提下，企業價值觀念和行爲規範會發生潛移默化的轉變，完成漸進的企業文化創新，而此變化又會進一步導致企業策略創新。

3. 市場壓力型

從創新的動力看，市場壓力型組織管理創新的動力來自市場競爭壓力。市場競爭壓力迫使企業追求生存與發展，努力透過策略創新、文化創新和結構創新來保持和提高企業核心能力，以便靠持續的技術創新贏得競爭優勢。對於台灣大多數企業來說，市場壓力型組織管理創新大多由觀念創新啓動，進而誘發大規模策略創新，最終，以結構創新來實現組織管理創新。

四、組織管理創新的運作

組織管理創新模式運作的主要目的，要求有利於培育、保持和提高企業的核心能力，在市場競爭中贏得持續的競爭優勢。因此，組織管理創新模式的運作最終還是要看是否有利於提高企業的核心能力。核心能力是企業技術系統、管理系統以及目標與價值系統等的整合。核心能力建立於企業策略和結構之上，在涉及到眾多層次的人員和組織中，透過溝通、參與和跨越組織界限的共同努力得以實現。

對於組織管理創新模式的運作來說，核心能力的影響主要是在企業核心能力的定位和核心能力未來發展的策略。因爲，核心能力定位直接決定了企業在策略、結構和文化方面的定位，也就是組織定位。組織管理創新模式的運作必須著重於下列兩點：

第一，保證企業核心技術的創新持續不斷，以便具有競爭與發展優勢。

第二，保證作爲核心能力目標的人才能夠得到全面的培養、發展以及合理運用。

在此基礎上，組織管理創新模式的選擇，還要考慮技術環境與制度環境的變化，以及分析組織管理創新動力的來源和可能獲得的創新資訊的源泉。因此，環境分析、創新來源分析和核心能力分析一起構成了組織管理創新模式選擇的重要前提。其中，核心能力分析是組織管理創新模式選擇分析框架的基礎。

五、台灣組織管理創新關鍵

目前，組織管理創新的主流模式爲策略先導型組織管理創新模式，此模式之所以成爲主流，既與其符合台灣經濟轉型時期的特點有關，又與其適應當前世界經濟發展大趨勢有關。我們可以看到：由於近年來新技術的快速發展和產業經濟結構的調整，經濟發展正逐步由資源依賴型轉向知識依賴型，致使台灣企業邁向策略先導組織管理創新。而策略先導型組織管理創新模式又有以下兩個具體的主導模式：

1. 業務流程重組

業務流程是企業組織爲了達到特定的經營成果而進行的一系列活動。業務流程重組對台灣企業而言，是在組織的關鍵要素，例如，成本、品質、服務和速度取得了巨大進步，而進行再思考和再設計。其核心是業務流程的根本性創新，而非傳統的漸進性變革。業務流程重組屬於企業內向型的根本性組織管理創新，創新的動力來自於企業家精神或企業策略導向的變化。業務流程重組，強調由策略創新啓動策略和結構創新的密切配合。選擇這種模式，必須考慮如下幾方面的影響因素：

第一，企業所處的環境正在發生重大變化，而這種創新或變革又深度地影響到企業的發展，使產業結構發生非常大的變化。這一切將成爲企業重新考慮自身生存和發展問題的必要條件，也是進行策略先導型組織管理創新的重要外部環境。

第二，根本性的創新必須來自企業自身的內在需要，必須由企業家的策略眼光和有遠見的決策來推動。而且，還要能夠從企業家概念、經驗以及外部組織變革的啓示中，獲得足夠的創新資訊以便順利實現創新。

第三，業務流程重組圍繞著核心能力的提高和未來的發展，它的經營策略、企業文化以及組織結構的創新必須彼此緊密配合，才能夠完成此項重大的任務。

第四，經營策略、企業文化以及組織結構的創新必須能夠保證企業核心能力的穩定和持續提高。否則，部分的業務流程重組，絕對難以完成創新的組織管理功能。

台灣企業在選擇業務流程重組的策略先導型組織管理創新模式時，必須考慮以上四個影響因素。如果不能對這些影響因素做全面而細緻的分析，就選擇進行企業業務流程重組，那將是盲目的行動。台灣企業在進行業務流程重組時，必須要有明確的策略視野，也要有相應的管理觀念與理想變革的方法，這樣才能達到適應環境變化、重新配置企業資源的目標。

2. 重視分權制

分權制組織是現代企業，特別是大企業，所普遍採取的組織結構形式，也是目前組織管理創新中的重要目標模式。對於台灣企業，特別是家族企業來說，實行分權制組織管理創新是一種策略先導型組織管理創新。因此，研究分權制組織對於台灣企業國際化組織管理創新具有十分重要的意義。

首先，台灣企業面臨著規模擴大、市場競爭加劇、競爭核心環節朝向研發和行銷轉移，環境動盪性增加以及人員成長需求增強等趨勢。因此，從整體看，分權制組織管理創新是不可避免的趨勢。

其次，相對於歐美企業而言，台灣企業的分權基礎能力普遍較弱，這是造成台灣企業實施分權代價過高的根本原因。因此，提高企業的分權基礎能力是台灣企業採用分權制組織管理創新成功的關鍵所在。

5 組織管理發展

1. 認識組織管理發展
2. 組織管理發展目標
3. 技術與結構的發展
4. 個人與團隊的發展

組織管理發展（Organizational Development，簡稱 OD）是組織管理計畫的終極工程，是達成企業經營邁向永續發展的必要作爲。它將行爲科學的知識廣泛應用在加強改進促成組織的持續性策略、結構以及過程的管理計畫發展工程。

組織管理發展不同於其他針對特定時空下，所推動的組織變革和改進措施。例如，進行長期性的管理問題諮詢、技術創新研發、業務計畫管理、國際行銷策略以及人才培訓與開發等等，要求企業組織訂定一套系統性的長期發展策略。

一、認識組織管理發展

組織管理發展指的是：在外部或內部的行爲科學顧問與變革推動者的幫助下，爲了提高組織解決問題的能力及其外部環境中的變革能力，而作的長期努力。以下四項議題有助於對組織管理發展的認識。

1. 計畫性介入

組織管理發展是一個有計畫性的介入，涵蓋著整個組織範圍，在高層管理者有效控制下進行。它以提高組織效率和活力爲目的，過程中要利用行爲科學知識，在企業組織的作業過程中，實施有計畫性的介入。

2. 推動合作

組織管理發展也是一個推動合作的過程。它包括數據收集、分析診斷、行爲規劃以及進行評價和干預等專業合作的過程。此項推動合作致力於增強組織結構、發展進程、策略計畫以及人員和組織等等之間的一致性。其目的在於開發新的創造性解決方法以及發展組織的自我更新能力。

3. 團隊作用

組織管理發展強調工作團隊的相互作用，它的主要對象是工作團隊，包括管理人員和員工以及同事之間的團隊作用。這一點不同於傳統方式的組織改進活動，傳統的辦法集中於個別管理人員的角色，而不是團隊。因此，全面的組織管理發展還包括團隊間的相互關係，並且範圍擴及整個組織系統的團隊作用。

4. 手段與成果

組織變革作用與組織管理發展成果有著十分密切的因果關係。組織管理變革可以看成實現有效組織發展的手段。而組織創新是運用多種技能和組織資源，創造出市場上全新的概念以及產品與服務。這些造就了企業組織發展的手段與成果的關係。

二、組織管理發展目標

組織管理發展的最終目標是指：提高全體員工積極性和自覺性的參與，也就是提高組織效率的有效途徑。以下是組織管理發展目標的四項基本概念：

1. 深層次變革

組織管理發展首要概念是由高度價值導向的企業「深層次變革」。組織管理發展需要深層次和長期性的組織變革，以適應未來的環境變化挑戰。例如，許多企業爲了獲取新的競爭優勢，計畫在企業文化的層次實施新的組織變革發展模型與方法。由於組織管理發展涉及人員、團隊和組織文化，這裡包含著明顯的價值導向，特別是：

—注重合作協調，而不是執行命令而已。
—強調自我監控，而不是規章控制。
—鼓勵民主參與管理，而不是集權管理。

2. 健康診斷

組織管理發展的第二項概念是企業進行「健康診斷」，以便取得「全面評價」、「全面方針」以及「干預行動」，從而形成積極性改進發展措施，包括進行研究與實踐的結合。組織管理發展的顯著概念是：把組織管理發展方法建立在充分的診斷、措施和實踐驗證的基礎之上。於是，全體動員進行學習新知識，以便解決問題，這是組織管理發展的一項重要課題。

3. 動態過程

組織管理發展是一個「動態過程」。組織管理發展活動有一定的目標，也是一個連貫的、不斷變化的動態過程。在組織管理發展中，企業組織中的各種管理與經營事件不是孤立的，而是相互關聯。於是，組織管理發展著重過程的改進，既解決當前存在的問題，又透過有效溝通、問題解決、參與決策、衝突處理、權力分享以及生涯設計等過程，學習新的知識和技能，以便解決相互之間存在的問題，實現組織管理發展的整體目標。

4. 計畫再教育

組織管理發展是以有計畫的「再教育手段」實現變革的終極策略。組織管理發展不只是有關知識和資訊等方面的變革，更重要的是在態度、價值觀念、技能、人際關係以及企業文化等等的持續變革。組織管理發展理論認爲：經由組織管理發展的再教育，可以使員工放棄不適應於形勢發展的舊規範，建立新的行爲規範，從而實現組織的發展目標。

三、技術與結構的發展

技術和結構方面的組織管理發展主要包括：社會技術系統以及工作任務設計。

其中，社會技術系統是透過協調技術系統和社會心理系統的交互影響，使組織中技術和結構與社會相互作用，並在各方面達到最佳的配合。工作任務設計是透過增加整個任務的多樣性、完整性和實際意義，加強工作本身的激勵因素，來提高工作滿意感和生產效率。

1. 社會技術系統

社會既然是企業組織的大舞台，社會技術系統的發展必然也扮演重要的角色，有必要加以論述。社會技術系統的知識來自於兩方面的理論和實踐：

第一，科學管理學和工業工程學，注重企業的物理環境和工作效率。它們研究由人力、物料、資訊、設備和能源構成的集成系統設計、改進和實施。因此，社會技術系統的目標就是希望在改革工作結構和管理工程的同時，結合工程分析和設計的原理與方法，以便取得發展的成果。

第二，普通心理學和社會心理學，注重員工之間的關係和個人的需要。因此，社會技術系統的目標就是希望在改革工作環境和管理制度的同時，注意在員工之間和上下級之間建立積極合作的關係，並且滿足所有成員的不同需要。

2. 工作設計靈活性

技術和結構的發展除了社會技術系統之外，也要考慮工作任務設計和工作靈活性的重要角色。

第一，工作任務設計主要開始於20世紀初期的科學管理運動。當時，泰勒（Frederick Winslow Taylor）等人運用時間和動作分析技術，系統地考察了不同類型的工作，大幅地提高工作效益。但是，透過工作任務設計來進行組織管理發展的研究，還是近10年來的事情。工作任務設計有別於科學管理運動的機械式標準化作業，是個人化的設計。

第二，工作任務設計不但可以提高產量和品質，而且可以增加生產的靈活性和改進員工的工作態度。研究顯示，把生產線流程設計改爲比較獨立而又相互銜接的工作，這樣不僅能使生產時間減少，產品品質提高，而且也增加了員工之間的社會性交往，提高了工作積極性，增強了組織的效能。

四、個人與團隊的發展

個人和團隊的組織管理發展著重於組織成員和團隊活動的整個過程，主要採用敏感性訓練、方格訓練以及調查回饋等特別訓練，以提高組織成員的心理素質與人際交往品質，來達到提高組織績效的目標。討論項目包括：敏感性訓練、方格訓練以及調查回饋。

1. 敏感性訓練

敏感性訓練是使參加者深入地瞭解自己和其他人的感情和意見，並從中提高學習和認知的能力。敏感性訓練可以透過解決自己與工作中的問題，促進個人的價值觀念，培養參加者在實際環境中，具備做出好成績的能力。

敏感性訓練的主要對象包括：員工、中層管理人員、學生以及具有不同文化背景和不同族群的人員。在敏感性訓練中，參加的人員自由地討論自己感興趣的問題，自由地表達自己的意見，分析自己的行爲和感情，並接受對自己行爲的回饋意見，包括批評或其他意見，從而提高對各種問題的敏感性。

2. 方格訓練

方格訓練（Grid Training）是從行爲科學家羅伯特・布萊克（Robert R. Blake）和簡・莫頓（Jane S. Mouton）兩人倡導的管理方格理論發展而來的。在管理方格中，對人和生產都表現出最大的關心，這是方格訓練的重要目標之一。（參閱第三章第二項目）

方格訓練與敏感性訓練的不同之處在於：敏感性訓練是組織管理發展的一種工具或手段；方格訓練則不只是工具或手段，而是組織管理發展的一項全面的計畫。方格訓練包括以下六個階段：

第一，實驗室討論會的訓練。介紹訓練用的資料和幾種領導作風的概念。

第二，小組發展階段。同一部門的成員集中在一起，討論打算如何達到方格中9.9的位置，並把上一階段學到的知識運用於實際的情況。

第三，團隊之間的發展階段。這個階段開始了整個組織的發展，確定和分析團隊之間的衝突和問題。

第四，訂立組織目標階段。討論和制訂組織的重要目標，增強參加者的義務感與參與意願。

第五，完成目標階段。參加者設法完成制訂的目標，並一起討論主要的工作方向與相關問題。

第六，穩定效果階段。也就是對思想和行爲方面的訓練結果分析，做出評價。

這六個階段所需要的時間，按實際情況不同而異，有的可以幾個月，有的需要進行二至五年。研究顯示這種訓練對於提高組織效率有顯著作用，並得到廣泛應用。據早期（1974年）的一項統計，美國至少已有二萬人參加了公開的方格訓練，還有二十多萬人參加了公司內部的方格訓練會。進入21世紀，方格訓練已經成爲最流行的組織管理發展方式。

3. 調查回饋

調查回饋是組織發展的基本方法，是透過問卷表調查和分析某單位的工作，發現問題，搜集解決問題的方法，並把這些資料回饋給參加問卷調查的人。所調查的單位可以是工作團隊和部門，也可以是整個組織。可以舉行調查回饋的會議，運用所得到的資料，診斷所存在的問題，並制訂解決問題的行動計畫。這方面所採用的問卷標準形式，包括以下三方面的問題：

──領導管理過程中的問題。
──組織的溝通、決策、協調和激勵方面的情況。
──員工對組織中各方面情況的滿意感。

實驗證明，這種方法可以比較準確地發現所存在的問題，找到解決的辦法，並且促進參加者的態度和行爲的轉變，改善整個組織的關係。讓敏感性訓練與方格訓練的成效在組織發展上取得更佳的效果。

21 世紀的組織管理發展領域正受到全球化和資訊技術趨勢的影響。許多世界性組織正在應用組織管理發展，產生了一整套新干預方法，以便對傳統組織管理發展活動做調整。另外，組織管理發展也必須使其方法與當前組織所使用的策略作業配合。隨著資訊技術繼續影響組織的環境、策略以及結構，組織管理發展本身也需要有所變革，使之可以與新資訊技術發展結合。這種發展規則的多樣性導致了組織管理發展專業人士、應用組織管理發展的組織種類以及應用組織管理發展的企業組織的數量急速增加。

管理加油站

逆向的思考

時常逆向思考的管理者

是

最勇敢和聰明的人！

一、個案背景

科學園區某大公司招聘一位總經理執行秘書，主要工作是執行老闆的決策、安排行程以及危機處理。在眾多應徵者中，經過履歷資格篩選、筆試以及面試之後，只剩下兩位：許小姐與王小姐，最後由總經理親自決定。

總經理安排給每個人一台電腦與印表機，要求她們以2,500字英文寫下「自我介紹」，並以倒扣方式計分。結果許小姐95分，王小姐93分。總經理要求以同樣的題目再作文一次，結果許小姐得96分，王小姐卻只剩下92分。最後，總經理要求以同樣的題目第三次作文，結果許小姐得98分，王小姐卻只有91分。

第三天錄取榜一公布，許小姐傻眼了，上面只有王小姐的名字，她落選了。她立刻到總經理辦公室，理直氣壯地質問：「我三次分數都比王小姐高，為什麼不錄用我，而錄用了王小姐呢？你們這種考核公平嗎？」許小姐顯得非常激動。

二、省思的力量

總經理安靜地凝視著許小姐，直到她心平氣和，才開口說話：「許小姐，我們的確給妳比較高的分數。但是，筆試高分只是錄用職員的依據之一，並非最終結果。你每次都拿了最高分，可惜妳每次的答案都一樣，一成未變。如果我們公司也像妳在答題一樣，總是用同一種思維模式去經營，我們能擺脫被淘汰的命運嗎？」

「我們公司的職員不單單要有才華，更應該懂得逆向思考。善於逆向思考，善於發現錯誤才能有進步；職員有進步，公司才能有發展。我們公司之所以分三次用同一張試卷對妳們進行考核，不僅僅是考知識，也在考逆向思考能力。這次妳未能被錄用，我實在很抱歉。」

三、管理的省思

「逆向思考」是王小姐能夠被錄取的關鍵，也是許小姐應該學習的課題。總經理的執行秘書，需要執行老闆的決策、安排行程以及危機處理，這是一項多麼具有挑戰性的工作。

時常逆向思考的管理者是最勇敢和聰明的人，他們的勇敢在於他們願意承認自己的缺點，他們的聰明在於否定過去的同時，也肯定了自己新的可能性。知不足而後進，道理就這麼簡單！

問題討論

1. 何謂組織管理（Organizational Management，簡稱 OM）？
2. 現代企業組織主要包括哪五種企業組織模式？
3. 內向型企業組織在管理上有哪四項優勢？
4. 外向型企業組織在管理上發揮哪四項的優勢？
5. 集中型組織管理，其運作包括哪三種模式？
6. 放任型組織管理有哪些特點？
7. 網路型組織管理有何優勢？
8. 團隊型式組織內部的開放性有哪五項特徵？
9. 團隊型組織優勢主要表現在哪三方面？
10. 何謂組織管理創新？
11. 組織管理創新的關鍵，有哪六項？
12. 在台灣現階段的經濟新發展時期，組織管理的創新模式，可劃分爲哪三種模式？
13. 組織管理創新模式的運作必須著重於哪兩點？
14. 策略先導型組織管理創新模式，有哪兩個具體的主導模式？
15. 哪四項議題有助於對組織管理發展的認識？
16. 組織管理發展目標的四項基本概念是什麼？
17. 何謂方格訓練（Grid Training）？

第6章 人員管理

1. 認識人員管理
2. 人員管理模式
3. 人員招聘與培訓
4. 人員任用與淘汰
5. 人力資源管理發展

學習目標

1. 討論「認識人員管理」的四項主題

   包括：人員管理概述、人員管理的特性、人員管理的優勢以及人員管理的運用。

2. 討論「人員管理模式」的五項主題

   包括：認識人員管理模式、權變理論管理模式、策略規模管理模式、行業人才管理模式以及生命週期管理模式。

3. 討論「人員招聘與培訓」的四項主題

   包括：認識人員的招聘、人員招聘的作業、人員的培訓以及培訓目標與方法。

4. 討論「人員任用與淘汰」的五項主題

   包括：人員的任用、人員任用的作業、留住傑出的人才、認識人員的淘汰以及人員淘汰的作業。

5. 討論「人力資源管理發展」的五項主題

   包括：認識人力資源管理、人力資源管理的發展、人力資源管理的作業、建立學習型的組織以及人力資源培訓多樣化。

1 認識人員管理

在21世紀科學技術快速發展，生產力日益發達，市場機制以及市場體系競爭劇烈的今天，企業組織要取得數量與品質的人力資源並非難事，困難的是：如何有效擴大這些人員的潛力。討論四項議題：人員管理概述、人員管理的特性、人員管理的優勢以及人員管理的運用。

一、人員管理概述

人員管理，又稱人力資源管理，是指：企業組織按照規則，把所擁有的人員組合在一起，使企業組織能夠在競爭中取得可持續生存與發展的基礎條件。它是企業組織提升其生產力，以及在樹立競爭優勢的同時，達成企業組織永續經營的必要條件。人員管理的主要功能，包括以下兩個項目：

1. 發揮潛能作用

人員管理的首項功能是指：能夠充分發揮人力與其他資源的潛能，爲實現企業組織的優勢最大化提供可行的運作。人員管理，其主要有以下三方面的作用：

第一，人員管理是人盡其才，才盡其用。能夠把人安排到可以充分施展其才華的位置，提高其生產積極性與創造性。

第二，人員管理是能夠結合眾多不同才能，以及不同層次的人才結合起來，形成整體力量，並實現極大化的效果。

第三，人員管理能夠充分發揮與擴大其他資源的效力，因爲在這個前提下，其他資源需要透過人員管理的作用才能發揮其潛力，進而成爲現實的生產力。

2. 避免優勢流失

人員管理能夠避免由於人才的流動而造成優勢的流失。隨著市場活動逐漸完善，市場內各種生產要素流動的限制也愈來愈小，其流動性也就越來越大。於是，企業組織的優勢也就會隨著各種資源，特別是人員管理的流動與起伏而流失，這對於一個企業組織來說，是極爲不利的，因而企業組織人員管理就扮演了穩定人才的角色。避免人才流動損失，要注意以下兩項問題：

（1）調節性功能

爲了避免優勢流失，讓人員管理發揮調節性功能，要採取兩項措施：一方面，企業由於調節性功能需要，可以增加或者減少內部一些員工；另一方面，也提供人才自己有留下或另謀他就的不同選擇機會。因此，企業組織能夠減少自己需要人才的流失，並把這種人才流失的損失減少到最小，這是企業組織人員管理的一項重要作用。

（2）策略性資源

爲了避免優勢流失，企業組織人員管理要把人員管理變成一種策略性資源，形成一種獨特的能力，從而使人員管理具有兩個特徵：第一，企業組織所擁有的人員是優秀的；第二，這些人力資源能夠被企業組織所持續擁有與掌握。這樣企業組織的優勢不會讓人才流失而造成損失。

二、人員管理的特性

人員管理與其他兩項企業組織的物力與財力管理的最大不同點，是人力具有獨特的動態與個別性質。這突顯人員管理具有以下三項特性：

1. 獨有性

人員管理的獨有性主要有二方面的特性：一方面是企業組織獨自擁有的，因爲人員管理是在企業組織發展過程中，長期培育與累積而成的，它是與企業的文化相結合，深深融合於企業組織之中；另一方面是具有不可複製性。每個企業都有自己不同的特點，雖其人才仍然可以自由流動，但是，形成一種組織配置而不能被轉移，另外，它也不爲企業組織中的單一個人所擁有。

2. 增値性

人員管理的增値性是指：人力資源本身具有價値增加的空間。現在的商業市場是買方市場，一切衡量的標準都由消費者決定。因此，企業組織具有強大的人員管理，就能充分激發員工的生產積極性。這樣就可以提高產品品質與降低產品成本；另一方面，它能充分發揮員工創新能力。因爲員工在自己滿意的單位上，就會努力做好工作。這樣就會提高員工創新的可能性，也會創造出新產品與新的市場供給管道等。

3. 延展性

人員管理的延展性是指：具有優勢的人員管理能夠有力地支持企業組織延伸到更有生命力的新事業領域。人員管理雖然是企業組織的基礎性工作，它卻爲企業組織各種能力的發展提供了一個堅實的「平台」。也就是借助其強大的人員管理，帶動物力與財力發揮更大的效益作用。

三、人員管理的優勢

人員管理的優勢是企業組織永續經營的基礎。企業組織本身是一種動態資源，特別是人力資源的整合。正是因爲人力資源按照特定的規則動態組合在一起，才構成了企業組織及其運作的基礎。離開了特定的人力資源及其組合，企業組織就不可能存在與運作。企業組織與人力資源的整合產生了兩個方面的優勢：

──企業組織所擁有的資源數量與品質。
──企業組織對資源更具有整合能力。

在企業組織的三大資源管理中，人員管理無疑是各種資源的基礎，雖然組織的資源總是具有基本的生產力，不過在自然狀態下，這種生產力是處於潛伏狀態，可稱之爲資源潛力，只有人力才能把資源的潛力激發或擴大。另外，員工素質的好壞直接影響資源潛力的發揮，若缺乏人員管理促進與擴大資源潛力，就無法形成現實的優勢。

另外，企業組織人員管理自身潛力也有被激發與擴大的問題，要有效的激發與擴大企業組織人員管理潛力，就要靠企業組織按照目標及規則要求，對資源進行定向整合，使人員管理按照秩序進行動態的組合。這項人員管理，包括對人員管理自身的整合能力，也包括對其他企業組織內資源的整合能力。

四、人員管理的運用

人員管理對企業組織非常重要，特別在現在這個競爭激烈、人才流動普遍的社會，提高企業組織人員管理就可以儘量地防止別人挖角，即使人員被挖角，對企業也沒太大影響。因此，企業要轉變觀念，要高度重視人員管理。很多企業組織，特別是台灣中小型企業沒有這方面的概念與經驗。

基於人員管理策略的整體運作，企業組織策略的制訂、實施與控制，整個過程一直都離不開人員管理。企業組織策略與人員管理相互影響與相互驅策，使企業組織運作具有強大的整合力量。運作人員管理策略時，要從以下五方面著手：

──策略與願景。
──適應內外環境。

──協調配合關係。
──人性化資訊中心。
──制度化管理體系。

1. 策略與願景

人員管理要符合企業整體策略與共同願景。人員管理爲整個企業的發展服務，也是企業組織的一項基礎性能力，在企業長期穩定發展中發揮重大作用。它對企業總體策略的實施與共同願景的實現也發揮關鍵性作用。因此，人員管理也要根據企業整體策略共同願景不斷地去發展，以更好地爲企業服務。

2. 適應內外環境

人員管理要與企業組織外部環境彼此適應，以及融入內部企業文化。適者生存是社會發展的必然規律，因此，企業組織人員管理也要跟上時代的進步與發展，不但要適應現在環境的變化，而且還要積極去預期未來，主動去適應環境的發展變化與趨勢。

適應內外環境時，要把企業組織人員管理與行業關鍵能力相匹配。包括：要求其人員的知識時時更新與強化創新能力。此外，把企業組織文化與人員管理相結合，這樣就會塑造出更加獨特的人員管理。員工進入企業後，要對其進行培訓，使其接受企業文化，一方面加強員工企業文化的意識，另一方面也是爲了促進其生產積極性、自覺性與創造性。

3. 協調配合關係

協調人員管理與其他資源的配合關係也是人員管理運作的課題。這些配合關係包括：第一，物質資源之間的配合關係，例如，生產線以及機器設備之間，原物料的配送安排等；第二，人員管理與物資之間的配合關係，例如，多少勞動力所能推動的生產數量。因此，人員管理與物質資源的配合關係就突顯其重要性，否則，企業組織員工的積極性、自覺性與創造性很難發揮。

4. 人性化資訊中心

建立人性化的「人才資訊中心」是人員管理運作的重點，就是所謂的「人本管理」。企業組織存有員工檔案，而這個檔案資料必須具備全面性與設計合理，否則很難反應員工的實際情況與需求。在企業組織管理中實行「人本管理」，首先要根據員工檔案分析員工的需求。瞭解的重點問題有：

──他是一個什麼樣的人？
──在企業組織的工作情況？
──與其他員工相處情況？
──曾提出過什麼建議與要求？

這樣管理者才能夠眞正掌握員工的情況，從而採取適當的措施，以獲得員工的認同。

5. 制度化管理體系

最後，人員管理運作要建立制度化的人員管理體系。人員管理應有配套政策，並形成制度化，主要是要建立績效考評體系、培訓體系、企業組織文化體系、晉升制度程序以及單位制度等等，只有制度化才能增加決策的透明度，這樣就不會出現不滿意現象，這是企業員工忠誠度的保證關鍵因素。例如，麥當勞國際集團（McDonald's）就建立了階梯式由上而下的長期培訓規劃體系，設立特別負責培訓各類經營人才的經營開發研究學校。

2 人員管理模式

一、認識人員管理模式

針對人員管理模式的定義，由於現代行業越來越多，不同領域之間的差異也很大，目前很難找到一種明確的共同解釋。但是，從企業組織經營與運作的觀點，綜合《管理學百科全書》的相關文獻中，主要有以下三種觀點提供參考：

1. 系統管理

「系統管理」觀點認爲，人員管理模式是人員管理系統，而人員管理模式主要有哈佛模式（Harvard Model）、蓋斯特模式（Guest Model）與斯托瑞模式（Storey Model）三種：

——哈佛模式由情景因素、利益相關者、人員管理、人力資源效果、長期影響與回饋圈六個部分構成。

——蓋斯特模式包括人員管理政策、人員管理結果、組織結果和系統整合等四個部分。

——斯托瑞模式則包括信念和假設、策略、直線管理與關鍵槓桿等四個方面。

2. 差異變量

「差異變量」觀點認爲，人員管理模式是基於不同組織在人員管理模式變量上取得差異的一種分類。差異變量模式的人員管理模式可以劃分爲：

——降低成本導向的控制型模式。
——提高員工能量導向的承諾型模式。

3. 理念實踐

「理念實踐」觀點認爲，人員管理模式是一種基於管理理念導向的人員管理實踐系統。理念實踐模式進一步認爲，人員管理模式存在最佳與非最佳兩個類別。其關鍵在於人員管理的最佳模式，相反的，非最佳模式則是缺乏最佳模式具有的要件。在最佳人員管理模式中，存在著以下的不同形式：

——承諾型。
——控制型。
——利誘型。
——參與型。
——投資型。
——內部發展型。
——市場導向型。

二、權變理論管理模式

20世紀70年代在美國，由於石油危機的發生，導致經濟、政治以及社會動盪影響，企業所處的環境不穩定。當時管理理論大多都在追求普遍通用的、最合理的模式與原則，而這些管理理論在解決企業面臨瞬息萬變的外部環境時，則顯得無能爲力。正是在這種情況下，權變理論乘機崛起。

權變理論（Contingency Theory）主張，人員管理模式選擇的因素並不存在一種普遍通用的管理操作模式。由於各個行業的企業管理必須隨機和市場、消費者們以及周圍環境相搭配，因而難取得一致的模式選擇。權變理論的「權變」的意思就是「權宜應變」。它主張管理必須隨機制宜地處理管理問題，於是形成一種管理取決於所處環境狀況的理論。針對人員管理，權變理論提出下列三項有別於傳統的觀念：

1. 最好管理方式

由於各個行業性質差異，個別企業管理必須隨時和其市場、消費者們以及周圍環境相搭配，同時又要隨機應變，因此，權變理論主張：沒有最好的人員管理方式與最好的管理原則。企業組織必須各自規劃與隨機應變，尋找適合的管理模式。

2. 通用管理方式

權變理論也不認爲有所謂「通用」的管理方式。針對企業管理的方式，例如，人員管理、物料管理以及作業管理等等方式，權變理論主張：由於不同的行業，其管理模式並非同等有效。因此，並不存在大家通用的人員管理方式。

3. 變量選擇依據

權變理論認爲：企業組織最好的管理方式取決於企業經營所依賴的環境特點。也就是說，沒有一種通用於多種企業或者不同領域模式。因此，人員管理模式的選擇必須綜合考慮影響人員管理效果的相關變量因素，例如，管理結構與管理環境影響因素，並把它作爲人員管理模式選擇的基本依據。

總之，根據權變理論的背景，影響企業對於人員管理模式選擇的因素是多方面。下面將影響人員管理模式的因素進行探討與分析，包括：策略規模管理模式、行業人才管理模式以及生命週期管理模式。

三、策略規模管理模式

策略規模管理模式是指：企業組織基於策略因素與規模因素所設定的人員管理模式。由於企業組織的人事管理策略通常是根據經營規模的變化而隨之調整，兩者之間具有密切的關係。

1. 規模因素

企業規模，通常指的是企業人數的多少、資本額的大小或者經營規模的大小。當企業規模比較小時，企業人數相對來說較少，企業內部結構比較簡單，企業風險規避能力不足，資金有限，規章制度和經營目標也還沒有成形。隨著企業的規模逐漸擴大，企業開始擴展主要業務，實行多元化生產，組織層級逐漸增多，企業開始制訂較爲完善的、全面的、正式的人力資源制度，並予以制度化，從而使得人員管理有章法可循。

一般來說，企業在採取任何正式和系統的人員管理模式之前，必須確認是否達到了合理的經濟規模範圍，也只有企業規模比較大，採取內部型人員管理模式才具有好的規模經濟效益。所以，從經濟效益角度上看，企業規模是影響人員管理模式選擇的重要因素。

2. 策略因素

策略是決定企業長期目標，以及爲實現目標所取採取的資源的配置及行爲方案。通常企業組織的人員管理策略會隨著經營規模的擴大而變化。策略不僅僅是一種計畫，也是一種模式、定位與觀念。因此，人員管理必須以策略爲導向，並且運用整合和調整的方式。

人員管理模式選擇，必須根據企業獨特的策略而決定，如果人員管理模式不與策略相契合，人員管理模式不但不會對企業的績效有所貢獻，甚至可能會對企業績效產生負面影響。因此，管理者必須認知兩件事：

第一，企業的策略直接影響著人員管理模式的選擇。人員管理模式的變化跟隨企業的策略變化而變化。

第二，人員管理模式是企業策略實施的重要保證。人員管理模式是策略制訂和實行的有力工具和手段。

四、行業人才管理模式

行業人才管理模式是指：企業組織基於不同行業領域因素與人才市場因素所設定的人員管理模式，不同行業的企業組織的人事管理模式，通常是隨著人力市場的供需變化而調整。以下討論行業與人才因素之間的關係。

1. 行業因素

行業是企業選擇不同人員管理模式的外部因素之一。例如，在服務業的服務過程中，消費者始終處於服務的中心角色，同時也需要消費者與員工「動態」共同合作，因而在績效考核時，有時會把消費者看作是員工的一部分，作爲績效考核的輸入來源。這與生產作業人員管理的「靜態」管理考核對象有很大的差異。

2. 人才因素

人才市場因素造成了人員管理的變數。當人才市場供大於求時，企業可供挑選的員工比較多，因此，企業會運用複雜的、正式的招聘程序，包括：筆試、面試、個性測試以及評價中心等精心挑選員工，同時也提高甄選標準，透過高標準的選拔程序篩選員工。在薪資方面，企業無需花費太多的薪資便可以吸引企業所需要人才。在培訓方面，由於採取嚴格挑選程序，員工進入企業之後就可馬上工作，企業需要給予員工的培訓較少，培訓內容一般是針對企業單位所需要的特殊知識。

相反的情形，當人才市場供應小於需求時，在招聘方面，企業招聘合適的員工難度加大，因此，企業會在招聘方面花費更多成本，例如，爲企業做宣傳，或是跨地區進行更廣泛的招募等，來挑選員工。同時，企業的招聘門檻會降低；在培訓方面，由於招聘的標準不高，員工進入企業之後，企業需要安排廣泛的培訓以提高員工的知識、技術與能力；在薪資方面，由於市場人才缺乏時，必須採取提高工資、福利和工作條件去吸引員工。爲了留住員工，企業向員工提出長期聘僱的條件，以提高員工的忠誠度。

由此可見，內部行業因素與外部人才市場因素都是影響企業組織進行人員管理模式選擇的重要因素。

五、生命週期管理模式

雖然企業組織形態各異，但無論是生產系統、行銷系統或者研發系統，都會經歷規模從小到大，從草創到成熟等階段。因此，企業在不同的生命週期階段中，人員管理模式也不盡相同。

1. 初創時期

企業在創辦初期，雖然非常有活力與衝勁，但畢竟各方面的資源有限，而企業能夠存活下來的最重要資源之一就是人才。因而，企業人員管理工作的重點在於吸引人才。在這時期，由於企業的資金有限，管理範圍小，企業一般沒有設立特別的人員管理部門，只依靠企業創立者的企業家精神和未來共同的願景吸引人才。企業的其他人員管理工作，例如，培訓、人力資源計畫、工作分析等等，一般也都沒有正規進行，表現出極強的隨意性、跳躍性和非系統性的特點。

2. 成長時期

在成長期，企業的經濟實力較爲豐厚，企業人員不斷增多，原來初創期不成體系的人員管理工作容易讓企業出現混亂。在這時期，企業人員管理工作的重點在於建立和健全各項人員管理制度，使得人員管理實踐的各項活動：招聘、培訓、考核、薪資管理能正規化和制度化，確保各項工作有序進行。

由此可見，企業的生命週期是影響企業組織進行人員管理模式選擇的關鍵因素之一。總之，關於什麼是人員管理模式問題，目前管理學者的認知依然模糊。開放式美國學者很少提及，保守的日本學者雖然熱中於研究，也不易取得共識。但是，人員管理模式卻是客觀存在。組織的策略、行業、產品以及員工的類別性與有限性，決定了人員管理實踐的相似性與差異性，從而也就決定了人員管理模式的存在性。

從具體層面與過程發展角度來看，人員管理雖然沒有固定的模式，但是，從總體上與時間角度來看，人員管理模式必然可以對於它做出有限的分類，找出類別之間的差異與同一類別內部的共通性。因此，人員管理模式是客觀存在，只是管理者平時很少在意它們，在這一方面，台灣的企業更缺乏應變概念與行動。例如，由於銀行業人員監督與考核專業人才不足，導致呆帳高居不下的「老問題」，一直拖到2017年才進行第一次專業證照考試。

總之，人員管理模式強調：組織或者管理者團隊是在長期的實踐中形成的，並且得到人們認同與遵從的一種人員管理活動的基本模型。對於人員管理模式的研究，不是要把人們的人員管理行爲進行固化與統一化，而是想透過人員管理模式類型與選擇因素的分析，減少人員管理實踐的盲目性與重複性，達到提高企業管理效率與效果的目的。

3 人員招聘與培訓

1. 認識人員的招聘
2. 人員招聘的作業
3. 認識人員的培訓
4. 培訓目標與方法

企業組織需要招聘員工通常基於以下四個理由：

—新設立一個企業組織。
—企業組織部門的擴張。
—調整不合理的人員結構。
—員工因故離職而出現職缺。

在進行人員的培訓時，有以下三項功能：

—招聘新員工後的訓練工作。
—爲在職員工提供持續的定期訓練。
—由於特定方案需求而進行不定期訓練。

企業組織爲了達到統一的技術規範與標準化作業，有必要執行目標規劃設定、知識和資訊傳遞、技能熟練演練、作業達成預測以及公告需求等流程，讓員工透過教育訓練技術手段，達到預期的水準提高目標。

一、認識人員的招聘

人員招聘是企業組織尋找、吸引並鼓勵符合要求的人，到本企業組織任職和工作的過程，有兩個問題必須加以澄清：

—爲何要招聘人員？
—如何招聘到適用的人員？

1. 人員招聘的依據

爲何要招聘人員？有以下兩項重要的理由：職位的要求以及人員素質和能力需要。

（1）職位的要求

在現代企業組織結構的設計中，通常對各個部門的職位要求都有明確的規定。在人員的招聘時，依據規定，透過職務分析來確定職務的具體要求。職務分析（Job Analysis）是一項人力資源管理系統，指出組織、工作和人員三者之間的相互關係，是取得適用員工的技術、方法與工具的關鍵。分析的目的不同，所採用的系統也不同。

職務分析避免了職務名稱上的混亂，而且可以使不同企業、不同職能中的各種職務進行比較。職務分析系統除了用來招聘新員工，還可以應用在職業發展、繼任晉升計畫、人員輪調、組織發展以及建立合理的薪資體系平台。

（2）人員素質和能力

個人的素質與能力是人員選聘的另一重要標準。根據不同職位對人員素質的不同要求，來評價和選聘員工。以招聘中層「主管人員」爲例，管理學者法約爾（Henri Fayol）就提出，它應包括以下十三種素質和能力：

──身體健康與精力旺盛。
──擁有理解能力。
──具有學習能力。
──具有判斷力。
──勇於負責任。
──能夠拒絕不當的誘惑。
──能夠謹守職務要求。
──能夠自尊自制。
──具有肯定的普遍價值觀。
──具有工作要求技術。

—具有管理專業知識。

—具有豐富的工作經驗。

—具有強烈的工作動機。

2. 人員招聘的途徑

一般來講，人員的招聘的途徑無非兩條：外部招聘和內部提升。

（1）外部招聘

外部招聘就是企業組織根據制訂的標準和程序，從企業組織外面選拔符合空缺職位要求的員工。外部招聘具有以下優勢與缺點：

第一，具有「外部競爭優勢」，有利於緩和內部競爭者之間的緊張關係以及能夠爲企業組織注入新活力。

第二，外部招聘也有其局限性，就是外聘者對企業組織缺乏深入瞭解，企業組織也對外聘者缺乏瞭解以及可能對內部員工積極性造成打擊。

（2）內部提升

內部提升是指：企業組織內部成員的能力和素質得到充分確認之後，被賦予比原來責任更大、職位更高的職務，以塡補企業組織中由於發展或其他原因而空缺的職務。內部提升制度的優點與缺點爲：

優點：激發員工的工作積極性、肯定內部優秀人才、保證選聘工作的正確性以及被聘者迅速進入狀況。

缺點：可能會導致企業組織內部的「近親繁殖」現象的發生，也可能會引起內部新舊同事之間的矛盾等。

二、人員招聘的作業

人員招聘的作業是指：人員招聘的程序和方法。它包括以下五項過程：招聘計畫、進行初選、進行複試、錄用員工以及評價效果。

1. 招聘計畫

當企業組織中出現需要填補的工作職位時，有必要根據職位的類型、數量以及時間等要求，確定招聘計畫，同時成立相應的選聘工作委員會或小組。選聘工作部門要以相應的方式，透過適當的媒介，包括登報、上網以及委託人力銀行等，吸引那些符合條件的候選人積極應聘。公布資訊的基本項目包括：

——待聘的職務。
——待聘的名額。
——工作的類型。

2. 進行初選

當應聘者數量很多時，選聘小組需要對每一位應聘者進行初步篩選。內部候選人的初選可以根據以往的人事考評紀錄來進行；對外部應聘者則需要透過應徵資料的審查，或面談（包括電話），盡可能瞭解每個申請人的工作及其他情況，觀察他們的興趣、觀點、見解、獨創性等，即時排除明顯不符合基本要求的人。

3. 進行複試

在初選的基礎上，需要對挑選的應聘者進行資料和背景審查之外，再進行測試與評估，以中層管理者的招聘爲例，其內容是：

第一，進行智力與知識測試。

第二，介紹自己任職後的計畫和遠景，並與選聘工作人員對話。

第三，案例分析與候選人實際能力考核。包括測試和評估候選人分析問題和解決問題的能力，來觀察其工作能力和應變能力。

4. 錄用員工

在上述各項工作完成的基礎上，需要利用加權的方法，算出每個候選人的「知識」、「智力」和「能力」的綜合得分，並根據待聘職務的類型和具體要求來錄取適合的人選。對於決定錄用的人員，應考慮由用人單位主管再一次進行親自面試，並根據工作的實際與聘用者再作一次雙向選擇，最後再決定選用與否。

5. 評價效果

最後，對整個選聘工作的程序進行全面的檢查和評價，並且對錄用的員工進行追蹤分析，透過對他們的評價，檢查原有招聘工作的成效。總結招聘過程中的成功與有待改進的地方，即時回饋到招聘部門，以便改進和修正。

三、認識人員的培訓

人員的培訓，一方面是招聘新員工後的訓練工作；另一方面是對在職員工提供持續定期或不定期的教育訓練。企業組織爲了達到統一的技術規範與標準化作業，有必要進行這項工作。以下兩項是人員培訓的必要認知：人員培訓的劃分與人員培訓的原則。

1. 培訓的劃分

一般而言，比較有制度的企業組織，其人員培訓通常劃分爲三類：按時間期限劃分、按照人員培訓方式劃分以及按人員培訓體系劃分等。

（1）時間期限

按照時間期限劃分，人員培訓可以分爲長期人員培訓和短期人員培訓。長期人員培訓是爲了配合新產品與新設備的特定目標而進行的培訓，其計畫性內容比較詳細，至少四週，也可能長達數個月。短期培訓則是以鐘點計算。

（2）培訓方式

按照人員培訓方式，又可分爲新進人員的培訓以及在職人員的培訓兩種。新進人員的培訓又可分爲外部招聘人員與內部的轉職人員。

（3）培訓體系

按照人員培訓體系，可劃分爲企業組織自辦的人員培訓體系和企業組織委外的人員培訓體系兩種。自辦的人員培訓體系包括：基礎人員培訓、適用性人員培訓、日常人員培訓、個別人員培訓以及目標人員培訓等。委外的人員培訓體系，如果按生產機構來劃分，可分爲：操作人員、督導人員以及管理人員等三種。

2. 培訓的原則

人員培訓的原則是培訓主導者與參與培訓者都必須共同遵守的原則。它包括以下四個項目：

（1）參與原則

在人員培訓過程中，參與行動是基本的要求，如果受訓者只保持靜止的消極狀態，就不可能達到人員培訓的目的。爲激發員工接受人員培訓的積極性，有企業採用「自我申請」制度，內容可以參照發展方向及目標設計。有利於促進集體的協作和配合。如果採用「派選制度」，則另當別論。

（2）激勵原則

眞正要學習的人，才會努力認眞學習，這種學習意願稱之爲「動機」。一般而言，動機多來自於需要，所以在人員培訓過程，就可應用種種激勵動機方法，使受訓者在學習過程中，因需要的滿足而產生學習意願。

（3）應用原則

企業員工人員培訓與普通的教育區別，在於員工培訓特別強調實踐性的應用原則。企業發展需要什麼以及員工缺什麼，培訓內容就是什麼，這是人員培訓的關鍵原則。要避免形式主義，而要講求實效，學以致用。

（4）因人施教

大型企業組織不僅部門繁多，員工水準也參差不齊，而且員工在人格、智力、興趣、經驗和技能方面，均存在個別差異。所以對擔任工作所需具備的各種條件，各員工所具備的與未具備的亦有不同，對這些條件差異，在實行訓練時應該予以重視。顯然，企業進行人員培訓時，應該因人而異，也就是要根據不同的對象，選擇不同的人員培訓內容和人員培訓方式。

四、培訓目標與方法

人員培訓的目標是企業組織生存與發展的必要條件。它透過企業或員工履行教育人員培訓的責任和權力，使企業維持生存和發展，其具體的目的如下：

1. 適應外部變化

適應企業外部環境的發展變化。企業的發展是內外共同合作的結果。一方面，企業要充分利用外部環境所給予的各種機會和條件，掌握時機；另一方面，企業也要透過自身的變革去適應外部環境的變化。

企業不是一個封閉的系統，而是一個不斷與外界互相適應的動態系統。這種適應並不是靜態的、機械的適應，而是動態的積極適應。企業要在市場競爭中立於不敗之地，關鍵在於企業內部的機制問題。企業必須不斷培訓員工，才能讓他們跟上時代、適應技術及經濟發展的需要。

2. 滿足成長需要

滿足員工自我成長的需要。員工希望學習新的知識和技能，希望接受具有挑戰性的任務，希望晉升，這些都與人員培訓有關。因此，透過人員培訓可增強員工滿足感。事實上，這些期望在某種情況下可以轉化爲自我實現諾言。期望越高，受訓者的表現越佳。反之，期望越低，受訓者的表現越差。

3. 提高績效

員工透過人員培訓，可在工作中減少失誤，生產中減少意外事故以及降低因失誤造成的損失。同時，員工經人員培訓後，隨著技能的提高，可減少報廢品、次級品、減少耗損和浪費。然後，提高工作品質和工作效率，提升企業效益。

4 人員任用與淘汰

1. 認識人員的任用
2. 人員任用的作業
3. 留住傑出的人才
4. 認識人員的淘汰
5. 人員淘汰的作業

人員的任用管理是指：用人單位根據用人的需要以及用人的標準，在招聘與培訓之後，運用適當的方式任用各單位所需人員的過程。人員的任用標準應以企業組織對員工要求爲最低條件，再根據用人單位的要求來選拔任用適合的人員。此外，能夠留住傑出人才，也是一項重要的人員管理課題。

員工淘汰管理，與人員的任用同等重要，否則是一種資源浪費，成爲經營上的包袱。在人力資源管理中，企業組織往往樂於談論：如何選拔人才、培育人才、任用人才等議題，對於如何留住優秀的員工，也有不少的論說。對於如何對員工進行必要的淘汰，則幾乎完全被漠視。所以，企業組織如果要建立全面與完善的用人策略，就不能缺少妥善有效的員工淘汰管理機制。

一、認識人員的任用

前面已經指出，人員任用管理是企業依據組織內各單位的用人要求，選拔適合人員加以任用的過程。內容主要探討人員任用原則。人員的任用原則雖然根據不同企業組織型態與行業類別，對於用人的取向有所差異，基本上有下列五項原則可以提供參考：

1. 因事擇人

根據企業組織的立即工作需要，而進行人員的任用。這是所謂「因事擇人的原則」。這項原則通常是在時間比較緊急的狀況下進行用人作業。它包括，內部調用或者臨時招聘。

2. 用人所長

大型企業組織會定期招聘儲備人才，並進行培訓。此時，人事管理單位通常根據具有專長的人才，優先考慮任用。這是所謂「用人所長的原則」。這項原則通常是人事管理單位的例行作業。

3. 任人唯賢

根據人員培訓結果，發現特別具有潛力的人才。這是所謂「任人唯賢的原則」。這項原則通常是將具有特殊潛力的人員經由再訓練後，作爲儲備人才，在適當時候加以任用。

4. 專業競爭

根據技術發展與市場新趨勢，許多企業組織爲了持續發展，會進行研究與發展（R&D）的人事作業。這是所謂「專業競爭原則」。這項原則通常是人事管理單位依據專家的建議，而採取徵用具有某種研發專長的人。

5. 人事迴避

許多具有競爭優勢的跨國企業組織，為了避免利益衝突，在人事任用規章裡，通常會明訂某些排除條款。這是所謂「人事迴避原則」，俗稱「旋轉門條款」。例如，具有三等親身份者，不得在同部門任職；具有監督身份者，不得轉任被監督部門，相反的，對調也被禁止；具有相互制衡單位者，例如，會計與出納，不得隨意互調等等。

二、人員任用的作業

人員任用的作業根據不同行業或領域的需要，會採取不同的作業。雖然如此，以下是四項人員任用作業的普遍通用方式：

1. 考任制

考任制是透過公開考試的方法來考察應考者的知識和才能，並以考試成績的優劣為依據，選拔用人單位所需要的各種人員的任用制度。這種方式通常應用在中下層人員的任用。

2. 聘任制

聘任制也就是合約聘任制。它是用人單位運用合約形式聘用工作人員的任用制度。聘任制適合於具有較高位階的專業技術人員以及企業組織的中高層管理人員的任用。

3. 選任制

選任制就是指：用民主選擇的方式來確定任用對象的人員任用制度。這種任用方式大多適用於對企業組織肩負盈虧重責的人，例如，董監事、總經理與 CEO 等，具有決策權者的任用。

4. 委任制

委任制就是企業組織最高階層者直接委任其重要部屬的制度。它是由上級組織要求人事部門按照工作人員管理權限，直接指定下屬工作人員。

三、留住傑出的人才

所謂傑出的人才，就是在企業發展過程中，透過其高超的專業素養和優越的職業操守表現，爲企業做出卓越貢獻的員工。彼得．杜拉克曾指出：在企業中，往往是20% 的人才創造了80% 的效益。毫無疑問，這20% 的人才算得上是企業的核心傑出人才。核心傑出人才具有比其他員工更強的競爭性，因此，企業必須建立有利於人才彼此合作的創造性方式。內容包括以下四項目：

—人才的再造。
—自由發展空間。
—企業文化留人。
—優厚的薪資。

1. 人才的再造

隨著社會的飛速發展，知識的不斷更新，核心傑出人才以往所學到的知識容易被淘汰。一次培訓所學到的知識可持續一段時間，如果他所學到的知識或是技能在長時間得不到提升，自身價値會不斷折舊。因此，對核心員工進行系統性的培訓，是企業留住人才的必要條件。

2. 自由發展空間

工作空間對於核心傑出員工來很重要。比如，工作中的人際關係、同事之間的融洽程度、被信任的程度等等。其中，特別是提供個人自由創新與發展的空間。這樣可以減少工作中的失誤，對於出現的問題能做到即時的解決與改進，以及發揮最高的工作效率。

3. 企業文化留人

崇高的企業文化也能夠留住核心傑出人才。每一家企業都有其生存的目標，這種目標是企業精神。這種無形的企業文化對核心傑出員工的影響比用文字訂定出來的規則條例，其影響力更強大。特別是具有理想性的員工，因而願意留下來，與該企業一起成長。

4. 優厚的薪資

除了上列因素，優厚的薪資當然能夠留住好人才。只要一個企業的薪資優厚，對人才就具有吸引力。例如：獎賞公平、工作具有發展性等。每個員工能被激勵的方式不同。例如，核心傑出人才比較重視擁有自主權及創新的工作環境、工作與私生活的平衡以及事業發展的機會。

四、認識人員的淘汰

企業組織要進行員工的淘汰，主要是建立有效的員工淘汰的機制基礎上。有如下的三項原則：

1. 去舊換新

企業組織透過淘汰舊有人員，引進新進人員，可以營造嶄新的組織氣氛，為組織帶來新的氣象，展現新的風貌。這項原則必須量力而為，否則，可能打擊員工士氣，造成人員管理的亂象。

2. 裁減人員

在經過慎重的分析與考評，裁減多餘與不適任的人員。在淘汰過程中，透過裁減多餘人員，為組織節約人力成本。這項原則必須經過慎重的分析與考評，並依照公開與公平態度進行。

3. 提升績效

在實施有效淘汰管理過程中，提升組織的管理水準與增加主管的管理責任，以便刺激組織不斷改進管理績效。要實施有效的員工淘汰管理，必須要建立良好的不適任員工退出機制。例如，採用提升績效要求，讓不適任的員工「知難而退」。

五、人員淘汰的作業

人員淘汰的作業，必定要用合法與合理的淘汰機制，進行有效員工淘汰管理，並避免勞資糾紛的問題。通常企業組織在進行員工淘汰時，主要可以參照下作業方式：

—違法。
—違紀。
—違規。
—不適任。
—裁員。

1. 違法

員工違法淘汰的依據是國家的法律與規定。企業組織據此對員工有違法者進行淘汰。這項淘汰理由充分，應該是毫無爭議之處。

2. 違紀

員工違紀淘汰的依據是企業組織的「員工守則」。員工的行爲如觸犯了「員工守則」的條文，則企業組織可據此對員工進行淘汰。當然，「員工守則」所定的各項勞動紀律應符合國家相關法律的要求，並保證對每一位員工進行公開與公平的處置。

3. 違規

員工違規淘汰的依據，是部門的工作規範。員工如果未能按照單位的要求規範進行工作，則企業組織亦可據此對員工進行淘汰。

4. 不適任

員工不勝任現職而淘汰的依據，是相應的績效考核標準。員工的績效表現未達標準，則企業組織可據此對員工進行淘汰。

5. 裁員

企業組織進行裁員的依據，是企業組織的效益。如果企業組織效益欠佳，將會採取裁員措施。這項淘汰作業要慎重考慮是否有違反國家的法律以及雙方的勞動契約。

5 人力資源管理發展

1. 認識人力資源管理
2. 人力資源管理的發展
3. 人力資源管理的作業
4. 建立學習型的組織
5. 人力資源培訓多樣化

人力資源發展（Human Resource Development），簡稱HRD，是20世紀80年代興起的管理學概念，目的在提升組織人員品質的管理策略和活動，也是不斷隨著組織環境的發展而變化的一種管理模式。

一般而言，人力資源發展（HRD）比較重視個人的發展，是從個人內在出發，配合組織的外在發展。而人員管理或稱「人力資源管理」

（Human Resource Management）簡稱 HRM，比較強調外在組織的需要，人力的提升則是搭配運用。總之，HRD 強調：組織的成長是隨著員工個人能力的發展，讓人力人盡其才，才盡其用的管理優勢。這就是人力資源發展的關鍵目的。

一、認識人力資源管理

討論認識人力資源管理，將從以下兩方面進行：人力資源管理的本質以及人力資源管理的功能。

1. 人力資源管理的本質

HRD 的概念在上個世紀70 年代以後逐漸被管理界所重視。在一個組織中，各種人力、物力與財力資源，都各有其重要性，其中，人員更加顯得重要。人員成為現代社會和組織的策略性資源，具有兩種特殊的意義：

其一，HRD 來自於現代社會要求。它能夠滿足知識和資訊社會發展的需要。由於知識和資訊社會是永無止境的向前邁進，它需要 HRD 的助力。

其二，HRD 來自於人員所具有的動態功能。它在經濟和管理中具有主導作用和處於中心地位。

因此，人力資源發展所扮演的角色包括：開發、使用、操縱以及控制著其他資源，使其他資源得到合理與有效的開發以及適當的配置和利用。同時，它是唯一能夠發展創新作用的因素。整體而言，人員是一個組織系統的動力。正因為如此，維持與提升組織人力資源發展品質，就成為組織持續經營與發展的策略與活動。

2. 人力資源管理的功能

根據上述的本質定義，人力資源發展對於現代管理學的實踐，具有以下的基本功能：

（1）規劃性功能

HRD是一種規劃性活動（it is planed）。它涉及需求評估、目標設定、行動規劃以及執行效果評定等等的管理功能。這些功能反應人類的價值以及在管理活動中所扮演的重要角色。

（2）系統功能

HRD具有系統性的功能。它將組織人員的能力、人員的潛能以及人員的技術等，配合企業組織的結構、財力與物力資源以及管理過程緊密的結合在一起，發揮企業組織經營的最大效益。

（3）整合功能

HRD的對象是所有人員及整個企業組織的整體配合與運作。因此，突顯其整合性功能。同時，HRD的目標是改善人力資源發展品質和組織效能，以便整個企業組織能夠永續發展。

（4）解決功能

HRD是一種問題解決取向的活動，它應用若干學科的理論與方法，以解決人力及組織問題。它包括：員工之間、部門或單位之間的橫向問題以及管理各個層級之間所發生的縱向問題。

（5）學習功能

HRD的核心是學習，是組織成員學習新知識與技能行爲的持久性、不適當行爲的改變以及開創新的局面。這種學習，包括個人學習、組織學習、課程中的學習以及工作中的學習。更重要的，它是一種持續不斷的學習過程。

二、人力資源管理的發展

討論人力資源管理的發展，包括以下兩個項目：面臨新挑戰以及回應新需求。

1. 面臨新挑戰

人力資源發展的時代面臨新挑戰。HRD 自出現到發展，日益受到全世界重視，已經被全世界的政府、企業和各種組織作爲發展的新策略。主要原因在於這個時代的持續變化，特別是資訊科技的不斷發展。由於資訊逐步走向成熟的時代，HRD 面臨著新挑戰。

隨著各種形態資訊平台的誕生以及不斷地發展，資訊時代進入了轉型升級的新階段，各種全新概念的引入，各種創新產品的出現，都標誌著一個後資訊時代的到來。這種發展趨勢，強烈要求人力資源發展的配合，而且是一項不能迴避的挑戰。

2. 回應新需求

爲了回應後資訊時代的需求，人力資源發展主要面對以下的問題：

（1）知識社會

首先，知識社會的需求。美國未來學大師阿爾文．托夫勒（Alvin Toffler）（*Power Shift Knowledge , Wealth, and Violence at the Edge of the 21st Century*, by Alvin Toffler, 1991）認爲，就知識增長的速度而言，今天出生的小孩到大學畢業時，世界上的知識總量將增加4 倍。當這個小孩到50 歲時，知識總量將是他出生時的32 倍，而且全世界97% 的知識都是在他出生以後才研究出來的。

（2）科技革命

與此同時，科學與技術在這知識社會的前提下，特別顯示其威力和潛在力。科學和技術正在以驚人的速度向前躍進。科學發現與大規模地應用，這種新發現之間的時間間隔也在逐漸縮短。

回顧歷史紀錄，人類把照相術原理付諸實踐花了112 年的時間，而太陽能電池從發現到生產只相隔兩年。跟不上時代步伐的人力資源將落伍，這條規律不僅僅適用於企業組織的管理者，而且適用於一切部門的所有人員。在現代社會，每一個人都將面臨著：知識和技能的過時，大量未知的知識爲了適應新知識和技術的不斷更新，HRD 確實是管理界的關鍵課題。

三、人力資源管理的作業

討論人力資源管理作業，包括以下三個項目：人力投資、終身學習以及培訓制度化。

1. 人力投資

HRD 的作業，首先要從人員投資觀念的確立與人員開發投資的增強進行。人員是一種經濟性資源，它具有資本屬性，又與一般的資本不同。它作爲一種資本性資源，則與一般的物資資本有基本的共同之處。人力資本的共同屬性表現在：

──它是企業組織投資的結果。
──在一定時期，它能獲取利益回報。
──在使用過程中也有損耗或磨損。

人員同樣的，也具有這三種屬性。它是投資的產物，傳統的理論卻忽視了這一點，甚至錯誤地認爲它是自然形成的資源。事實上，人員確實是社會和個人投資的產物。人力資源發展品質完全取決於投資程度。一個人的能力固然與先天因素有關，但能力獲取的後天性是最主要的。一個人後天獲取能力的過程，便是接受培訓的過程。培訓就是一種投資。

2. 終身學習

HRD 要進行終身學習和培訓來確立其持續效益。在當今世界，知識、技能、價值觀變化的速度越來越快，學習已經不是人生某個階段的事情。在處於不斷變化的新資訊社會中，人們不能期望受到一次教育就一勞永逸了，現在沒有一種知識或技能可以終身受用。教育與培訓貫穿於人的一生過程，其目的和形式必須適應人在不同發展階段上的需求。

3. 培訓制度化

HRD也要確立培訓教育的制度化與法制化。在全球興起的「人力資本投資」和「終身教育」的現代人員開發觀念的影響下，培訓教育作爲社會發展策略的組成部分，正在被越來越多的企業組織納入法制化與制度化的作業。

四、建立學習型的組織

討論建立學習型組織的議題，主要包括以下兩個項目：學習型組織以及理念與現實。

1. 學習型組織

傳統上，人們大多將組織視爲一個工作場所、利潤生產中心或者控制管理的場所。在技術、知識、環境日益變化的今天，人們越來越感到傳統組織觀念的過時，而提倡學習型組織（Learning Organization）。美國《財富雜誌》（*Fortune Magazine*）認爲，在20世紀90年代乃至以後的21世紀，最成功的組織將是學習型組織或知識創造的公司（Knowledge Creating Companies）。

學者丹尼爾·托賓（Daniel R. Tobin）（*The Knowledge-Enabled Organization: Moving from "Training" to "Learning" to Meet Business Goals*, by Daniel R. Tobin, 1997）認爲學習型組織最大的特點在於：

—具有接受新觀念的開放性。
—具有鼓勵並提供學習與創新機會的文化。
—具有整體的組織目的與未來的目標。

綜合一些學者的觀點，學習型組織的基本特徵在於：

—學習意願強。
—強調效率與新知識傳播。

──願意學習組織環境外的新知識。

學習型組織反應了當今世界的組織與知識和技術變化的適應。換言之，學習型組織的觀念強調知識、科學、技術對組織的重要性，並倡導組織作爲知識創造中心的作用。

2. 理念與現實

在現實中，學習型組織已經成爲一種發展的現實，而非僅僅是一種理念。正如另一位著名的未來學者約翰．奈斯比特（John Naisbitt）（*Mind Set!: Eleven Ways to Change the Way You See-and Create-the Future*, by John Naisbitt, 2008）所指，當今，大學越來越更像是企業，而公司越來越像大學。

據美國卡內基教育基金會（Carnegie Education Foundation）在標題爲「公司課程：學習的企業」報告中所指出的：深深紮根於美國企業界，並在全世界廣爲採用的替代教育體系已經成熟並不斷在發展。報告中說，公司每年花在教育和培訓的錢約爲600億美元，這相當於全國學院和大學的費用。大約有800萬人在公司內學習，這一數字相當於高中註冊入學的人數。

五、人力資源培訓多樣化

HRD的培訓形式與方式越來越多樣化。在培訓方式上，本著學以致用的理念，按照實際需要施教，講求實效的原則，呈現以下的發展趨勢：

1. 自由化原則

HRD培訓在體制上，趨向於政策和法律集中化的控制，但是，在管理上則採取自由化原則。例如，美國大型企業改變集中化的培訓體系，將培訓權力分散於各個地區的部門。根據1983年美國訂定的「就業與培訓合作法」（ETCL），進一步將培訓權力下放給地方和企業自由作業，聯邦政府只有協調、指導和資助作用，使之更趨於符合市場要求、適應多樣化的培訓要求。

2. 多元化原則

HRD 培訓方式採取多元化作業。包括，特別培訓教育機構的培訓、委託培訓、自修培訓課程、職業訓練與就業輔導、研究員制度、業餘培訓、實習培訓、單位輪換以及工作擴大化等等。

3. 聯合培訓

聯合培訓是指企業界與教育界聯合作業。企業界與教育界共同對人力資源發展進行合作，供需雙方協調，在台灣以高職爲主所實施的「建教合作」正是個典型的例子；在大專院校實施的「在職專班」也是有效的合作方式。

※管理加油站※

企業內部跳槽

把自己最想做的工作做好，
把部門最想用的人才用好，
是企業管理的最高境界。

一、個案背景

有一天晚上，新力公司（SONY）董事長盛田昭夫（もりた あきお）按照慣例走進職工餐廳與職工一起用餐、聊天。他多年來一直保持著這個習慣，以培養員工的合作意識和與員工的良好關係。

這天，盛田昭夫忽然發現有一位年輕職工鬱鬱寡歡，滿腹心事，默默地吃著飯，誰也不理。於是，盛田昭夫就主動坐在這名員工對面，與他攀談。最後，這個員工終於開口了：「我畢業於東京大學，有一份待遇十分優厚的工作。進入新力公司之前，我非常崇拜新力公司。當時，我認為我進入新力公司，是我一生的最佳選擇。但是，現在我才發現，我不是在為新力公司工作，而是為科長工作。對我來說，這名課長就是『新力公司』。我十分洩氣，心灰意冷。這就是新力公司？這就是我的新力公司？我居然放棄了那麼優厚薪資的工作，來到這種地方！」

二、內部跳槽

這番話令董事長盛田昭夫十分震驚，他想，在公司內部員工中，有類似困擾的人恐怕不少，管理者應該關心他們的苦惱，瞭解他們的處境，不能阻礙他們的上進之路，於是興起了改革人事管理制度的想法。

在此事件之後，新力公司開始每週出版一次內部小報，刊登公司各部門的「求才廣告」，員工可以自由而秘密地前去應聘，他們的上司無權阻止。另外，新力公司原則上，每隔兩年就讓員工調換一次工作，特別是對於那些精力旺盛、幹勁十足的人才，不是讓他們被動地等待工作，而是主動地給他們施展才能的機會。在新力公司實行內部招聘制度以後，有能力的人才大多能找到自己較中意的部門單位，而且人力資源部門可以發現那些「流不住」人才的部門的問題。

三、管理迷思

我們可以諒解這位年輕員工的滿腹怨言，但是，盛田昭夫發展出的「內部徵才」策略卻是「小兵立大功」。這種「內部跳槽」式的人才流動，是要給人才創造一種可持續發展的機遇。

一個單位，如果真的要用人所長，就不要擔心職員們對工作單位挑三挑四。只要他們能做好，盡管讓他們去爭。爭的人越多，相信也做得越好。對那些沒有本事搶到自認為合適的工作單位，又做不好的剩餘員工，不妨讓他待職或離職，或者乾脆考慮外聘。這樣才能激發公司內部各層次人員的積極性。

當每個管理職工都朝著「把自己最想做的工作做好，把本部門最想用的人才用好」的目標努力時，企業人事管理的效益也就發揮到了極致。

問題討論

1. 人員管理的主要功能有哪兩項？
2. 人員管理具有哪三項特性？
3. 人員管理的優勢是什麼？
4. 運作人員管理策略時，要從哪五方面著手？
5. 人員管理模式的「系統管理」觀點認爲，人員管理模式是人員管理系統，而人員管理模式主要有哪三種？
6. 何謂權變理論管理模式？
7. 試述策略規模管理模式的規模與策略因素。
8. 行業人才管理模式的人才因素如何影響人才管理？
9. 生命週期管理模式，分爲哪兩個時期，請分別說明。
10. 人員招聘的依據有哪兩項？
11. 招聘中層「主管人員」時，管理學者法約爾（Henri Fayol）提出需具備哪十三種素質和能力？
12. 人員招聘的程序和方法，包括哪五項過程？
13. 人員培訓的原則是什麼？
14. 人員任用管理的五項基本原則是什麼？
15. 人員任用作業普遍通用的方式，有哪四種？
16. 企業組織要進行員工的淘汰，主要是建立在有效的員工淘汰機制基礎上，有哪三項原則？
17. 企業組織在進行員工淘汰時，主要可以參照哪些作業方式？
18. 人力資源管理的本質是什麼？
19. 人力資源管理的發展面臨什麼新挑戰？
20. 人力資本的共同屬性表現在哪三方面？
21. 學習型組織的基本特徵爲何？

第 7 章

領導管理

1. 認識領導管理
2. 成為領導者
3. 領導管理的工作
4. 領導管理的用權
5. 領導管理的授權

學習目標

1. 討論「認識領導管理」的五項主題

   包括：領導管理概述、領導管理性質、領導管理功能、領導管理過程以及領導管理技巧。

2. 討論「成為領導者」的兩項主題

   包括：誰是領導者？以及領導者的類型。

3. 討論「領導管理的工作」的四項主題

   包括：認識領導管理工作、領導管理工作原則、領導管理實務運作以及領導管理工作技巧。

4. 討論「領導管理的用權」的三項主題

   包括：權力的領導作用、運用權力的技巧以及善用領導的權力。

5. 討論「領導管理的授權」的三項主題

   包括：認識領導的授權、領導授權的功能以及領導授權的運作。

1 認識領導管理

1. 領導管理概述
2. 領導管理性質
3. 領導管理功能
4. 領導管理過程
5. 領導管理技巧

領導管理是六項管理功能的一種，基本上是指：領導者及其領導活動的簡稱。它有廣義和狹義之分，廣義的領導管理是指：整個領導和指揮活動，內容包括直接與間接兩個部分。廣義是指：管理者與被管理者面對面所進行的指揮活動；狹義是指：針對領導上所有的問題所進行的一切工作。

一、領導管理概述

認識領導管理，我們要從「領導是領導者及其領導活動」的前提下著手。領導者是組織中有影響力的人員，他們是組織中擁有合法職位，對各類管理活動具有決定權的主管人員。他們也可能是一些沒有確定職位的權威人士，例如：企業組織的大股東、政府部門的行政者。這些人士都在領導管理過程中，扮演了重要角色。

領導活動則是領導者運用權力或權威引導組織成員，以使組織成員與領導者一起去實現組織目標的過程。領導是管理的基本職能，它貫穿於管理活動的整個過程。當然，由於不同層次的領導者，所進行領導活動的範圍大小與領導工作項目的多寡有一定的關係。

此外，領導者與被領導者都是具有知識、理想、動機、態度以及情緒的「人物」（Human）。因此，除了「職權」是領導者的合法工作基礎外，

「人際關係」也是領導活動是否成功的關鍵。因此，在現代的管理學觀念裡，領導是一種技巧也是一種藝術。有一本好書有中文翻譯，值得參考：《怎樣做一位領袖》（*How to be a Leader by Communicating Your Ideas*，凱樂〔James Keller〕著；單國璽譯，第10版，1989光啓出版）。

二、領導管理性質

領導的性質主要包括兩個方面：

—自然性質領導。
—社會性質領導。

自然性質領導產生於社會整體活動的自然需要，然而，企業組織的領導工作則是社會性質取向的領導。

1. 自然性質

領導的自然性質產生於社會整體活動的自然需要。這是在傳統社會裡，由人們在社會集體實踐活動中的客觀規律所決定的。其標誌就是一致的意志和一定的權力。它是任何社會與時代的領袖人物所必須具有的共同的標誌。權力（包括有形與無形）是領導的重要標誌，權力和服從是領導者與被領導者關係的永恆性質。

2. 社會性質

領導不僅具有自然性質，更具有社會性質。領導者與被領導者之間的經濟關係（包括政治關係）貫穿著領導活動的全部過程之中，並規定著它們之間的從屬關係，這也就是領導的社會性質。組織規章就明確規定著它們之間的從屬關係。

3. 雙重性質

領導的雙重性質是指：同一領導活動的兩個面向。世界上，很難存在只有單一性質的優勢領導。在領導的雙重性質中，社會性質佔據著主導地位，決定並改變著領導的自然性質，使其發生某種形式上的變化。這是現代管理學上所指出的：在公司「優勢領導」之外，還有「相對領導」的工會領袖。它的產生是基於「生態平衡」的自然規律，也是一個領導雙重性質的例子。

三、領導管理功能

領導的功能是指：領導者在領導過程必須發揮的作用，也就是領導者在帶領、引導和鼓舞下屬爲實現組織目標而努力的過程中，所要發揮的功能，包括有：

——組織功能。
——激勵功能。
——控制功能。

1. 組織功能

組織功能是指：領導者爲實現組織目標，合理地配置組織中的人力、財力與物力，把組織的三要素構成一個整體的功能。組織功能是領導的首要功能，沒有領導者的組織過程，一個組織中的人力、財力、物力只可能是獨立分散的要素，難以形成有效的生產力，透過領導者的組織活動，它們之間的合理配置，構成一個有行動力的整體，才能去實現組織的目標。

2. 激勵功能

激勵功能是指：領導者在領導過程中，透過激勵方法激發屬下的積極性，使之能積極努力地實現組織目標的功能。實現組織的目標是領導者的根本任務。但是，完成這個任務不能僅靠領導者一個人親自動手。他應在組織的基礎上，透過激勵功能與作用，將全體員工的積極性激發起來，共同努力完成工作。

3. 控制功能

控制功能是指：在領導過程中，進行員工以及整個組織活動的支配功能。在實現組織的目標過程中，員工偶而出現「偏差」是不可避免的。這種現象的發生可能來自於不可預見的外部因素的影響，也可能來自於內部不合理的組織結構、規章制度、不合格管理人員的影響。糾正「偏差」現象，消除導致此現象的各種因素，也是領導的基本功能。

四、領導管理過程

領導管理的過程是領導者執行重要的工作之一。主要包括以下三個步驟：

——領導者的定位。
——領導團隊的配置。
——領導關係的運作。

1. 領導者的定位

領導者定位是領導管理過程的首要工作。它牽涉到領導者的屬性、領導的方式以及領導者與被領導者之間的關係等等，也關係著領導管理是否成功的關鍵。一般來說，這項定位是領導者根據自己的素質與態度決定的，包括以下三種領導者定位：

——職位取向：憑著自己職位的權力進行領導管理。
——專業取向：按照擁有的優越專業能力進行管理。
——人際取向：根據擁有的良好人際關係獲得支持。

2. 領導團隊的配置

領導團隊的合理配置也是領導管理過程的重要環節。由於大多數領導過程是領導團隊的合作行為，因此，要形成一個良好領導團隊，需要合理搭配領導成員，形成一種合理與有效率的組織結構。

3. 領導關係的運作

領導關係的運作是指：領導者如何透過與被領導者建立良好的團隊關係。這是領導者創造性地從事領導工作，對領導管理規律靈活與巧妙的運用，也是領導者良好人際經驗的反應。領導關係沒有現成固定模式，領導者應根據不同情況，靈活地運用領導關係。

五、領導管理技巧

領導管理的技巧（或稱藝術）是領導者是否能夠有效率進行管理工作的關鍵。這裡介紹幾種常見的領導技巧。

1. 凝聚技巧

凝聚技巧，也就是看領導者能否促進領導團隊的團結，增強全體成員的凝聚力。這就要求領導者要誠實待人，實事求是地解決和處理問題。並且善於耐心聽取不同意見，密切溝通，有較強的整體意識。

2. 激勵技巧

激勵技巧，也就是領導者充分利用各種因素、條件與方式以提高每位部屬的工作熱情。激勵技巧主要有獎勵技巧和批評技巧兩種。領導者應根據不同的對象與環境，採用不同的方式使受獎勵者能再接再厲，使受批評者能心悅誠服，並且化消極因素為積極因素。

3. 時間管理

領導者應該珍惜時間，合理地安排時間，以提高工作效率。其關鍵在於：辦事決斷乾脆，避免浪費時間在不重要或不必要的瑣碎事情上，例如，過多的會議、議而不決以及重複無必要的指示與訓話。

2 成為領導者

一、誰是領導者？

對於「誰是領導者？」這個問題，有一項標準答案：所謂領導者，是指：居於某一領導職位者，此人擁有領導職權，承擔領導責任以及執行領導職能。但是，在職權、責任、職能三者之中何者爲優先？以及三者之間的關係是什麼？例如，行政領導者可能傾向以職權爲前提，以便執行責任與職能；企業組織老闆會認爲領導者以職能爲目的，職權與責任則是達成目標的過程。那麼，大多數的利害關係者，包括：被領導者與消費者的看法又如何？

1. 領導者的定位

現代管理學的觀點是：職權是履行職責與行使職能的一種手段和條件。履行職責與行使職能是領導者的實質和核心。但是，領導者想要有效地行使領導職能，僅靠制度化的法定權力是遠遠不夠的，必須擁有令人信服和遵從的高度權威並以身作則，才能對下屬產生巨大的號召力、向心力以及潛移默化的影響力。

2. 權與能的統一

領導者的職務、權力與責任等三者的權與能統一，是領導者實現有效領導的必要條件。這個要件牽涉到以下四項要件：

第一，職務。它是領導者身份的標誌，並由此產生引導、率領、指揮、協調、監督以及教育等基本職能。

第二，權力。它是領導者履行領導職能所需要的法定權力，這項權力應該受到法律保障與法律的節制。

第三，責任。它是領導者行使權力所需要承擔的後果，這個責任除了具體的事項外，還要包括無形的社會責任。

第四，利害。它是領導者因工作的好壞獲得的獎勵或受到的懲處，這項利與害的關係必須受到公平與公正的監督。

總之，領導者的職務、權力、責任、利益的統一，表現爲具有職務的領導者必須要有相應的權力。有權力必須負起應有的責任，盡職與盡責的領導者應當受到適當的獎勵。反過來說，有職無權就無法履行領導責任，有權無責就會濫用權力，不盡職與不盡責都應該受到懲罰。此外，大多數的潛在利害關係者，包括被領導者與消費者的權益也要受到重視。

3. 領導者的工作

現代領導者在組織中扮演關鍵的角色，同時也擔負著重要的工作職責。其中，包括引導和服務兩方面的工作：

第一，領導者的引導工作是指：領導者有責任指導各項活動的進行和協調。

第二，領導者的服務工作是指：領導者有責任爲各項活動的進行，提供必要的幫助與支援。

引導工作和服務工作是相輔相成的，並且，服務工作發揮得越好，引導工作就越能有效地實現。對於作爲組織主管人員的領導者來說，權力和權威是實施領導的有效工具，領導者需要用自己所擁有的權力和權威進行適當的控制和指揮，在組織中發揮其影響力。

二、領導者的類型

在討論領導者的類型，要知道領導者可能是一群人而非一個人。領導者的類型，按不同的角度可劃分爲多種類型，包括：

第一，從制度權力的集中度，領導的類型可分爲集權式領導者和民主式領導者。

第二，從創新角度，領導的類型可分爲維持型領導者和創新型領導者。

1. 集權式領導者

所謂集權式領導者，就是把管理的制度權力相對牢固地進行控制的領導者。由於管理的制度權力是由多種權力的細節所構成，例如，獎勵權、強制權以及擁有收益的再分配權等。相對的，這對被領導者而言，受控制的程度較大。在整個組織內部資源的流動及其效率主要取決於集權領導者對管理制度的理解和運用。同時，個人專長和影響力是領導者行使上述制度權力成功與否的重要基礎。這種領導者把權力的獲取和利用看成是自我人生價值的實現。

顯然這種領導者的優勢在於，透過完全的行政命令，管理組織所付出成本，在其他條件不變的情況下，要低於在組織管理運作的其他方式。這對於組織在發展初期和組織面臨複雜突發狀況時，是比較有效的。但是，長期將下屬視爲可控制的工具，則不利於他們職業生涯的良性發展。

2. 民主式領導者

和集權式領導者形成鮮明對比的，是民主式領導者。這種領導者的特徵是向被領導者授權、鼓勵下屬的參與，並且主要依賴於其個人專業和人際關係來影響下屬。從管理學角度看，意味著這類的領導者透過對管理制度的權力分散，並透過激勵下屬滿足需要，去實現組織的目標。

不過，由於這種權力的分散性，使得組織內部資源的流動速度減緩，因爲權力的分散性一般會導致決策速度降低，進而增大了組織內部的資源配置成本。但是，這種領導者對組織帶來的好處也十分明顯，透過激勵下屬滿足需要，組織發展所需的知識，尤其是隱性知識，能夠充分地累積和發展，員工的能力結構也會大幅提高。因此，相對於集權式領導者，這種領導者更能爲組織培育未來發展所需的智力資本。

3. 維持型領導者

維持型領導者一般也稱爲事務型領導者（Transactional Leader）。這種領導者透過明確角色和任務要求，激勵下屬向著既定的目標活動，並且儘量考慮和滿足下屬的社會需要，透過協作活動提高下屬的生產率水準。他們對組織有條不紊地執行職責而引以爲自豪。這種領導者重視非人格的績效內容，例如：計畫、日程和預算，對組織有使命感，並且嚴格遵守組織的規範和價值觀。

4. 魅力型領導者

魅力型領導者具有鼓勵下屬超越他們的預期績效水準的能力。他們的影響力來自以下方面：

第一，魅力型領導者有能力陳述一種下屬可以識別的，富有想像力的未來遠景。

第二，魅力型領導者有能力打造出一種每個人都堅定不移的團隊向心力。

第三，魅力型領導者信任其下屬，因此，獲取他們充分的信任回報。

第四，魅力型領導者提升下屬對新結果的認識，激勵他們爲了部門或組織而超越自身的利益。

這種領導者不像事務型領導者那樣不擅長領導關係，而是善於創造一種變革的氣氛，熱衷於提出新奇的、富有洞察力的想法。並且還能用這樣的想法去刺激、激勵和推動其他人勤奮工作。此外，這種領導者對下屬有某種情感號召力，可以明確地擁護達成共識的觀念，有未來眼光，而且能就此和下屬溝通，激勵他們的工作方向。

5. 策略型領導者

策略型領導者的特徵，是用策略思維進行決策。策略，在本質上是一種動態的決策和計畫過程，追求的是長期目標，行動過程是以策略意圖爲指南，並以策略使命爲目標基礎。因此，策略型的基本特性，是行動的長期性、整體性和前瞻性。對策略領導者而言，是將領導的權力與全面激發組織的內外資源結合，實現組織長遠目標，把組織的價值活動進行動態調整。

在市場競爭中站穩的同時，積極做好準備，搶佔未來商機領域的制高點。策略領導者認爲，組織的資源由有形資源、無形資源和有目標地整合資源的能力構成。他們的焦點經常超越傳統的組織範圍。

策略領導行爲是指：有遠見、洞察、保持靈活性並向他人授權，以創造所必須的策略變革能力。策略類型領導是多功能的，並且涉及透過他人進行管理，包含整個企業的管理，並幫助組織處理競爭環境的變化。

管理人力資本的能力是策略領導者最重要的技能。能幹的策略領導者有能力創造知識資本的社會結構，能提出組織創新的思想。現代社會的競爭，將不止是產品之間或組織之間的競爭，更是組織管理人員的思維方式之間和管理框架之間的競爭。策略領導者行爲的有效性，取決於他們願意鼓舞人心，而且是務實的決策者。他們強調與同輩、上級和員工對於決策價值的回饋分享，講究面對面的溝通方式。

策略領導者一般是指：組織的高層管理人員，尤其是首席執行長（CEO）。其他策略領導者還包括：企業的董事會成員、高層管理團隊和各事業部的總經理。不管頭銜和組織的功能怎樣，策略領導者一般具有不作授權的決策責任。

3 領導管理的工作

1. 認識領導管理工作
2. 領導管理工作原則
3. 領導管理實務運作
4. 領導管理工作技巧

領導管理工作是指：對組織內個別成員和團隊成員的行爲，進行引導和施加影響的活動過程。主要目的在於使個人和團隊能夠自願的、有信心地爲實現組織的既定目標而努力。

領導者根據組織的目標和要求，在管理過程中學習和運用有關的理論和方法、溝通聯絡以及激勵等手段，對被領導管理者施加影響力，使之適應環境的變化，整合意志，整合行動，以便保證組織目標的實現。這就是所謂「領導管理工作」的關鍵。

一、認識領導管理工作

針對上述的定義，領導管理工作的作用主要表現在以下三方面：

—實現組織目標。
—加強部屬動機。
—目標間的整合。

1. 實現組織目標

實現組織目標的工作是指：領導管理者要更有效地實現組織目標。領導管理工作的作用，在於引導組織中全體人員有效地認識組織目標，使全體人員充滿信心，透過領導管理的工作進行，整合組織中各個部門、各級人員的各項活動。從而使全體人員步調一致工作，快速地實現組織目標。

2. 加強部屬動機

加強部屬動機的工作是指：領導管理者加強部屬的積極性動機。領導者透過領導管理工作，引導組織成員的專注力向著組織目標，並使他們具有信心與熱情地爲實現目標作出貢獻。換言之，領導管理工作的作用也就表現在加強組織中全體人員的積極性動機，使他們以持久的士氣和最大的努力，做出自己最大的貢獻。

3. 目標間的整合

目標間的整合工作是指：領導管理者有助於個人目標與組織目標的整合。領導者透過領導管理，幫助組織的成員明確化自己所處的地位，以及對組織所應承擔的義務，讓他們體會到個人與組織是緊密聯繫在一起的，從而自願地服從組織的目標工作。同時，領導者也要創造一種環境，在實際組織目標的前提下，並在條件許可範圍內，能夠滿足部屬個人與團隊的需求，使之對組織產生信賴和依靠的感情，從而爲加速實現組織目標而做出貢獻。

二、領導管理工作原則

領導管理工作必須在組織的制度與要求下進行。這是領導管理工作的原則。內容包括以下六項目：

—確定工作目標。
—目標的整合。
—命令的一致。
—直接的領導。
—溝通與聯絡。
—有效的激勵。

1. 確定工作目標

確定工作目標原則是指：領導管理工作應該能夠使全體人員明確理解組織的目標。因爲，目標越明確，則部屬的向心力就會越強，爲實現組織目標所作的貢獻就會越大。

2. 目標的整合

目標的整合原則是指：個人目標與組織目標能取得整合一致，部屬的行爲就會趨向彼此合作，從而爲實現組織目標的效率就會越高，效果也就會越好。

3. 命令的一致

命令的一致是指：主管在實現目標過程中，下達的各種命令越一致，個人在執行命令中發生的矛盾就越小，領導管理與被領導管理雙方對達成最終成果的責任感也就越大。

4. 直接的領導

直接領導原則是指：領導者與部屬的直接接觸越多，所能夠掌握的各種情況就會越準確，從而指揮與領導管理工作就會更加有效。因此，領導者要避免使用過多的間接領導，例如：傳話、公告與簡訊等。

5. 溝通與聯絡

溝通與聯絡原則是指：領導者與下屬之間，越是有效地、準確地以及適時地溝通與聯絡，整個組織就越會成爲一個完整的工作實體。

6. 有效的激勵

有效的激勵原則是指：領導者越是能夠瞭解下屬的要求和願望，並適當給予有效的激勵與支持，以便滿足部屬的需要，就越是能夠加強下屬的積極性，使之爲實現組織的目標作出更大的貢獻。

三、領導管理實務運作

領導管理工作實務運作的目的是，創造一種良好的環境，以便進行有效的領導工作。爲此，領導者應達到以下三個方面的作業：

──暢通溝通管道。
──指揮和引導措施。
──領導作風和方法。

1. 暢通溝通管道

有效的領導管理工作實務運作，需要暢通組織內外溝通聯絡的管道，其關鍵就是有效的資訊溝通，使組織活動整合起來。一方面，資訊溝通可以把組織內部中的各項管理工作聚合成一個整體；另一方面，領導者透過資訊交流，可以瞭解組織外部環境。資訊溝通使組織成爲一個開放的系統，並與外部環境相互發生作用。因此，從某種意義上講，組織就是一個資訊溝通網絡，領導者處在這個資訊網絡的中心，領導者對網絡的暢通肩負著重要的責任。

2. 指揮和引導措施

領導管理工作是運用適當的措施和方法，指揮和引導個人和團隊的行爲，以實現組織的目標。領導者應當明確知道，他們只有幫助組織中每個成員的需要得到最大程度的滿足，才能同時實現組織目標，而領導管理工作才是有效的。這就要求領導者瞭解並掌握有關的激勵理論和方法，並在領導管理的實際工作中隨機地加以運用。

3. 領導作風和方法

領導者良好的領導管理是要不斷改進和完善領導管理作風和領導管理方法。領導者的作風和方法，能夠鼓舞士氣。而領導管理作風和方法往往又和領導者所採取的激勵措施和方法相互聯絡。只有改進和完善領導管理作風和領導管理方法，領導管理工作才會有效，從而領導者的工作也會更加有效。

四、領導管理工作技巧

領導管理工作的技巧需要時間與經驗的累積，並無速成的方式。要做一名稱職勝任的管理者與領導者，具有雙重的任務，也就是，爲了有效的管理，需要扮演領導者的角色。領導者應該按照管理學的原則，在做人與做事的關鍵點上，提高個人的能力與素質，謀求進步發展。

1. 做人領導技巧

做人的領導技巧是指：要以誠相待，與人爲善，建立起與部屬的和諧關係。領導者如何做人，就工作環境而言，有三項重要的原則：

（1）與上級維持良好關係

通常所指的管理領導者是身處組織結構的中層管理者或者「副手」，需要取得上級的支持。這個關係，多數人都處理得比較好。比較難把握的是，如何當好一名稱職的副手。要注意當好副手的三個重要準則，更是管理領導者邁向更高境界的準則。

第一，工作目標要涵蓋整體，盡心盡力做好分內工作。這是當好副手的基本要求。

第二，做好分內的事情，守本分，避免擴權或者越權，這是當好副手需要把握的重點。

第三，要做到「三多三少」，就是：多出力、多思考、多含蓄，少出面、少獨斷、少出風頭。

（2）與同層級維持良好關係

與同層級維持良好關係是除了與上級維持良好關係之外的第二項做人與領導技巧的關鍵。與同層級維持良好關係的兩項工作如下：

第一，要與同層級互相支持，這是團隊建設的基本法則，要避免各自爲政問題的發生。

第二，要與同層級互相整合與配合。要從整體利益出發，主動整合，積極配合，形成整體的力量。

這兩項是合作共事的基本要求。因此，領導者團隊要互相理解與諒解，要彼此珍惜在一起共事的緣分，重視感情與風格。這是精誠團結的重要基礎，特別是在出現矛盾和問題時，一定要具有「同理心」。因爲一個單位領導管理同儕相互之間的信任、理解、友誼和諒解比什麼都重要。一個人能否成功，營造良好的工作環境是非常重要的，特別是要珍視與同級、相關部門以及友鄰單位的合作關係。

（3）正確對待部屬

這一點對每個領導管理者來說，都是比較難的課題。因爲，領導管理對部屬既有權力，也有義務，但是，更多的是責任，這是領導管理者的基本職責。最重要的是對部屬要尊重理解、關心愛護、平等待人以及熱情幫助。

其一，教育部屬：領導管理應具有培育的功能，關鍵是要看實際效果，教育部屬的時候，要有針對性、即時性以及有效性。

其二，容人與助人。堅持以人爲本，建設和諧團隊。作爲領導管理者，只有具備容人的胸懷與團結人的能力，才能帶領部屬克服困難，完成任務。

2. 做事領導技巧

做事要認眞負責，創造出優異的工作業績。作爲領導管理者就應該做到「權責相符」，否則就會既不負責任，又愧對領導管理的職責。一個領導者不管能力大小，只要眞正做到認眞負責，就是具備領導做事的基本條件。因爲，堅持做到認眞負責，既可使領導者的能力更大，也可彌補能力之不足。要做到認眞負責，具體來說，就是要把握以下三項技巧：

第一，把握領導的進取性。一個有作爲的領導管理者必定有強烈的進取意識。在任何時候，任何困難面前，稱職的領導者會始終保持奮發與積極向上的精神。可以說，進取性是一個領導管理者做好工作與帶好團隊必須具備的基本素養。

第二，把握領導的創造性。創造性地進行工作，是領導管理創新發展的基本要求。在管理界有一種不良現象：表面上的貫徹上級指示，以傳達代替貫徹，以會議代表落實，實際上是消極性怠工的現象。產生這個現象的原因，其一，是工作目標不明。應該對上級負責，實際在應付上級；其二，是創新意識不強。既不願做認眞周密的思考，又不願做艱苦的落實工作。要能夠把握領導的創造性，提出創新與可行的貫徹意見和措施，這樣工作才能取得實效，單位才有創新發展的可能性。

第三，把握領導的有效性。我們要樹立正確的績效觀念，把對上負責與對下負責、當前建設與長遠發展、發展速度與品質效益等等整合起來，把工作落實。衡量企業管理的一個重要指標，就是執行力，而執行力的強弱取決於領導管理做事的態度和作風。因此，透過做好每一件事，完成每一項任務，取得部屬的信任，從而就能增強自信，樹立威信，增強內部的凝聚力與行動力。

4 領導管理的用權

1. 權力的領導作用
2. 運用權力的技巧
3. 善用領導的權力

運用權力是領導管理者實施領導管理的基本條件。領導管理功能發揮的程度，主要取決於權力運用藝術水準的高低。許多傑出的企業組織領導者，無不重視其領導管理權力的有效運用。因此，探討如何正確有效地行使權力，是現代領導管理活動的重要課題。

一、權力的領導作用

在企業中，權力是一種特殊的組織關係，具有主觀性、心理性和道德性。權力是非強制性的，對於溝通領導管理者和下屬的關係具有重要作用。領導管理者的「權力」不同於「職權」，職權是以法律、紀律手段來維繫的；而權力的樹立主要是靠領導管理者的品德和能力，並依靠獲得下屬的信任來確立和維持。

眞正要實施高效率的領導管理與指揮，必須形成有效的權力。權力是領導管理者成就事業的基礎，沒有權力就談不上領導管理。領導管理者的權力具有以下三個功能：

1. 權力的合法化

領導管理者的「權力」既然不同於「職權」，它必須經過部屬心中的「合法化」過程。這種過程提供領導管理者發揮「管理藝術」的空間。因此，領導管理者必須先在部屬的心目中建立「威信」，使下屬人員對領導管理者的職務權力普遍承認和服從，否則，很難發揮眞正的領導管理權。

2. 權力的威信化

領導管理者的「權力」在部屬心中「合法化」後，必須讓它具有持久的「威信」，也就是一種威望，威信是領導管理者的自然影響力。威望不是天生就具有的，也不是上級給的，而是靠領導管理者自身的學識、膽識、才能和成就等個人因素綜合作用而形成的。面對有業績的領導管理者，下屬的敬佩、信賴和敬重是油然而生，服從其領導管理，無強制色彩，而是自覺與心甘情願。

3. 權力的效能化

領導管理者權力的「合法化」與「威信化」是一種過程，其終極目標是讓它產生「效能化」作用。效能是領導管理權力最活躍、最積極的一種功能，時刻都在影響著領導管理者的權力和威信。領導管理效能是領導管理權力是否具有生命力的標誌。1978年經濟學諾貝爾獎獲得者赫伯特．亞歷山大．西蒙（Herbert Alexander Simon）（*Management: Take Charge of Your Team*, by Alan Anderson, 2015）曾說：

> 效率的提高主要是依靠工作方法、領導管理技術和一些合理的規範，再加上領導管理藝術，但是要提高效能，必須有政策水準、策略眼光、卓越的見識和運籌能力。

二、運用權力的技巧

領導管理者如何使權力的使用效率最高、效果最好，這是運用權力技巧的藝術，同時，也是領導管理活動追求目標的四個重點：

1. 用權的意識

領導管理者要有效使用權力，首先，需要強化運用權力的意識。由於權力是一把「雙面利刃」，必要愼重使用。領導管理者要扮演好領導管理者的角色，學習正確的權力意識是必要的功課。它包括四個項目：

——必須眞正瞭解自己的領導管理職責。
——必須能夠把握領導管理整體。
——必須儘量排除不必要的工作。
——避免直接干預下級的工作。

2. 分層負責

領導管理者要有效使用權力，需要分層負責。分層負責是管理授權的一種法定方式，它能夠促成部屬工作的積極性。所謂分層負責，就是領導管理者授予直接被領導管理的各個屬下特定的權力，使其在領導管理者的指導和監督下，自主地對本職範圍內的工作進行決斷和處理。授權也應注意幾個原則：

——要確定「分層負責者」是適當的人選。
——要以確保領導管理的整體目標爲目的。
——確認是工作上的「分權」而不「棄權」。
——要掌握有效的控制方法，防止失控與失衡。

3. 明確職責

領導管理要有明確的職責概念，防止下級「越權」。領導管理工作的成敗，往往不是根據自己的能力，而在於領導管理者是否善於分配權力和集中權力。善於發現賢能而授之以權責，往往是領導成敗的關鍵。以下是明確職責的要件：

——明確分配與指定職責範圍。
——兼顧分層領導與分層管理。
——要主動爲下級提供支援。
——要主動爲下級排除困難。

4. 用心領導

領導管理者除了用權的原則與技巧之外，還要用心領導。它是正確地把握下級心理承受能力，切忌濫用權力。被領導管理者是領導管理權力作用的對象，能否接受和積極配合，是直接反應領導管理效果的關鍵。領導管理權力的運用，就是要保證被領導管理者的積極性得到最大程度的激發。

三、善用領導的權力

善用領導管理的權力是要建立在現代領導管理價值的基礎上。傳統的管理權力目標偏重於經營的「結果效力」(Effectiveness of Results),而現代觀念強調經營的「效益過程」(Benefit Process)。

1. 人本基礎

人本的領導管理是以人為本位與本體而實施的領導活動,它既是一種領導理念,也是一種領導藝術,更是企業組織和諧的核心要求。人本領導堅持把以人為本貫穿於領導活動的全部過程,肯定領導活動既是人的活動,更是為了人的活動,領導活動也只有依託人的主體性,才能富有成效。於是,領導方式以人為主的行為方式,是一個不斷發展的過程,目的就是要透過生產力和生產關係,提高人的素質、昇華人際關係、強化領導者、員工與組織關係。

2. 增加效益

在人本基礎上,善用領導管理權力將發揮有形效益與無形效益。有形效益是指:透過有效領導管理,可以用生產數量與營業金額指標增加表示的效益;無形效益則是指:組織凝聚向心力、工作動機以及團隊士氣等不能用貨幣或者數字指標表示的效益。對員工個人而言,有形的效益,主要是指獲得充裕的薪資,達成心理滿足效用。

3. 邊際效應

在管理學中領導邊際效應是指,領導在最小的成本的情況下,達到最大的管理效果。換言之,員工目前的生產績效與前一時期的生產績效比較。如果效用比起前一時期的效用大,則是邊際效用遞增,反之,則為邊際效用遞減。領導管理邊際效應的應用雖然不夠廣泛,還是值得重視。邊際效應是在前面所指的有形與無形效益的基礎上,發展更大的領導管理效果。

5 領導管理的授權

授權是指，組織的上級依法授予下級特定的權力和責任，使其在有限範圍內擁有指揮權以及有處理問題的自主權，從而提高組織績效的策略性工作。由於授權工作具有彈性的運作空間，也被管理實務界認為與用權一樣，也是一種藝術。這是領導管理工作者必修的一門功課。

一、認識領導的授權

權力雖然是企業組織的管理核心工具，然而由於結構性需要，必須組成適當的個人與團隊來執行，因此，產生了授權的行動。主要目的有三項：

——擴大組織領導的管理幅度。
——減少組織領導的管理層級。
——邁向現代組織的效率化發展。

所謂「管理幅度」是指：組織的一名上級領導者能直接有效領導下屬的可能人數。由於受領導者能力、經驗、知識、精力等各種條件的限制，一名領導者能夠實現有效領導的下級人數是有限的，超過一定的管理幅度，其領導的管理效率會受到影響。例如，由於管理幅度的限制導致了管理層級的增加，而組織層級的增加在組織的縱向結構上，是不利於整個組織的有效控制與協調。這一點，在現實管理實踐中可以得到有效證明。

傳統組織中大多採用的是官僚制組織型態，而這種嚴格遵循等級控制原則的官僚組織，實際運行中卻由於其管理幅度有限，組織層級增多，從而導致組織的控制、溝通以及協調性不良，大大降低了官僚制組織在這個複雜多變環境下的適應性。因而擴大管理幅度，減少組織層級，實現組織的現代化發展，是現代組織變革理論的核心概念，也是現實環境的實踐需要。

管理幅度的擴大在某種程度上取決於領導的授權程度。如果領導者善於把自己的管理權限充分地授予下屬，讓下級充分享有特定程度的自主權，則領導者本人需要處理的事情就相對減少，管理幅度自然就可擴大，組織層級亦可減少，從而有利於現代組織扁平化發展目標的實現。

二、領導授權的功能

在管理學中，領導者的授權具有以下兩項功能：分擔領導工作以及發揮部屬才智。

1. 分擔領導工作

管理學指出，有效的授權可以減輕上級領導者的工作負擔，以便確保其領導行爲的適當性和有效性。在傳統組織管理中的「事必躬親」的領導方式，已經完全不能適應這個時代的要求了。而在現代組織中，仍然不乏大小事親力而爲的領導現象，值得深思。

雖然，管理學並不否認許多領導者主動爲組織承擔責任的崇高理想，但是，事實上卻有許多因勞累過度而病倒在工作單位上的現象，確實反應了他們缺乏有效的領導授權觀念。管理者，可能出於對下屬能力的不信任，或出於極度權力欲望的偏好，或者出於事事爲組織著想。這樣做的直接後果，就是在領導應該重視的重大問題的決策事項上，不能發揮應有的作用，嚴重影響了領導行爲的科學性和有效性。

2. 發揮部屬才智

管理授權，一方面，分擔領導工作，另一方面，提供部屬成長機會，有利於發揮下屬的聰明才智，提高下屬的工作熱情，爲培養年青幹部奠定堅實的基礎。領導行爲的有效性有部分是取決於領導者對其下屬的激勵成功與否，實際上激勵的運用早已成爲現代管理的核心概念。

根據馬斯洛的需求層次理論，處於人的最高層次的需求爲「自我實現」需要，下屬長期處於領導者的機械命令支配下工作，會導致情緒低落，容易產生厭倦反應，引起上下級之間關係的僵化和緊張，不利於整個工作的進行。進行合理的領導授權，可以讓下屬在特定的約束機制下，充分發揮自身的潛力和主觀活動性，積極主動地完成某項工作，從而滿足自我實現的需要，在充分激發下屬工作熱情的同時，也使得上級領導者贏得了下屬的尊敬，改善了整個組織的工作環境。

再者，在現實工作中，由於上下級所處的具體工作環境之間的差異，導致上下級對於具體工作的資訊處於不對稱狀態。通常情況是下級對於具體工作的資訊掌握比較全面，而上級領導者則可能缺乏必要的瞭解，這樣有效的授權就能夠避免因上級領導者缺乏資訊而導致的工作失誤。同時，也充分發揮了下屬資訊掌握比較全面的優勢，有利於具體工作的順利完成。這一結果也可以鍛鍊下屬的工作能力，爲儲備青年幹部的培養奠定良好的基礎。

三、領導授權的運作

在現實工作上，爲克服障礙因素，正確把握好授權運作的原則，才能夠掌握授權的藝術技巧。

1. 適量的授權

適量的授權是指：依據適當條件情形，進行管理領導的授權工作。授權意味著上級領導者將自己一部分權力委託給下級去進行某一項具體的工作，從而在特定程度上，接受權力的下級就代表了上級領導者，甚至是整個組織的意志和行爲。下級能力的強弱將直接決定授權目標的實現與否。因此，授權的前提是，將接受權力的下屬的實際能力進行系統的考察，按照下級所確有的能力進行適度合理的授權，防止出現超出下屬能力範圍的過度授權。這將避免委託權力的不科學，或是給組織帶來負面損失。

合理授權的另一方面，就是要防止上級領導者的授權不足或空白授權，應當堅持「疑人不用，用人不疑」的原則，對具備實際能力的下屬充分予以信任，權力一旦釋出，就要充分信任下屬，放手讓他們大膽獨立的完成任務，並爲其提供方便以創造良好的環境。

2. 權力與責任

權力與責任，是指：兩者是授權的「一體的兩面」。授權的事項必須明確，要讓下屬清楚地知道他的工作是什麼、他有哪些職權、對工作的完成負有哪些責任、他必須做到什麼程度等等。權責統一是管理學中的重要原則，同樣在領導的授權中，權責明確也是一個重要原則。

在現實工作中，常常出現授責不授權的情況，只會導致下級的工作因缺乏必要的權力而難以進行，更多的情況是授予下級的權力過大而缺乏相應的責任約束。這樣作爲權力被委託對象的下級往往因爲缺乏必要的約束機制，可能脫離領導的控制，表現爲對權力的過度濫用，從而偏離授權目標。因此，授權必須堅持權責統一的原則，以必要的責任約束下屬的權力行使，使得整個授權行爲都圍繞著授權目標而進行，確保授權的有效性。

3. 適度的監控

適度的監控是指：在可以適度監控的範圍內進行授權。領導者適當地向下級授權以後，更應時時刻刻綜合觀察整體計畫進程，對可能出現偏離目標的局部現象進行協調，對被授權者實行必要的監督和控制。

上級領導者對於授權對象的下屬應建立有效的授權控制。首先，應當確保上下級之間溝通管道的暢通，上級領導者應當經常向下屬提供相關資訊，陳述決策內容，明確化授權含義，而下屬則應當經常向上級報告具體工作進程和工作計畫，明確化工作目標。

其次，對下屬進行有效授權控制，還應做到當下屬工作中發生偏差時，上級領導者應即時糾正並予以指導。當下屬工作出色時，也要即時予以表揚，以增強下屬的自信心。當然，對下屬的有效授權控制還應包括權力的回收問題，也就是，當下屬工作嚴重失誤時，上級領導者應立即收回權力或完全接手過來。另外，有效的授權控制離不開正常的績效考核制度、預算審計制度等規制的建立和運行。

4. 按級的授權

按級的授權是指：逐級授權，避免越級授權，嚴格按照等級制建立起來的組織制度來進行。也就是，上級領導者授權對象只應該且只能是自己的直接下屬，不能越級授權，且授予下級的權力應當在自己的職權範圍內，不能將自己所不具有的權力授予下級。因此，進行組織授權時應堅持逐級授權的原則，防止越級授權的出現。

總之，領導的授權是在長期的領導工作實踐中總結並累積發展起來的。管理學之所以用「藝術」的字眼加以詮釋，關鍵在於授權的靈活性，也就是，領導者在運用相關授權時，應根據特定的環境和條件，靈活運用各種方法和技巧，最終實現有效的授權。因此，每一個領導者都應在具體的工作實踐中，不斷地探索研究，將授權理論與領導實踐結合起來，融會貫通，靈活運用，才能取得理想的領導效果。

管理加油站

桃園機場大淹水

從危機處理的態度，
民眾可以看出
行政高層目標的高度。

一、個案背景

2016年6月2日一場驟雨引發桃園機場嚴重淹水，3萬多名旅客坐困孤島超過8小時，因而延誤的航班逾200次。國境大門成了「水上機場」，旅客大罵「丟臉丟到國外」！

桃園機場因周邊地區受鋒面影響，引發局部大雷雨長達2小時，創桃園機場史上紀錄，瞬間降下100毫米的驚人雨量，高速公路通往桃園機場的聯外地下道，因埔心溪水倒灌，水深達8公尺。大雨讓桃園機場地面一度停止作業，再加上位於大屯山的多向導航台VOR遭雷擊受損，桃園機場往北起飛航班大受影響，地勤作業也一度因雷雨暫停，飛機在滑行道上塞機。

二、危機管理

因為航班大亂，耽誤行程的旅客只能焦急等待，有的旅客從國道高速公路聯外道路進入機場，卻因淹水無法通行而急得跳腳，接班的航空公司員工也無法進入機場，上班遲到請假比比皆是，航空公司也怨聲載道。

由於桃園機場二航廈機電設備在地下室，大量雨水灌入地下室導致停電，報到櫃台電腦和冷氣、電車等機電設備停擺，旅客劃位、通關牛步化，行李也無法運送，雖然機場公司立即啓動備用發電機，但二航廈許多設備仍然無法運作。旅客下飛機後，領不到行李，上千人堵在行李提領處，有旅客氣得痛罵：「太離譜了！」

大量雨水瘋狂灌進桃園機場航廈內，美食街被滾滾黃水襲擊，一度水淹30公分高，到晚上都處於停電停水，現場狀況讓許多旅客驚呆不已，對於機場國門遇大雨就狀況百出，都覺得不可思議。有些準備離境的外籍旅客也說，在國外尤其歐美機場都沒碰過這種事，紛紛拿起手機拍照「留念」，讓國籍旅客汗顏，覺得簡直「丟臉丟到國外」。

桃園機場公司總經理費鴻鈞指出，桃園機場有2台大型抽水機，向桃園市政府等單位借調8台抽水機，不停抽水，航站南北路於下午6時抽完，恢復通行；第二航廈美食街積水也於下午5時抽完，由於美食街有很多東西需要清理，估計後天才能恢復營運。費鴻鈞表示，受到影響的是第二航廈，入境大廳行李輸送至晚上8時才逐漸恢復正常，有很多旅客沒拿到行李，航空公司會負責轉送。

行政院長林全對於國家門面淹水，非當不高興，除要求交通部全面深入檢討原因，因航班起降仍有很多延誤及第二航站停電，造成很多旅客不便，該晚大約9點左右，林全要求交通部長賀陳旦到機場處理，賀陳旦大約10點半左右抵達桃園機場，林全也指派副院長林錫耀明天一早到現場勘災。交通部長賀陳旦表示當務之急是讓機場運作恢復正常，行政責任會在日後處理，大家共同來面對，絕對不會逃避。

三、思考問題

1. 思考桃園機場大淹水事件中的人為疏失。
2. 思考機場供電設備在地下室防範不足的問題。
3. 思考國際機場危機處理作業平時演練的必要性。
4. 檢討機場危機事件主管處理角色與職責。
5. 檢討政府行政高層危機處理的態度與高度。

問題討論

1. 領導管理的自然性質是什麼？
2. 領導管理的社會性質是什麼？
3. 領導的功能是指哪三項？
4. 領導管理的過程是領導者執行的重要工作之一，主要包括哪三個步驟？
5. 領導者的職務、權力與責任等三者的權與能統一，是領導者實現有效領導的必要條件。這個要件牽涉到哪四項要件？
6. 領導者的類型有哪些？
7. 領導管理工作的作用主要表現在哪三方面？
8. 領導管理工作的原則是哪六個項目？
9. 做人的領導技巧是指什麼？
10. 做事的領導技巧是指什麼？
11. 領導管理者的權力具有哪三個功能？
12. 領導管理者要扮演好領導管理者的角色，學習正確的權力意識是必要的功課，它包括哪四個項目？
13. 何謂領導邊際效應？
14. 何謂領導的授權？
15. 在管理學中，領導者的授權具有哪兩項功能？
16. 何謂適量的授權？

第 8 章

協調管理

1. 認識協調管理
2. 協調管理的功能
3. 協調管理的方式
4. 協調管理的原則
5. 協調管理的運作

學習目標

1. 討論「認識協調管理」的四項主題

   包括：協調管理定義、協調管理要件、協調管理能力以及協調管理技巧。

2. 討論「協調管理的功能」的四項主題

   包括：管理必要職能、配置組織資源、激發工作動機以及解決管理問題。

3. 討論「協調管理的方式」的四項主題

   包括：溝通協調法、組織協調法、職務協調法以及機會協調法。

4. 討論「協調管理的原則」的五項主題

   包括：目標原則、整體原則、整合原則、公正原則以及自覺原則。

5. 討論「協調管理的運作」的五項主題

   包括：正式與非正式協調、對事與對人協調、內部與外部協調、合作與應變協調以及促進與糾正協調。

1 認識協調管理

1. 協調管理定義
2. 協調管理要件
3. 協調管理能力
4. 協調管理技巧

一、協調管理定義

早在1916年，法國著名管理學家與領導科學理論家亨利．法約爾（Henri Fayol）在其法文著作《工業管理與一般管理》（*Administration Industrielle et Générale*）書中，就曾將「協調」（Coordinating）作爲管理中的基本要素之一。隨後，協調在管理學上逐漸有比較完整的定義：配合在管理上的領導工作需要，在不同的意見中，進行有效的協調，以取得一致認同的結論。（《管理學百科全書》）

換言之，協調管理是指：面對管理工作中的問題，採取一些措施和辦法，使其所管理的組織內各個部門以及組織內外關係人員等的聯絡與溝通、交換意見相互配合，以便更有效率地實現管理目標的過程。由於與管理領導的密切因果關係，有管理學者把它納入領導管理的範疇。

協調是一種普遍的組織管理工作，只要存在著人群和組織，就存在著處理協調管理問題的需要。協調管理伴隨著管理行動而產生，是管理活動的根本內容之一，也是使組織發展的重要手段和措施。但是，隨著資訊科技發展，提供了多元化的新概念與新工具，協調管理工作者也必須進行學習，以便取得更大的工作成就。

二、協調管理要件

在認識協調管理的學習過程中，有下列四個基本要件需要釐清：

第一，協調管理者。管理者是協調主體，在協調中處於主動、中心的位置。由於其扮演關鍵性角色，對於協調的成敗結果，要負最大的責任。

第二，協調的對象。協調對象的範圍很廣，包括：組織部門與環境、組織內外關係人員以及組織各項職能活動等等。

第三，協調的策略與手段。協調手段是協調管理的中介和橋樑，包括：協調工作所採取的一系列物質的、非物質的以及法律的一切措施和方法。

第四，協調管理的目標。目標是協調管理想要達到的結果，也是協調管理的原動力。協調的根本目的，在於透過溝通協調提高組織的整體效能。

這四個要素只有合理搭配和結合，才能使協調管理順利進行，以便取得預期的結果。

三、協調管理能力

協調管理能力是指：管理者在協調指揮下應該具有的組織運作原則，熟悉並善於運用各種組織形式，能夠指揮自如以及有效的協調人力、物力與財力，以便獲得最佳效果。總之，協調管理能力包括：

──化解矛盾的能力。
──凝聚與整合的能力。
──改變消極因素為積極因素的能力。
──動員群眾、組織群眾，充分激發人的積極性的能力。

管理者的個人力量總是有限，要履行自己的職責，必須把組織人員的積極性激發起來，把潛能發揮出來，靠集體的力量處理管理問題。然而，協調能力是很現實的功夫。有的管理者雖具有業務能力，也有敬業精神，但卻缺少協調能力，需要在工作實踐中，不斷學習。

四、協調管理技巧

管理者的協調技巧主要由以下三項要素構成：

——人際溝通技巧。
——有效激勵技巧。
——良好人際交往技巧。

1. 人際溝通技巧

有效的人際溝通技巧是指：協調管理者在面對問題時，能夠透過語言或其他媒介向他人傳達資訊，以有效地使他人獲得理解，促進經營管理活動順利地進行。協調管理者在經營管理活動中必須即時向下屬、同儕人員、上級或其他人員傳達資訊。要使對方理解其資訊，促進雙方的協調必須進行有效溝通。

2. 有效激勵技巧

有效的員工激勵技巧是指：協調管理者要善於利用各種手段激勵員工，以激發員工的積極性、主動性和創造性。對此，協調管理者必須把握以下幾個方面：

——協調管理者對其下屬的不同需要和價值取向必須具有敏感性。
——協調管理者必須努力增加下屬員工對努力工作可以產生好績效的期望。
——協調管理者必須保證下屬員工能感覺到組織的公平對待。
——協調管理者要善於鼓勵下屬員工設立具體的、有挑戰性的以及具備現實合理性的績效目標。

3. 良好人際交往技巧

良好的人際交往技巧是指：協調管理者在人際交往中，以各種技能來建立良好的人際關係，也就是能夠善用人際關係作爲協調的技巧。如何與下屬或上司建立良好的工作關係，協調管理者的人際交往技巧是有效經營管理的前提。在人際交往技巧方面，協調管理所應具備的技能如下：

──積極傾聽。
──有效回饋。
──解決衝突。
──有效談判。

2 協調管理的功能

1. 管理必要職能
2. 配置組織資源
3. 激發工作動機
4. 解決管理問題

一、管理必要職能

協調是管理的一項基本職能。美國的哈羅德·孔茨（Harold Koontz）和西里爾威·奧唐奈（Cyril O'Donnell）合著的《管理原則：管理職能分析》（*Principles of Management: An Analysis of Managerial Functions*, by Harold Koontz & Cyril O'Donnell, 1972），他們認爲協調是管理的原則或本質（Principles）。

許多管理權威人士把協調看作是主管人員的一個獨立職能

（Functions）。然而，把它當作管理的本質看來更爲確切，因爲使個人的努力與所要取得的集體目標協調一致是管理的重要目的。主管人員的中心任務就是消除在方法上、時間上、力量上或利益上存在的分歧，使共同的目標與個人的目標協調起來。

被稱爲現代管理學之父的巴納德（Chester I. Barnard）第一本著作《經理人員的能力》（*The Functions of the Executive*, by Chester I. Barnard, 1925）則把協調提高到了組織系統要素之一，可見協調在管理活動中的重要性。他指出，經理（The Executive）最重要的職責：

──使大家互相交流思想。
──使大家在關鍵的地方一起努力。
──規定出確定的工作指標。

二、配置組織資源

協調管理可以合理配置組織資源，減少或避免各種可能發生的磨擦和矛盾。由於管理工作是一項極其複雜的活動，涉及許多方面的議題。因此，成功的協調，可以使管理活動的各種相關因素互補與配合，以便減少內耗和浪費、促進工作能力以及增加經營效益。

從「工作管理」的角度看，有效地進行協調工作，可以免除工作中的相互抵制與重複工時，使工作在時間與空間上的發展中，相互配合和彼此支持，減少衝突和磨擦，從而減少人力、物力、財力以及時間的浪費。同時，提高效率與增進效益。協調管理是除了解決問題之外，更能增進組織和人員團結和協的重要手段。

從「人力管理」的角度看，管理者在從事管理活動中，要與上級、同級、下級等人員發生多層次、多方位以及多面向的複雜關係。由於員工的知識水準、工作動機、性格、需求等的差異，必然產生種種矛盾和衝突。要把這些人員的工作動機整合在實現管理目標上，需要管理者進行工作協調。如此，才能夠把員工心理上、利益上、權力上的各種關係的矛盾調節好，彼此緊密團結，相互支持，爲實現組織目標做出更大的貢獻。

三、激發工作動機

協調管理可以充分激發人的工作動機。現代管理功能的共同特點表現在：從傳統的以「工作」爲中心，轉向以「工作者」爲中心，把管理科學和行爲科學結合起來，形成以人爲本的管理理論。

這種理論尤其注意研究組織理論與人力因素，更強調行爲動機、人際關係、管理行爲、團隊士氣及組織結構等。在管理活動中，人的因素是排第一位，各種工作實際上都是透過人的各種活動完成。因此，離開了人的因素，任何管理活動都無從談起。

1. 人際關係

在組織中的人際關係直接影響成員的工作動機。人際關係實際上是人與人之間的心理關係，員工在交往過程中，主要是運用思維與情感，並透過語言和行爲動作來表現。這種關係不是盲目自發形成，而是爲了達到一定的目的和滿足某種需要而進行。

2. 心靈溝通

在管理上，如果沒有心理交流與心靈溝通，就沒有人際關係。例如，一個人在工作上有好表現，而受到管理者的表揚或獎勵，這樣一來管理者滿意，同伴讚賞，本人高興，大家的心理活動就趨向一致及平衡發展。於是，管理者、同伴與本人三者之間的心理距離就容易靠近，三者之間的人際關係得到協調，員工的工作動機也會得到發揮。

3. 社會心理

從社會心理學的角度來看，協調也是人才成長的重要途徑。每個員工都需要一個和睦相處、相互支持、能夠施展自己抱負和才能的環境。如果員工之間相互猜疑，彼此防範，總是擔心自己說錯話或者做錯事，那麼其思維敏捷度和創造精神必然要受到壓抑，而要把精力耗損在防範他人，這樣的環境是不利於人才成長與發展。協調管理工作做好了，成員在心理上就會得到平衡，其聰明才智就能得到發揮。

四、解決管理問題

解決管理問題是協調工作的重要功能之一。我們要從以下二個議題進行討論：協調的重點以及協調的運作。

1. 協調的重點

協調管理的重點，主要討論議題有下列幾方面：

——可以防患於未然，及早解決可能演變爲危機問題。
——可以解決可能阻礙企業發展的問題。
——可以打通部門之間或管理者與部屬之間的目標不一致。
——可以整合工作方式的差異以及觀念的矛盾。

越來越多的企業用「問題協調管理」來指導日常管理工作。許多企業雖然制訂了管理制度，但是很難收到預期的效果。其實，不是企業制度目標的問題，而是制訂制度必須優先針對企業可能要面對的實際問題。企業組織管理的核心之一，就是問題協調管理，也就是運用持續不斷地提出問題的方法，進而循序漸進解決問題的管理模式。這就需要企業經營者建立一種機制，也就是把企業組織最重要的問題提出來加以解決。這個機制包括：

——提出問題的機制。
——研究問題的機制。
——解決問題的機制。

2. 協調的運作

協調管理的運作，當代管理學者整合企業組織實際操作經驗，提出以下三種以內部管理問題爲主的有效運作方式：

──危機管理。
──約束管理。
──事故管理。

第一項問題協調運作方式是在「危機管理」的前提下進行。這種方法的重點在於認爲：不論當前問題的大小與緩急，都具有潛在的管理危機，必須立即處理，加予排除，避免擴大。其優點，在於處理的時效性；其缺點，則是在某些問題可以經過時間冷卻而自動解決，卻浪費了管理資源。

第二項問題協調運作方式，是基於「約束管理」的概念進行。這種方法的重點是：內部管理問題通常屬於工作優先順序、工作方式以及管理態度等爭議，因此，管理者只要劃定一個範圍，讓大家在「眞理越辯越明」的前提下進行。其優點，在於節省管理資源；缺點，則是必須事先考慮清楚問題是否急迫性，否則可能誤事。

第三項問題協調運作方式，是從 IT（Information Technology）服務中的「事故管理」策略而來的。這種方法的重點在於把問題「個案化」，把每一項問題當作一項單獨個案問題處理。這個方式具有比「危機管理」與「約束管理」更具有優勢的作法，可以透過經驗累積，形成固定的 SOP 。缺點則是，可能過份簡化問題的複雜性與嚴重性。

3 協調管理的方式

1. 溝通協調法
2. 組織協調法
3. 職務協調法
4. 機會協調法

在管理工作的協調過程中，針對的對象以及權力大小的不同，協調管理的方法也有所不同。就當前的管理學概念而言，協調管理常用的協調方法有以下四種：

──溝通協調法。
──組織協調法。
──職務協調法。
──機會協調法。

一、溝通協調法

溝通協調法是指：透過以溝通爲主的手段或工具，解決管理上的問題。溝通協調法是最常被應用的方法，它包括以下三種：

──會議協商法。
──資訊溝通法。
──文書協調法。

1. 會議協商法

會議協商法是指：透過召開各種形式的會議來凝聚共識，協調各級部門以及各級人員之間的不同意見，建立和諧的關係，以達成共識，解決矛盾。會議協商有兩種形式：

（1）凝聚共識座談會

凝聚共識座談會通常是非正式的協調會議，進行多方與多次的溝通。主要內容是，透過上下級部門的溝通與平行部門之間的交流。針對組織各部門的規章制度、工作方法、執行措施和辦事程序，進行廣泛與深入的探討，以達到互通有無的目的。此外，座談會還可以使與會人員增進瞭解，減少矛盾，保證組織各項工作得以有序地進行。假使議題複雜的話，可以分組與分梯次進行，然後作出結論。座談會應該做紀錄，然後公布之。

（2）解決問題會議

解決問題會議是針對問題所進行的討論會議，尋求解決問題的可行方案。這是正式的會議，要依照會議程序進行。這類會議要求如下：

第一，開會前要做好調查研究，對可能出現的情況，制訂出相應的解決方法。

第二，會議要有充分的討論，討論要有結論以及討論的每件事情都必須即時處理。

第三，會議的主持人要獲得正式授權，以便具有相當的權威性，使協調工作能夠順利執行。

第四，會後要進行追蹤與檢查，防止所制訂的方案在執行中有偏差。

會議協商法是協調管理的一種有效方式，它可以提高協調工作的效率，避免不必要的浪費。但是，這種方法在執行上，容易產生相互推委的現象，無法使問題徹底解決。所以會議的主持者必須注意多方面的意見，認眞引導，取得分工合作的共識。

2. 資訊溝通法

資訊溝通法是指：透過各種方式的資訊交流，促使組織有關各部門及全體成員瞭解問題的事實眞相，互相信任，最終取得合作的協調方法。在瞬息萬變的資訊社會，依靠資訊進行組織管理已成爲現代組織的重要工具。如果組織內部資訊管道不暢通，會造成組織各個成員缺乏必要的溝通，各個部門也無法把握工作目標的進展情況，從而使整個組織陷入資訊失靈、管理失控和效率不好的局面。

現在的許多組織已經建立了許多的資訊系統，運用資訊交流的方法來進行協調管理工作。協調管理的實踐證明，透過資訊溝通，不但可以使組織內部分工合理，協調一致，而且也使整個組織目標明確，指揮行動有序，效率提高。運用資訊溝通法要注意，避免有心人士透過網路資訊散播不實的消息。

3. 文書協調法

文書協調法是透過各種方式，發佈各種政策性、制度性文書等，來規範各部門的行爲。文書協調要注意，管理協調部門要嚴格把關發文程序。有時候牽涉到有關幾個部門的問題時，應避免不與有關部門協商便單獨發文，以免結果造成工作失誤和其他部門的不滿。

二、組織協調法

組織協調法不同於會議協商法，是以整合組織結構的概念，進行協調管理。前者，是以議事爲前提。組織協調法主要包括：

——整體平衡法。
——統一概念法。

1. 整體平衡法

在功能複雜與規模龐大的現代企業組織中，協調管理的關鍵在於：整合管理者與員工個人的角色，然後透過協調，取得組織整體的平衡。在組織層級複雜，專業分工細密以及業務幅度廣大的情況下，惟有透過整體平衡的協調方法，才能使組織各部門之間以及各層級人員之間，維持穩定合理的狀態，促使組織持續健康與和諧地發展。整體平衡的協調方法主要處理包括：

──組織外部環境與內部有效管理的平衡。

──組織管理幅度與管理層級的平衡。

──組織的部門改革與整體發展的平衡。

──組織各部門職權、責任與利益的平衡。

──組織的管理部門與生產部門的平衡。

組織的整體平衡是一種不斷調整的動態平衡。協調管理者具有整體觀念和清晰的思維能力，能夠在複雜的社會條件下，排除障礙性因素，處理好組織與外部環境之間以及組織內各部門之間的關係，以加強組織多部門、多方向的協作，使組織在動態的平衡中實現預定目標。

2. 統一概念法

統一概念法的協調管理，是整體平衡法的加強版或者進階方法。由於組織各個部門的組成人員對組織經營管理目標與操作的理解不一致與差異，將不可避免地反應到各自的管理工作上。然而，在整體平衡法的協調難以取得效果，導致成員之間依然在行動上相互脫節，而危害組織整體利益時，爲了保證組織整體目標的實現，需要透過細緻的「概念教育」工作。於是，管理者運用說明、解釋以及引導等多種溝通方法來取得認知與共識，達到充分整合概念與目標。

現代企業組織的管理者，既要擔負宏觀管理的體制維護，又要面臨內部機制的不斷變革。特別是現代化組織制度的建立，新舊體制的衝突，不斷挑戰著管理者的應變能力與員工的適應性，導致差異產生的概念問題需要即時處理。總之，統一概念法是隨機性與持續性的協調管理工作。因此，只有隨時做好組織成員的概念整合工作，協調好各個部門以及各成員之間的關係，才能保證組織順利轉型與發展。

三、職務協調法

職務協調法是指：透過以責任配置爲前提，運用適當的方式進行協調管理。職務協調法包括以下兩種方式：

——分工負責法。
——強制協調法。

1. 分工負責法

分工負責法是指：針對問題，按照個人職務的責任大小，合理分工，明確規定組織各職能部門或者各個成員的職責範圍。將其職權和責任相當，使成員各盡其職，各負其責，從而防止在分工合作上的推諉與重複現象的發生。可以在出現矛盾和衝突時，有明確的規章制度可以遵循，並能夠以此爲根據迅速加以解決。

在協調管理中，針對各部門之間出現的矛盾，必須實事求是地進行調查，使有關單位明確分工和責任，做好自己份內的工作，以保證組織整體目標的實現。組織各部門因爲分工而單獨運作，雖然責任有明確規定，如果出現問題時，仍然需要有關單位共同合作予以解決。

2. 強制協調法

強制協調適用於有直接隸屬關係的協調。這種協調是必須堅決依規定執行，沒有討價還價的餘地。強制協調法這種以領導指示或上級發文形式的協調方式，直接反應了領導機關和領導的意志，具有權威性。採用這種協調方式，直接有效，便於處理緊急情況，是其他協調方式無效後的一種補救方式。

四、機會協調法

機會協調法強調，在管理問題出現時，或有問題的徵兆時，隨時把握機會，進行處理。機會協調法的優點，在於具有高度的機動性。操作的方式包括：

——隨機協調法。

——中介協調法。

1. 隨機協調法

有些企業組織，由於發生的問題本身的不確定性，不能要求有一種固定不變的協調方法處理，而要根據不同的情況，臨時採用不同的方法處理，因此產生了「隨機協調法」。隨機協調具有隨機的靈活性，這項特性使得隨機協調最適合於處理複雜性質高的管理問題。

在管理學實務上，隨機協調有著廣泛的應用。隨機協調大致分爲以下兩種運作方法：

第一，轉化法。它是透過隨機協調，將不確定的問題分類，並轉化爲各自的確定性問題。然後，利用已有的確定性協調方法解決處理。

第二，模擬法。它是利用隨機模擬技術，透過角色扮演，取得最接近隨機協調問題的類型。然後，利用已有的確定性協調方法解決處理。

2. 中介協調法

中介協調法是對於牽涉較少，不太複雜問題的協調方法。採用這種方法，協調管理者不必直接介入，而是以中介人的身份撮合有關部門，使之瞭解問題的性質、上級的要求以及解決問題的過程。至於具體問題，則由有關方面自行協商解決。

4 協調管理的原則

1. 目標原則
2. 整體原則
3. 整合原則
4. 公正原則
5. 自覺原則

協調管理原則是進行實務協調操作的前提。它對各級協調管理的各類行爲進行規範，並以此爲管理活動規律的基礎。它也是協調管理行爲的準則和尺度，對各種協調管理行爲都具有重要的指導作用。協調管理原則包括以下五個項目：

——目標原則。
——整體原則。
——整合原則。
——公正原則。
——自覺原則。

一、目標原則

目標原則是協調管理的首要原則，也是協調管理的實質關鍵所在。目標原則的主要內容是：要求管理者在協調中，必須要有明確目標，協調管理行爲隨後一定要針對這項組織目標進行，並與組織目標保持一致。

1978 年諾貝爾經濟學獎得主西蒙（Herbert A. Simon）在《決策和行政組織》（*Administrative Behavior: A Study of Decision-Making Processes in Administrative*, by Herbert A. Simon, 1976）分析組織衝突的原因時，曾指出兩項關鍵：

第一，由於組織分工而成立了許多不同的功能單位，這些單位都想擴充其職權，增加經費和人員，各自強調自身工作的重要性，都要「以我為核心」。在這種情況下，各單位之間就容易產生分歧和衝突，偏離了組織的總體目標。

第二，由於組織成員的背景差異，在發生互動行為時，常因價值觀念以及對事情看法的角度不同，而發生分歧和衝突。他們的利益與價值觀的分歧，最終也表現在各自所追求目標的分歧上。

從西蒙的分析看，組織所有分歧和衝突都最後表現在目標的不一致上。所以，協調管理行為必須以組織目標的確定為前提。只有確定了協調的目標，才能自覺地、有秩序地進行協調工作，使協調行為成為整個管理活動的關鍵部分。因此，在確定協調目標時，應注意三個問題：

1. 確認協調對象

協調的目標原則，要求管理者對協調對象有正確的認知。確認協調對象包括：

—對協調的各單位情況、原因以及意見差異的掌握和瞭解。
—如果不協調的話，對管理目標的實際影響以及可能發生的潛在影響。

因此，只有建立在對協調對象各種情況正確認識基礎上，進行協調，才能解決問題。

2. 確認協調效益

在確認協調對象之後，還要注意協調的整體效益。因此，要注意個別進行的協調目標是否與組織的整體目標一致，防止各自為政。此外，在確定協調效益時，應注意其時效性，確定不是短暫的效益。同時，也要認清是否具有負面作用。

3. 適度協調目標

最後，在設定目標原則時，要注意它是一個確實可行的協調目標。協調目標過高，不易達成。因此，既要避免不解決問題，也要避免企圖短時間什麼問題都解決，這就需要不斷地進行目標的協調，以及適度的調整目標。

二、整體原則

整體兼顧是企業組織發展與永續經營的前提，也是管理者協調時必須遵守的必要原則。協調管理中的整體原則的主要內容或基本要求，可以概括爲下面四點：

1. 局部整合

協調管理必須從整體效益出發，正確處理整體與局部以及宏觀與微觀關係。它們之間是相互依存和彼此制約的。整體效益制約著局部效益的提高和發揮。局部效益好，也能使整體效益提高。管理者要全面考慮，作整體安排。因此，無論是整體的管理者還是局部的管理者，都要從整體效益出發，這是整體原則的首要重點。

2. 掌握重點

整體原則也要求管理者在工作中掌握重點。任何管理工作都有關鍵重點，但是，不能代替其他部分，重點掌握好，只能帶動其他部分。所以，對工作中的重點與非重點不能任意處置，必須協調好這二者的關係。

3. 時效整合

整體原則還要求管理者在工作中，正確處理當前與長遠事務的關係。任何管理工作都必須從當前事務做起。但是，眼前利益必須爲長遠策略服務，管理者要協調好這兩方面的關係。

4. 利益衝突

利益衝突關係是管理者在處理各種關係中最敏感的關係。由於人們觀念背景差異，價値觀念不同等原因，在利益關係中會發生分歧和衝突。其中，牽涉到各種利益的衝突。如果違反長遠利益而追求暫時利益，勢必造成人員之間、組織與組織之間以及上下級之間，出現分裂和衝突。因此，要激發個別員工的積極性，管理者要按照個別與整體兼顧的原則，正確協調好各種利益關係。

三、整合原則

管理者在協調工作中要遵循整合原則，研究和探索協調對象之間的一致性，以此作爲協調的基礎。沒有一致性和共同點的事物是不能和諧共處於組織團隊。「歸屬感」才能夠使不同的個人凝聚在一起，使他們相互配合，支持和聯絡，成爲整體運作的基礎。

整合原則中的「歸屬感」是具體的，包括：具體時間、地點、條件下的彼此認同。這就需要具體地分析，以整合存異爲前提。工作中的不一致、不和諧、直至衝突都是「差異」的表現形式，管理者要找出其「差異」的根源，發現並協調它們的關鍵點，從而使不協調變爲協調，這就是整合存異工作。

四、公正原則

公正原則是管理者協調人際關係的一個基本原則。它是公正待人處事，也是管理者職業道德的重要內容。但是，由於受到各種主客觀條件的限制，管理者往往會偏離公正的軌道。管理者要深入實際進行研究，避免導致不公正的各種條件和因素，建立民主的人際關係。

管理要保持公正原則，公正與公平不同，前者，是指「需求質」的分配；後者，則是指「平均量」的分配。在現實中要做到以下幾點：

1. 公正意識

管理者要建立起正確的公正意識，以公平態度處理各項事務。首先，要眞正代表大多數人的利益。管理者無論辦理任何事情都不能從個人私利、偏好、情感出發，否則將失去管理者的角色。其次，要遵守組織團隊的公共原則，這是管理者協調各方的規範依據。

2. 公正能力

在現實工作生活中，主要表現在協調人際關係上，特別是指：在正確處理對自己親近者、疏遠者、擁護者和有意見者，甚至是反對自己的人的關係。要正確協調好這些關係，管理者就要在升遷、任用、調薪、批評、表揚、獎懲、福利等問題上，對親近者、擁護者不護短、不偏袒，更不能假公濟私；對疏遠者，甚至是有意見者，反對者不排斥、不壓制，更不能乘機打擊報復。

3. 公正魄力

由於現實工作生活很複雜，實行公正並不完全被人所理解，甚至還要承受多方的壓力，尤其是平常人際關係所帶來的壓力。所以，還需要管理者具有公正的勇氣和魄力，正確對待職位和職權，清除等級觀念和特權思想，敢於衝破平常的人際關係。

五、自覺原則

協調管理中的自覺性原則，或稱自動原則。主要包括三方面內容：

──協調管理必須在管理者與被協調對象雙方發自內心的需要和自願的基礎上進行。
──協調管理者必須認識和把握協調規律，有計畫有目的進行協調。
──協調者必須瞭解管理問題的動態性，協調工作也必須以此爲前提來進行。

協調管理工作只有管理者的自覺性，而沒有被協調者的自覺性，還是難以處理好。協調管理是一種雙向互動行爲，管理者的協調行爲沒有響應者，就產生不了共鳴，因爲協調管理根本解決不了被協調者之間的分歧，必須由被協調者自己來解決。

如果被協調者不自覺，協調就成了外在強加的，即使被協調者暫時同意管理者的意見，達成的協調也是不鞏固，不可靠。因此，在協調管理中，激發被協調者自覺性也是至關重要。被協調者自覺性，主要表現是要有解決衝突的強烈願望、主動承擔責任和不推卸職責、尊重事實和服從眞理以及顧全大局和忍辱負重等等。

5 協調管理的運作

1. 正式與非正式協調
2. 對事與對人協調
3. 內部與外部協調
4. 合作與應變協調
5. 促進與糾正協調

協調管理是一項問題複雜、範圍又廣闊的工作，在實際運作之前，先要釐清一些操作的概念與方式，然後才能夠依據這些前提，進行有效的協調工作。因此，協調管理運作之前，要先確定這項協調的取向是：概念性或者利害性。概念性協調前提，通常依據問題的概念性質以及協調對象對概念問題的瞭解程度，例如，比較抽象的工作態度問題，適合基本教育水準中上程度者；利害性協調前提，則比較適合牽涉到獎懲問題，例如，工作績效，它與教育水準無關。

在協調管理執行過程中，由於各個問題的性質差異，被協調對象或團隊的知識水準、能力結構、心理素質以及價值觀念等的不同，對於同樣協調管理目標，可能產生不同角度與不同程度的理解，若要透過固定的概念、態度與方式，很難取得同等的效果。

概念性協調的成效主要取決於合情合理的講解敘述、耐心細緻的教育和循循善誘的協調。利害性協調管理，主要是處理「利益」與「損失」兩項後果。它必須正確處理可能牽涉到的個人利益、團隊利益或者組織利益三者的關係。

一、正式與非正式協調

協調管理運作，首先要確定透過「正式」或「非正式」的協調途徑。正式協調是經常使用的協調方式，可以具體透過座談會、討論會、彙報會等形式進行。正式協調應該讓與協調管理行為有關的組織及其人員共同參加。正式協調可顧及各方面的權利和利益，具有防止獨斷專行的功能。正式協調圍繞特定的協調管理主題，面對面地反覆進行溝通，開拓思維視野，具有集思廣益的功能。正式性協調的有關資料包括：

——討論的計畫要點。
——提出問題的內容。
——提出問題的方式。
——協調討論的程序。
——協調討論的範圍。

非正式性的協調方式很多，可以因人與因事制宜進行。非正式性協調可以透過人員的個別或者小組交談進行，然後凝聚對問題的認識以及解決問題方法的共識。另外，也可以透過由有關人員在簽呈文件上共同簽字，以表示瞭解與認同的方式進行。

二、對事與對人協調

從協調的對象上看，可以將協調管理運作劃分爲對事的協調與對人的協調。協調管理活動總體上屬於執行性的活動，目的是事與事之間，人與人之間的問題能得到合理的處理，或者，人與事兩者之間的協調運作。因此，必須明確化各項事務或者人員在執行協調體系中的地位和作用。

因此，不論是「對事」或者「對人」爲主要對象的協調，必須對協調管理執行進行周密的部署，區分事務的輕重緩急。然後，正確協調好下列工作：

—關鍵工作與非關鍵工作。
—規範性工作與創意性工作。
—上級交辦工作與本單位計畫的工作。
—相鄰單位的工作與本單位工作。

確定上列項目的關係，以便能夠保證協調管理事務有條不紊，和諧有序地進行。此外，要記住：人是協調管理行爲的主體，雖然是以公務問題爲主，協調管理自然也會突顯人的角色。組織與組織，個人與組織之間的關係，也需要透過人際之間的溝通加以重視。人際關係的協調，必須以符合組織的根本利益爲原則。

三、內部與外部協調

協調管理運作，也要確定其範圍是以「內部」或者「外部」爲主。從協調的範圍看，協調管理有內部協調與外部協調之分。

1. 內部協調

內部協調是指：協調管理組織自身的協調。以協調管理組織之間的協調爲例，作爲實現協調管理管理的工具，協調管理組織是一個日益複雜的系統，需要有機動性地進行協調，既要遵從上級指揮的原則，又要盡可能地發揮下級的積極性和主動性，在集權與分權之間，尋找一個最佳折衷點，而這就需要進行協調。

2. 外部協調

外部協調是指：協調管理組織與社會環境與消費者的關係，也牽涉到組織與其他組織與人員的關係。外部協調的範圍十分廣泛，從廣義上說，外部協調實際上，就是協調組織與消費者（包括合作關係的廠商）發生問題的工作。

四、合作與應變協調

從協調的方式上看，可以將協調分爲合作式協調與應變式協調。組織的單位管轄若干個職能部門，每個職能部門都有明確的單位職責，但是，這種職能分工並非各自爲政，而是各職能部門服從於整體的協調管理目標。此時，「應變」式的隨機協調，就被派上用場。

由於許多協調管理行爲存在於各個部門相互關聯的區間，帶有綜合性質，也就是，若以一個同級職能部門爲主的協調管理行爲，也會引起其他部門的連鎖反應。這些協調管理行爲，不僅需要橫向層級的溝通，而且講求縱向的彼此溝通。因此，不論是透過「合作」或「應變」的方式，需要多個部門的共同合作，要機動性地進行協調。

第一，在具體的協調管理決策過程中，有可能某些決策先天不足，但是，在決策範圍內又無法驗證自身缺陷，一旦付諸實施，就會顯現出不合理。

第二，也有一些決策原本是正確的，但是，由於組織經營的內外在環境發生了變化，爲了適應組織發展規律的要求，協調管理決策必須相應地進行調整修正，必須進行應變性協調。這種協調還必須積極去調查研究，發現問題，進行調整的主動性協調。

第三，或者遇到矛盾問題，由下級反應上來而要求進行處理的被動性協調。這項要求通常包括處理單位內員工之間的問題，合作關係部門之間的人事問題等。

五、促進與糾正協調

協調管理運作，最後，還要確定以「促進」或「糾正」作爲協調結果的處置方式。從協調結果的性質看，可以將協調分爲「促進式協調」與「糾正式協調」。

1. 促進式協調

在協調管理執行中，由於某些部門或個人績效特別優異，導致在執行進展上，領先其他部門或個人，這種不平衡代表著事物向前發展的方向正確。這時，領導的協調就必須明確地支持領先者，積極地採取各種方式、手段來鞭策落後者，透過積極的促進，來達到新的平衡。

2. 糾正式協調

「糾正」則是針對本位主義以及態度不佳導致工作績效落後的個人或單位的處置方式。這種協調方式通常是在促進協調無效之後採取的手段。但是，協調者不能爲了強調績效平衡而用錯方法。在協調管理執行過程中，某些工作績效落後的被協調的部門或個人會以自身的利益來考慮問題，而破壞整體利益，給整體工作造成損失。對此，管理者的協調就必須做到是非分明，徹底消除這些破壞性的消極態度者，透過嚴肅的糾正來維護正常的秩序，絕不能沒有原則地調和矛盾，或是姑息遷就。

☼管理加油站☼

台灣815大停電

爲何發生了

不該發生的事情？

——事件的偶然是管理的必然——

一、個案背景

2017年8月15日因中油操作氣閥失誤，導致供應台電大潭電廠六部機組的天然氣供應中斷，六部機組全部跳機，造成全台灣多處停電、跳電，影響户數高達668萬户。

中油公司董事長陳金德次日舉行記者會説，事件主因是儀表設備商在中油大潭電廠計量站控制室更換兩顆控制系統電源供應器時，事前未將自動模式轉換為手動，導致電腦自動控制系統發出異常訊號將電動閥關閉。

二、管理觀點

針對此次台灣大停電，蔡英文總統代表執政團隊向全民致歉。她說，經過相關單位積極應變，全國電力供應恢復正常。不論事故原因是什麼，藉著這次機會，她要代表執政團隊，對這次停電，對所有國人帶來不便和不安，致上執政團隊的歉意，這樣的狀況不該發生。

蔡總統説，在這次的事故當中，她相信國人都注意到電力供應不只是民生問題，更是國家安全的問題。台灣不久之前因為颱風吹倒了一座電塔，讓電力無法正常輸配；這次則因天然氣輸氣設備的操作失當及失誤，就讓整個電廠無法運作，全國緊急輪流供電。台灣所面臨的問題，在於電力系統脆弱，現在會因為天災或人為疏失就輕易癱瘓的電力系統，才是應該全面檢討的問題核心。

「為什麼我們的供電系統會因為人為操作疏失，就造成這麼大的損害？這個系統無論在系統的設計或管理的專業上，都明顯地過於脆弱，而且經過了這麼多年，也沒有採取強化的積極作為。如果我們再不正確的面對問題，國家終將處於高度的系統性風險之中。」蔡總統說，她已經請行政部門，務必在最短時間內給全體國民一個清楚的報告。此外，為了避免類似情形再度發生，蔡總統宣示，確保關鍵民生供給的穩定與安定，國家基礎設施的體檢與強化，將是最重要的工作。

三、思考問題

1. 思考台灣供電系統的脆弱問題。
2. 思考台電與中油的協作管理問題。
3. 思考主管單位的監督機制與效率。
4. 思考進行操作 SOP 安全規劃與演練。
5. 思考為何發生了不該發生的事情。

討論問題

1. 什麼是協調管理？
2. 協調管理的要件是什麼？
3. 協調管理能力包括哪些能力？
4. 管理者的協調技巧，主要由哪三項要素構成？
5. 現代管理學之父的巴納德（Chester I. Barnard）指出，經理（The Executive）最重要的職責是什麼？
6. 協調管理的運作，在「危機管理」的前提下處理問題，其優缺點是什麼？
7. 協調管理常用的溝通協調法是最常被應用的方法，它包括哪三種方法？
8. 解決問題會議的要求重點是什麼？
9. 試說明組織協調法的整體平衡法。
10. 職務協調的強調協調法的應用時機爲何？
11. 隨機協調法有哪兩種運作方法？
12. 協調管理的目標原則，在確定協調目標時，應注意哪三個問題？
13. 協調管理的公正原則，在現實中就要做到哪幾點？
14. 協調管理中的自覺性原則，或稱自動原則。主要包括哪三方面？
15. 正式性協調的有關資料包括哪些？
16. 何謂內部協調與外部協調？
17. 試述合作式協調與應變式協調。
18. 何謂促進協調與糾正協調？

第9章

控制管理

1. 認識控制管理
2. 控制管理工作
3. 作業控制管理
4. 專案控制管理

學習目標

1. 討論「認識控制管理」的四項主題

   包括：控制管理概述、控制管理重點、控制管理類型以及控制管理系統。

2. 討論「控制管理工作」的三項主題

   包括：進行評估控制、進行標竿控制以及比較核對控管。

3. 討論「作業控制管理」的四項主題

   包括：作業進度控管、產品檢驗控管、庫存物品控管及作業調度控管。

4. 討論「專案控制管理」的四項主題

   包括：專案控管功能、專案控管結構、專案控管方法以及專案控管操作。

1 認識控制管理

一、控制管理概述

控制管理是指：設定標準去衡量工作的執行情況，並透過對執行偏差的糾正，來確保目標的正確與實現。因此，控制管理是實現組織目標不可分割的關鍵功能之一。從實務操作上看，控制管理則是指：管理者透過各項管理措施影響組織中其他成員，以實現組織經營作業與策略的過程。控制管理涉及一系列活動，包括：

──監督組織中的計畫行動。
──協調組織中各部門的活動。
──評價組織中的資訊交流。
──決定採取適當的行動。
──影響員工改變對組織有害的行爲。

換言之，控制管理的目的是使組織的經營策略被完整的執行，從而使組織的目標得以實現，因此，控制管理強調策略的執行控管。對管理者來說，控制管理是執行策略與實現組織經營目標的關鍵工具之一。

二、控制管理重點

根據上面的定義，執行控制管理包括以下五項重點：

—整體性控管。
—動態性控管。
—人員的控管。
—制度的控管。
—能力的控管。

1. 整體性控管

控制管理具有整體性的重點。控管的對象是：組織內所有人員的行爲，包括，人員士氣與作風以及工作程序；組織各個方面的狀況，包括：產品品質、資金成本、物料消耗、工作或學習業績等等的完整。

2. 動態性控管

控制管理具有動態性重點。所謂動態控制管理原則是指：當人員或單位功能發生變化的時候，要適時地對人員活動進行控管，以保證始終使合適的人在合適的單位工作。單位活動是在不斷變化的，人也是在不斷變化的，人對單位的適應也有其實踐與認識的過程。由於種種原因，導致未能發揮應該有的效能，學非所用的情形時常發生。於是，須依據動態原則，即時進行控制管理。

3. 人員的控管

人員控管是指：有關人員方面控管的一系列管理工作。透過合理的方法，以及合理的管理制度，控管人與人、人與事、人與組織的正常關係。謀求對工作人員的體力、心力和智力作最適當的利用與最高的發揮，並保護其合法的權益。

4. 制度的控管

制度控管是指：組織成長必須經歷的一個階段，是組織實現法治的具體表現。這種管理方式以制度爲標準，把制度看成是組織的法律。在平時的工作中，組織處處以制度為準繩，組織管理者幾乎相當於組織的執法人員，以制度來衡量員工的行為，當員工違反了組織制度後，組織將按照制度的約定進行處罰。

5. 能力的控管

能力的控管是指：管理者按照既定目標任務和決策要求，進行監督人力安排。依據合理的組織機構和團隊制度，把各種資源有效地整合起來，協調一致地保證領導決策順利實施的能力。換言之，控制管理是提高員工管理能力、業務能力以及自我控管能力等的重要手段。

三、控制管理類型

控制管理的類型是指：組織控制管理的主要內容的不同方式。它包括以下三類：

——時間的控管。
——事件的控管。
——時機的控管。

1. 時間的控管

時間是企業組織的人力、物力與財力等三大資本之外的第四項資本，類似政治分權的行政權，立法權與司法權之外的媒體監督權，可見其重要性。時間的控管可以應用管理工具中的「甘特圖」。內容包括：事前控管、事中控管和事後控管。

（1）事前控管

事前控管是指：組織在一項活動正式開始之前，所進行針對時間安排的控管工作。它主要是對活動預期最終效益的確定，以及對時間資源投入的控管，其重點是防止組織所使用的時間資源，在獲得效益的質和量上可能產生的偏差。

（2）事中控管

事中控管是指：在某項活動過程中進行的控管，管理者在現場對正在進行的活動始終給予指導和監督，以保證活動按規定的政策、程序和方法進行。若發現有偏差，應當隨時予以糾正。

（3）事後控管

事後控管是指：發生在行動或任務結束之後的「追蹤」（follow-up）的控管工作。這是歷史最悠久的控管類型，包括傳統的或當代的控管工作，幾乎都會應用事後控管。

2. 事件的控管

事件的控管通常包括以下兩種：預防性控管和糾正性控管

（1）預防性控管

預防性控管。它是爲了避免產生錯誤和儘量減少事後的糾正活動，防止資金、時間和其他資源的浪費等等，而進行的預防性措施。

（2）糾正性控管

糾正性控管。它常常是由於管理者沒有預見到問題，當出現偏差時採取的措施，使行爲或活動恢復到事先預定的或所希望的水準。

3. 時機的控管

時機的控管主要包括以下兩種：回饋控管與前瞻控管。

（1）回饋控管

回饋控管是指：從組織活動進行過程中，取得的資訊反應發現偏差，透過分析原因，採取相應的措施糾正偏差的控管措施。

（2）前瞻控管

前瞻控管。又稱爲指導將來的控管，也就是透過對情況的觀察、規律的掌握、資訊的分析、趨勢的預測以及預計未來可能發生的問題，在其未發生前就採取措施加以防止。

四、控制管理系統

控制管理系統是指：對具體負責作業的工作人員日常活動進行的控管。對作業系統的控管，除了上面所討論的「人」之外，主要是對「事」，包括以下四個項目的控管：

──品質控管。
──品質控管系統。
──成本控管。
──採購控管。

1. 品質控管

品質控管是指：企業組織爲保證和提高產品品質，對經營管理和生產技術工作進行的水準控管。它是控管系統的首要工作，包括產品品質控管和工作品質控管。其中產品品質控管是企業組織爲生產出合格產品，提供消費者滿意的服務和減少沒有效率的勞動，而進行的控管工作。

2. 品質控管系統

品質控管系統，特別是指：「全面品質管理。」它是指：監督企業組織內部的全體成員都參與到企業組織產品品質和工作品質工作。在過程中，管理者把企業組織的經營管理理念、專業操作、開發技術以及各種統計與會計手段等結合起來。於是，在企業組織中普遍建立從研究開發、產品設計、採購作業、生產加工，到產品銷售、售後服務等環節，把它們納入企業組織生產經營整個過程的品質管理體系。內容主要包括：監督全員參與的品質管理和全過程品質管理兩個方面。

3. 成本控管

財務成本與人力和物力合稱爲企業組織管理三大支柱，可見其在控制管理系統中扮演的重要角色。控制管理的重點包括：成本控管中心與成本流程控管。

(1) 成本控管中心

爲了進行有效的成本控管，許多企業組織引用了成本中心的概念。生產工廠、行銷部門以及工廠都可以被當作獨立的成本中心加以控管。同時，其主管人員要對其產品或服務的成本負責。

(2) 成本流程控管

成本流程控管，要事先制訂控管標準，確定目標成本。然後，根據各種數據記錄、統計資料進行成本核算、成本差異分析，即時採取措施，以便降低成本在設定的範圍內。

4. 採購控管

採購是生產作業是否順暢的關鍵之一。採購控管包括：評審與挑選供應商，然後，確定並執行訂貨與批量流程。採購控管要注意作業流程的時間，是否品質符合要求，以及執行採購工作的人員是否有收賄的情形。

2 控制管理工作

1. 進行評估控制
2. 進行標竿控制
3. 比較核對控管

一、進行評估控制

評估控管是指：包括組織機構設置、管理組織結構、管理人員配備、管理規章制度以及組織管理效率等分析評估。討論的內容包括以下兩個項目：

──評估控管目標。
──評估控管作業。

1. 評估控管目標

評估控管的內容，以企業爲例，包括：企業組織的專業地位評估、經營機制評估以及生產評估控管等三個項目爲主的評估控管目標。

（1）專業地位評估

企業組織的專業地位評估，主要是調查企業組織的專業，在行業中的地位與角色、調查分析企業組織所在行業與區域消費狀況的關係、發展前景或規劃以及投資項目對行業和區域消費發展的作用等等。

（2）經營機制評估

經營機制評估，主要是：瞭解企業組織的性質、產權結構、主要營業項目、經營管理制度的建立以及健全程度等。對於新成立的組織專案，應重點審核是否符合現代企業組織制度的要求、產權結構及各股東的基本情況等等的控管。

（3）生產評估控管

企業組織的生產評估控管，主要包括：評估企業組織主要產品的品質、生產能力、銷售及全部流動資金周轉情況。分析近三年來，各個年度企業組織新產品開發計畫完成率、產品銷售增長率、成品庫存周轉率及全部流動資金周轉加速率等指標的控管。

2. 評估控管作業

爲了掌握評估控管作業重點，管理者應根據需要，採取適當的形式進行評估作業，一般來說，可以分爲以下四種控管作業：

（1）自評與他評

評估控管作業首要確定進行的方式。按照評估的主體，可分爲自我評估和他人評估兩種。自我評估主要是由本企業組織的人員，對本企業組織或下屬部門進行評估。它不但有利於本企業組織的情報保密、花費少、快速。而且由於評估人員熟悉經營的歷史、現狀、成績和問題，容易掌握關鍵，做出評價。但是，評估中不易跳出主觀意識及本位主義，容易遷就現狀，感情用事，而影響評估效果。

他人評估則是由上級主管部門，或者聘請有關的專家進行評估。它的優點是比較能夠客觀敏銳地發現問題，公正地進行評價，還可以導入先進的經營管理經驗和資訊。一般來說，當企業組織生產經營出現轉機、危機或者謀求新的目標和方向時，常優先採用這種形式的控管作業。

（2）內容與範圍

按照評估作業的內容和範圍，可分爲全面評估、部門評估和專案評估等三類。

第一，全面評估是從企業組織整體出發，對企業組織的整個經營管理活動，進行全面與系統地綜合分析和評價。目的在於發現企業組織的優勢、劣勢和問題，掌握主要矛盾，以便制訂有效措施。從根本上掌握局面，提高經營管理水準。

第二，部門評估是針對企業組織內部某一部門的經營管理活動進行的評估。它具針對問題的具體性、突出重點、節省時間以及效果快的特點。特別是針對一些關鍵項目。例如，生產部門或行銷部門的評估控管，可以帶動整體的效應。

第三，專案評估是對經營管理活動中的重點問題、困難問題以及發展需要，所進行的特別評估。它的時間性和技術性較強，有時候也可以與部門評估合併進行。其目的在於總結某一方面的經驗，或者是尋找特定問題的原因，以便即時推廣或採取改進措施。

（3）事前與事後

按照經營管理過程，評估控管作業可分爲事前評估和事後評估。第一，事前評估也叫做預測性評估。它是企業組織在進行經營決策、制訂計畫、擬定措施或方案之前，對預期的效果及可能出現的問題所做的評估，目的是為了選擇最佳方案，及早採取必要對策。

第二，事後評估又可分為日常評估和定期評估控管。它是企業組織在生產經營過程中，或結束之後進行的評估。它可以瞭解經營的目標、計畫、策略等方面的完成情況、總結成績和經驗，找出差異，以便提供今後的目標和方向參考。

（4）書面與討論

即書面評估與討論評估。第一，書面評估是把評估對象的有關資料、書面分析報告及制訂的評估表，送交評估人員進行分析評價，寫出書面評估意見。這種形式一般適用於專題評估。

第二，討論評估是召集本企業組織的專業管理人員和員工代表，邀請專家學者和上級主管，透過討論、個人發表意見，集思廣益，做出評價，解決存在的問題等等的控管作業。

二、進行標竿控制

標竿控制法起源於全錄（Xerox）公司，全錄曾是影印機的代名詞，由於在第二次世界大戰以後，日本公司勤奮不懈地努力，在諸多方面模仿美國企業的管理、行銷等操作方法。日本影印機業者開始瓜分美國市場，從1976年到1982年之間，全錄佔有率從80%降至13%。全錄於1979年在美國率先執行標竿控管作業，由總裁親自在1982年赴日本學習競爭對手，買進日本的影印機，並透過「逆向工程」（Reverse Engineering），由外向內控管其零部件，並學習日本企業以TQC（Total Quality Control）推動全面品管，從而在影印機上重新獲得競爭優勢。

標竿控管又稱為「基準化」（Benchmarking, BMK）控管，是將本企業各項活動與同樣從事該項活動的最佳業者進行比較，從而提出行動目標的方法，以彌補本身的缺點。標竿是將本企業經營的各方面狀況和環節與競爭對手或行業內外一流的企業進行對照控管的過程。它是一種評價本身企業和研究其他組織的手段。它是將外部指標企業的優良業績作爲本身企業的內部發展目標，並將外界的最佳做法移植到本企業的經營環節中的一種方法。

實施標竿控管的公司必須不斷對競爭對手或一流企業的產品、服務以及經營業績等進行評價，發現優勢和不足之處。換言之，標竿控管就是：對企業所有能衡量的對象提出一個參考值，標竿可以是一種管理體系或學習過程，它更著重於流程的控管。

1. 標竿控管的功能

標竿控管法的主要應用是：競爭對手標竿、行業一流標竿、跨行業標竿以及對手客戶對比等四個項目。

（1）競爭對手標竿

競爭對手標竿法是：透過直接對競爭對手的標竿進行對比。如此，可進一步確定對手企業的競爭力、競爭情報、競爭決策以及其相互關係，作爲進行研究對比的四大基點。

（2）行業一流標竿

行業一流標竿法是：以相同行業的一流企業爲標竿。可以從行業中最佳的企業、公司那裡得到有價值的情報，用於改進本企業的內部經營，建立起最佳的目標。

（3）跨行業標竿

跨行業標竿法與行業一流標竿法類似，採用跨行業的技術性標竿，有助於學習技術和工藝方面的跨行業優點。這種方式通常被企業組織所忽略，但卻值得應用。

（4）對手客戶對比

對手客戶對比法是：透過對競爭對手的客戶需求作對比的控管，可以發現本公司的供需不足之處，從而將市場、競爭力和目標的設定結合在一起。

2. 標竿控管的作業

標竿控管一般可依選擇的標竿對象與評量的作業流程的不同，分爲：內部流程控管、外部競爭控管以及功能流程控管等三種作業。

（1）內部流程控管

內部流程標竿控管是指：一個組織內部不同部門的相同作業流程進行的相互評量比較。主要目的在於採取迅速作業以解決消費者的問題。以跨國企業組織爲例，比較總公司與各分公司間消費者服務的作業流程，可尋找出全企業組織內最佳服務典範，與解決服務過程中所共同遭遇的問題。總公司內部流程標竿控管較容易搜集到豐富的資料，通常可以提供15%改善的機會，改善客服問題。

內部流程標竿控管的最大優點，在於所需的資料和資訊容易取得，並且獲得的資訊不必經過費心的翻譯便可以轉換到本身的部門內，所以不會有資料鴻溝（Data Gaps）的問題。另外，在分工程度較高的企業內，內部流程標竿控管，還可以促進事業單位或部門間的溝通。

內部流程標竿控管的缺點是視野比較狹隘，不易找到最佳作業典範。並且學習的對象局限在組織內部，很難爲組織帶來創新性的突破。另外，若是有內部矛盾問題存在的話，容易造成偏見，而無法互補與互信。

（2）外部競爭控管

外部競爭流程標竿控管是指：以組織同業競爭者的產品、服務以及作業流程作爲評量比較的標竿。目的在於試圖找出本身的優勢或弱點。以跨國企業組織爲例，以同性質、聲譽卓越的跨國企業組織爲標竿，比較彼此經營作業流程的差異，進而採納對方的優點，避開缺點。此種標竿控管需要充分配合的標竿夥伴，通常可以提供20%-25%的改善機會。

外部競爭流程標竿控管，除了資訊極具競爭價值之外，另一優點就是企業本身與競爭對手的作法在比較上會較爲容易，並且一旦需要模仿對手的流程時，也不會有太大的困難。一般而言，作爲學習對象的競爭對手，即使採用的技術或作業方式與企業本身不盡相同，至少也極爲類似。所以從對手那獲得的資訊可以很快的運用在本身的組織內。但是，競爭流程標竿控管的最大缺點則是，相關資訊搜集比較困難。

（3）功能流程控管

功能流程標竿控管是指：流程標竿控管的對象不限同業，而是選擇一種特定功能或作業流程，特別針對在相同領域內已建立卓越性的機構，進行標竿控管。這種標竿控管的主要對象不是機構，而是該組織的某一項典範作業流程。以跨國企業組織爲例，爲提升人力資源管理效能，應向以人力資源管理極享盛名的企業取經，作爲一種功能性流程標竿控管。此種標竿控管經常可以引導突破性的思考，有助於創新服務與作業流程的提案。

功能流程標竿控管最大的優點，在於協助企業引發極具創意的經營新概念。這種跳脫框架的突破性思考方式，對許多觀念封閉的企業來說，最爲珍貴。來自產業外界截然不同的觀念與作法，很容易會對處於本身產業封閉環境下的企業造成很大的刺激，使企業內原有的運作方式作了重大的轉變。功能流程標竿控管的另外一個優點是：容易尋求眞正的最佳作業典範。

功能性標竿管理的缺點，則是在資料的搜集上可能受限於距離遙遠，對方可能在不同的國家，必須投入較多的資源來進行初級資料的搜集或是加入付費的企管顧問數據庫，否則就只能透過次級資料來控管。由於功能流程標竿控管可以激發組織進行創新性的突破，因此，儘管實行困難，它仍然被普遍認爲最具長期的效益。

三、比較核對控管

比較核對控管是指：對書面資料的相關紀錄或實物，進行相互對比以便驗證其是否相符的一種控管方法。按照複式（多項）紀錄的原理核算，在資料之間會形成一種相互制約的對照關係。透過對相關資料之間的相互比較核對控管，就能發現可能存在的問題。

比較核對控管是會計專業經常使用的工具。其優點是，簡便易用，適用性廣，同時比較容易發現問題。缺點則是：作業比較複雜，比較費時。

資料之間的相互比較核對控管是比較核對控管法的關鍵。在此前提下進行五個項目的作業：憑證比較核對、帳證比較核對、帳簿比較核對、帳表比較核對以及報表比較核對等。個別項目在以下進行說明。

1. 憑證比較核對

憑證比較核對控管是指：憑證之間的比較核對控管，它是比較核對控管法最重要的環節。其工作量最大，過程也比較複雜。特別是會計憑證，由於有很多種類，所以憑證比較核對控管，也就包括很多方面的內容。主要根據其所列出的要素，比較核對控管其內容、數量、日期、單價、金額以及借貸方面等是否相符。

2. 帳證比較核對

根據紀錄憑證或總紀錄憑證，比較核對控管總分類帳、明細分類帳，查明帳證是否相符，對照其內容、日期、金額、科目名稱、借貸方面等是否相符。一切帳戶都是根據會計憑證登記的。明細分類帳是根據紀錄憑證登記，總分類帳則是根據憑證登記，彼此應當完全相符。透過會計帳簿與會計憑證二者比較核對控管，可發現並查證有無多記、少記、重記、漏記、錯記等會計錯誤。

3. 帳簿比較核對

帳簿比較核對控管是指：將有關的帳簿紀錄相互進行比較核對控管。例如，「庫存商品」明細帳與「業務收入」明細帳，對於庫存商品銷售業務存在著雙方記錄的對應關係，透過「庫存商品」明細帳與「業務收入」明細帳比較核對控管，可發現被查單位有無隱瞞業務收入的會計舞弊行爲。

4. 帳表比較核對

帳表比較核對控管是指：將報表與有關的帳簿記錄相互比較核對控

管。比較核對控管總分類帳、明細分類帳與各報表的相關項目數據是否一致，查明帳表是否相符。帳表比較核對控管的重點是：將對帳表所反應的金額進行比較核對控管，透過帳表比較核對控管，可以發現或查證帳表不符，或雖相符卻不合理與不合法的弊端。

5. 報表比較核對

報表比較核對控管是指：報表之間的比較核對控管。包括：不同報表中具有關係項目的比較核對控管，例如，本期報表期初餘額與上期報表期末餘額比較核對，資產負債表中的「未分配利潤」與利潤分配表中的「未分配利潤」項目比較核對等。另外，還包括同一報表中，有關項目的比較核對控管，例如，比較核對控管資產負債資產總額與負債、所有者權益數額之總數是否一致等。

3 作業控制管理

1. 作業進度控管
2. 產品檢驗控管
3. 庫存物品控管
4. 作業調度控管

作業控管是指：在作業計畫執行過程中，爲保證作業計畫目標的實現而進行的監督、檢查、調度和調節等工作。作業控管的議題，將在隨後的項目中詳細討論。其主要目的是：保證完成作業計畫所規定的產品產量和交貨期限指標。從廣義上看，作業控管通常包括以下四大項目：

——作業進度控管。
——產品檢驗控管。
——庫存物品控管。
——作業調度控管。

一、作業進度控管

作業進度控管是作業控管的基本工作，其任務是按照已經制訂的作業計畫，檢查各種零件或半成品的投入和產出時間、數量，以及產品和作業過程之間的配套工作。以保證作業過程平衡進行，並準時完成。進度管理的目標是保證準時完成作業。

作業控管的核心是進度管理，作業進度控管的基本內容主要包括以下三個項目：

1. 投入進度控管

投入進度控管是進度控管的第一步驟，在產品作業中對產品的投入日期、數量以及對原材料、零部件投入前期的作業控管。

2. 工序進度控管

工序進度控管是進度控管的中期作業，目的在作業中對每一工序作業流程是否能夠按照既定的工作進度，進行監督與控管。

3. 出產進度控管

出產進度控管是進度控管的後期作業。它是指：對成品的出產日期、出產數量以及出產品質等三項的控管工作。

二、產品檢驗控管

產品檢驗控管是指：從原料購入作業起，到檢驗合格入庫之前，存在於作業過程中各個環節的零部件和產品作業的查驗。內容通常分爲：樣品、半成品、入庫前成品和生產之間的產品檢驗等。產品檢驗控管是作業控管的基礎工作，也是對作業運作過程中各個工序原材料、半成品等產品檢驗所處位置、數量、生產之間的物料轉運等進行的控管。其工作內容包括：

——確定產品檢驗管理任務和組織分工。
——確定產品檢驗定額。
——加強產品檢驗控管。
——做好統計與核查工作。
——建立健全產品檢驗的收發與領用制度。
——合理存放和妥善保管產品檢驗。

三、庫存物品控管

庫存從廣義上講，是指：一切暫時庫存以準備出貨的產品以及閒置，但可用於未來的資源儲備，包括：人力、財力、物力、資訊等。狹義上講，是指：用於保證作業順利進行或滿足消費者需求的物料儲備。庫存控管是對企業組織作業、經營整體過程的各種物品、產品以及其他資源進行管理和控管，使其儲備程度保持在經濟合理的水準上。以下有幾個注意事項：

1. 庫存過量

庫存量過大所產生的問題如下：第一，增加倉庫面積和庫存保管費用，從而提高了產品成本。第二，佔用企業組織流動資金與利息，也會影響資金的時間價值和機會收益。第三，造成產品和原物料的有形損耗和無形損耗。第四，突顯企業組織作業、經營整體過程的矛盾和問題。

2. 庫存不足

庫存量過小所產生的問題如下：第一，產品缺貨會造成服務水準下降、影響銷售利潤和企業組織信譽。第二，造成作業系統原物料或其他物料供應不足，影響作業過程的正常進行。第三，使訂貨間隔期縮短，訂貨次數增加，使訂貨作業成本提高。第四，影響作業過程的均衡性和裝配時的整體性。

四、作業調度控管

作業調度控管是指：企業組織執行作業進度計畫的工作，對作業計畫的監督、檢查和控管，發現偏差即時調整的過程。作業調度以作業進度計畫爲依據，作業進度計畫要透過作業調度來實現。作業調度包括：

──作業調度工作。
──作業調度要求。

1. 作業調度工作

作業調度工作的主要內容包括以下四個項目：

第一，檢查、督促和協助有關部門即時做好各項作業準備工作。

第二，根據作業需要合理調配勞動力，督促檢查原物料、工具、動力等供應情況和廠內運輸工作。

第三，檢查各作業環節的零件、樣品、半成品的投入和出產進度，即時發現作業進度計畫執行過程中的問題，並積極採取措施加以解決。

第四，對輪班、日夜、週間或月間計畫完成情況的統計資料，和其他作業資訊進行分析研究。

2. 作業調度要求

作業調度工作的基本要求是快速和準確，兩者不可缺一，必須同步進行：

——基本原則是必須以作業進度計畫爲依據。

——作業調度必須高度集中和統一。

——作業調度要以預防爲主。

——從實務出發，貫徹既定路線。

4 專案控制管理

1. 專案控管功能
2. 專案控管結構
3. 專案控管方法
4. 專案控管操作

專案控管（Project Management），或簡稱專案管理，是指：專案的管理者運用系統的觀點、方法和理論，對專案作業涉及的全部工作進行有效地管理。對專案的投資決策，從開始到結束的全部過程進行計畫、組織、指揮、協調、控制和評價，以實現專案管理目標。

按照傳統的做法，當企業設定了一個專案後，會有好幾個部門參與這個工作，而不同部門在運作專案過程中，不可避免地會產生摩擦，而必須進行協調。這些無疑會增加專案的成本，影響專案實施的效率。然而，專案控管的做法則不同。不同職能部門的成員因爲某一個專案而組成團隊，專案經理則是專案團隊的領導者，主導實現專案目標。

專案控管的應用早期僅限於建築、交通與航太等大型工程。從上個世紀80年代開始，專案控管的應用擴展到其他工業領域的行業，包括，生產製造業、金融與行銷業以及研究開發業等。專案控管者也不再被認爲僅僅是專案的執行者，而是要求他們能勝任其它領域更爲廣泛的工作，同時也要具有經營技巧。討論內容包括以下四個項目：

──專案控管功能。
──專案控管結構。
──專案控管方法。
──專案控管操作。

一、專案控管功能

根據美國專案管理學會（PMI）已提出了關於有效的專業專案控管者必須具備的八項基本能力：

──專案範圍管理。
──專案時間管理。
──專案成本管理。
──專案品質管理。
──人力資源管理。
──專案溝通管理。
──專案風險管理。
──專案採購管理。

1. 專案範圍管理

專案範圍管理，包括：爲成功完成專案所需要的一系列過程，以確保專案所必須完成的工作。範圍管理首先要定義和控制在專案內包括什麼？不包括什麼？

第一、產品範圍。它表示產品或服務的特性和功能，包括：產品規格、性能技術指標的描述，也就是，產品所包含的特徵和具體的功能等。

第二、專案範圍。爲了完成具有所規定的特徵、所規定的功能以及產品必須完成的工作。

一個專案通常會產生一個產品，這個產品可以包含若干個附屬的部分，這些附屬的部分又有其各自獨立又相互依賴的產品範圍。專案範圍是否完成，以專案控管計畫作爲衡量標準，而產品範圍是否完成，則以產品需求作爲衡量標準。兩種範圍管理需要很好地配合起來，以確保專案工作能夠產生所規定的產品，並且準時交付。

2. 專案時間管理

專案時間管理，是指：使專案按時完成所必須的管理過程。在考慮進度安排時，要把人員的工作量與花費的時間結合起來，合理分配工作量。利用進度安排的有效分析方法來嚴密監視專案的進展情況，以使專案的進度不會拖延。專案時間管理中的過程，包括以下幾個方面：

第一，活動定義。它涉及確定專案團隊成員和專案關係人，爲了完成專案可以交付成果，而必須完成的具體活動。

第二，活動排序。它確定活動之間，包括，基於工作性質、專案團隊的經驗以及非專案活動產生的的關係。

第三，活動的時間估算。對完成各項活動所花費的時間進行估算。

第四，制訂進度計畫。它涉及分析活動順序、活動。

第五，進度計畫控制。它涉及控制管理專案以及專案進度計畫的變更。

3. 專案成本管理

專案成本管理是指：在專案的實施過程中，爲了保證完成專案所花費的實際金額不超過其預算成本，而進行的專案成本估算、專案預算編制和專案成本控制等方面的管理活動。專案成本是評價一個專案是否成功的關鍵因素之一，所以成本的變化將直接影響專案的成功。現在的專案控管本身的費用就很高，而且沒有公開價格，完全靠供應商來定價。它包括批准的預算內完成專案所需要的全部過程。

第一，成本估算是編制一個爲了完成專案各活動所需要的資源的成本估算。

第二，成本預算是將總額的成本估算分配到各項活動和工作上，建立成本基礎。

第三，成本控制牽涉到控制專案預算的增加或者減少的變更。

雖然各個過程是彼此獨立、相互之間有明確界面的組成部分，但是，在實踐中，它們可能會交叉與重疊、相互影響。此外，它們同時與其他領域的過程之間也相互作用。爲保證專案能夠完成預定目標，必須加強對專案實際發生成本的控制，一旦專案成本失控，就很難在預算內完成專案工作。不良的成本控制常常會使專案處於超出預算的危險情況。

4. 專案品質管理

成功的專案控管是在約定的時間、預定的範圍、預算成本以及要求的品質下，達到專案關係人的期望。能否成功管理一個專案，品質好壞也非常重要。品質管理是專案控管的重要條件之一，它與範圍、成本和時間是專案成功的關鍵因素。專案品質管理是一個爲確保專案能夠滿足所要執行專案需求的過程。專案品質管理，包括以下過程：

第一，品質計畫。它確定適合於專案的品質標準並決定如何滿足這些標準。

第二，品質保證。它用於有計畫、系統的品質活動，確保專案中的所有過程必須滿足專案關係人的期望。

第三，品質控制。它監控具體專案結果以確定其是否符合相關品質標準、確定制訂有效方案以及消除產生品質問題的原因。

5. 人力資源管理

所謂專案人力資源管理是指：對專案的目標、專案的規劃、專案的任務、專案的進展以及各種變量進行合理、有序的分析、規劃和統籌。對專案過程中的所有人員，包括專案經理、專案團隊其他成員、專案發起人、投資人、專案業主以及專案客戶等給予有效的協調、控制和管理，使他們能夠與專案團隊緊密配合，盡可能地適合專案發展的需要，最大可能地發掘人才潛力，最終實現專案的目標。

專案人力資源管理運作，牽涉到組織和管理專案團隊需要進行的所有過程。專案團隊是由那些爲完成專案而承擔了相應角色和責任的人員組成，團隊成員應該參與大多數專案計畫和決策工作。專案團隊成員的早期參與能夠在專案計畫過程中，聽取專家意見和加強專案的溝通。總之，專案團隊成員是專案的重要人力資源。

6. 專案溝通管理

根據專案溝通的目標確定專案溝通的各項任務。它包括：根據專案溝通的時間要求，安排專案溝通的任務，進一步確定保障專案溝通資源的需求和預算。專案的溝通需求是專案關係人資訊需求的總和，通常可以透過綜合所需的資訊內容、形式和類型以及資訊價值的分析來確定專案交流計畫內容。溝通就是人們分享資訊、思想和情感的過程。

溝通的主旨在於互動雙方建立彼此相互瞭解的關係，相互回應，並且期待能經由溝通的行爲與過程相互接納及達成共識。專案溝通管理包括以下內容：

第一，溝通計畫編制。透過溝通計畫編制，確定專案關係人的資訊和溝通需求。

第二，資訊分發。透過資訊分發，以合適的方式即時向專案關係人提供所需資訊。

第三，績效報告。透過績效報告，收集並分發有關專案績效的資訊。它包括狀態、進度報告和預測。

第四，專案關係人管理。透過專案關係人管理，對專案溝通進行管理，以滿足需要者的需求，並解決專案與關係人之間的問題。

7. 專案風險管理

要避免減少損失，將威脅化爲機會，專案管理者就必須瞭解和掌握專案風險的來源、性質和發生規律，進而施行有效的管理。風險的含義可以從以下角度來考察：

第一，風險與員工有目的的活動有關，員工們從事活動，總是預期一定的結果，如果對於預期的結果沒有十分的把握，員工們就會認爲這項活動有風險。

第二，風險與將來的活動和時間有關。對於將來的活動、時間或專案，總是有多種行動方案可供選擇，但是，沒有哪一個行動方案可確保達到預期的結果，因此風險與行動方案的選擇有密切關係。

第三，如果活動或專案後果不理想，甚至失敗，員工們總是希望透過適應客觀環境，或者人們的思想、目標或行動路線發生變化時，專案的結果也會發生變化。

第四，風險的性質具有三種顯著特徵，包括：隨機性、相對性以及可變性風險；按照後果的不同，可劃分爲：純粹風險與投機風險；按照來源的不同，可劃分爲：自然風險與人爲風險；按照影響範圍，可劃分爲：部分風險和總體風險；按照可預測性，可劃分爲：已知風險、可預測風險和不可預測風險。

8. 專案採購管理

專案採購管理是專案執行的關鍵性工作。專案採購管理的模式在某種程度上決定了專案控管的模式，對專案整體管理具有決定性作用。於是，採購工作可以說是專案執行的物質基礎和主要內容。專案採購管理的規範要兼顧經濟性、合理性和有效性，才能夠有效地完成專案管理工作。

專案採購一般可以分爲：招標採購和非招標採購兩種。招標採購由企業組織提出合約條件進行招標，由多家供應商同時投標競價。透過招標方式，投資者一般可以獲得合理的價格和優惠的產品供應條件，同時也可以保證專案競爭的公平性。非招標採購，多用於標準規格的產品採購，透過市場多方詢價的方式，選擇供應商。有些特殊情況可進行直接採購。

二、專案控管結構

專案控管結構是專案控管工作是否順利進行的關鍵。這個控管結構主要包括以下三個部分：

—設置特別機構。
—設置專責人員。
—設置專案主管。

1. 設置特別機構

設置專案控管的特別機構以便對專案進行特別管理。專案的規模龐大、工作複雜、時間緊迫以及專案的不確定因素多；另外，有很多新技術、新情況和新問題需要不斷研究解決；而且，專案實施中涉及部門和單位較多，需要相互配合、協同工作。因而，對這種情形應該單獨設置特別機構，配備適合的專職人員，對專案進行特別管理。

2. 設置專責人員

設置專案專職管理人員，以便對專案進行專職管理。有些專案的規模較小，工作不太複雜，時間也不太緊迫，專案的不確定因素不多，涉及的單位和部門也不多。但是，在前景不確定的情況下，仍需要加強組織協調，依然要委派專職人員進行協調管理，以便協助企業組織的有關領導人員，對各有關部門和單位分配任務進行聯絡、督促和檢查，必要時，也可以為專職人員配備助理。

3. 設置專案主管

設置專案主管，以便對專案進行臨時授權管理。有些專案的規模、複雜程度、涉及層面和協調數量，介於上述兩種情況之間，對於這樣的專案，設置特別機構必要性不太大，設置專案專職人員又擔心人員少，力量單薄難於勝任，或會給企業組織有關領導人增加不必要的管理量。如此，可以設置特別機構，由指定主管部門來代替，也可以設置專職協調人員，由專案主管人員來代替，並臨時授予相應權力。主管部門或主管人員在充分發揮原有職能作用或單位職責的同時，全權負責專案的計畫、組織與控制。

三、專案控管方法

根據《管理學百科全書》的觀點，專案控管的方法可以分爲三類：

第一類，按照管理目標劃分，包括：進度管理、品質管理、成本管理、安全管理、現場管理等五種方法。

第二類，按照管理的量性分類，包括：定性管理、定量管理以及綜合管理等三種方法。

第三類，按照管理的專業性質分類，包括：行政管理、經濟管理、技術管理以及法律管理等四種方法。

專案控管方法的應用，必須有合理的應用步驟。它包括以下六個步驟：

第一步，研究管理的任務。明確地指出專案控管的專業要求、管理方法以及應用目的。

第二步，調查進行該項管理所處的環境，以便對選擇管理方法提供決策的依據。

第三步，選擇適用、可行的管理方法。選擇的方法應有專業性，且條件符合需要，能夠實現任務目標。

第四步，對所選方法在應用中，對可能遇到的問題進行分析，找出關鍵，制訂解決的方法。

第五步，在實施選用方法的過程中，加強動態管理，解決矛盾，使之產生實質效用。

第六步，在應用過程結束後，進行總結，以提高管理方法以及應用的水準。

四、專案控管操作

專案控管操作可分爲五個程序：

——啓動程序。
——規劃程序。
——執行程序。
——監控程序。
——結束程序。

1. 啓動程序

啓動程序是專案控管操作的第一項。啓動程序的主要工作是：根據核准專案以及專案階段進行專案控管操作。

2. 規劃程序

規劃程序是專案控管操作的第二項。規劃程序的主要工作是：確定和細化目標，並爲實現專案的目標和完成專案要解決的問題範圍，進行規劃必要的行動步驟。

3. 執行程序

執行程序是專案控管操作第三項。執行程序的主要工作包括：協調執行人員與其他資源配合，以便能夠順利進行專案控管計畫的實施。

4. 監控程序

監控程序是專案控管操作的第四項。監控程序的主要工作包括：定期測量專案控管操作以及監控績效情況，發現偏離專案控管計畫之處，要採取糾正措施來實現專案的目標。

5. 結束程序

結束程序是專案控管操作的第五項，也是最後一個項目。結束程序的主要工作，包括：正式驗收產品、服務的成果，並有條不紊地結束專案控管操作的最後階段。

總之，專案控管操作過程的各個程序，依據各自所設定的目標計畫進行工作。各自驗收階段性的成果，彼此相互聯絡。也就是說，全部程序的結果或成果變成了下一個程序的工作依據。最後，完成整個專案控管操作。

管理加油站

柯達優勢作業控管

優勢作業控管：
功能控管、過程控管、
專案控管、流程控管、
生產控管。

一、個案背景

在許多年前，一位銀行職員到外地出差旅行，他帶著使用濕版的照相器材，裝滿了一台車，他為此很生氣，開始積極研究把濕版變為乾版，之後他又發明出了小型與膠捲一起的照相機。這位使照相機風行世界的發明家，就是美國柯達公司的創始人喬治・伊斯特曼（George Eastman）。從創立那一天起，柯達便堅持「創造好產品」的目標。即使如此，也並非一帆風順。80年代初期，由於美元強勢，導致柯達在海外盈餘大幅度削減，而且讓競爭者有機可乘，以削價滲透進入市場。膠捲的第二名牌日本「富士」便一度瓜分了由柯達獨佔的美國市場的十分之一。

柯達將以往的功能式組織重新組合成24個事業單位，每一個事業單位都獨立核算，成立了10個投資單位從事新產品的開發工作。公司的決策開始下放給較低層單位，新產品上市的速度也快多了。其中的一個投資尖端科技事業，開發出了柯達新產品——鋰電池，並成長為3億至5億美元的市場。這項新產品在兩年內，便上了商品陳列架，以往通常要花5至7年的時間。

二、作業控管

柯達加速開發新產品的成功做法與作業控管的績效有密切關係，它包括：功能控管、過程控管、專案控管、流程控管以及生產控管等五項目。

1. 功能控管

柯達公司根據市場需求進行功能控管。將產品功能明確化。要將無形的市場資訊，總結出產品可具備的功能，是一件困難的工作，但是，卻也是增加企業競爭力的關鍵所在。不過，收集方法必須正確，否則，不但會導致開發出來的產品無人問津，更浪費公司寶貴的資源。柯達為了確保市場資訊的正確，特別訂立了一套 SOP（作業流程），包括：收集市場資訊、消化資訊。

2. 過程控管

柯達公司將產品開發過程進行過程控管。專案小組制訂一套產品開發作業系統，不但詳細列出各項開發步驟，同時詳列檢查步驟，以確保開發工作順利進行。這套產品開發作業系統，適用於柯達每一個營業線、部門，而這套系統被定名為「製造能力確保系統」。

3. 專案控管

柯達公司以專案控管的方式，成立專案小組，來從事各項產品的開發工作。柯達認為任何一項產品的開發，都必須先成立專案小組。而專案小組的成員則包括：研究開發、生產與行銷等部門的有關人員。不過，小組的成員與組長，將隨著產品開發工作的進行而有所改變。

4. 流通控管

柯達公司的流通控管包括：人員流通與物資流通。鼓勵員工在各部門間調職。柯達特別成立一個委員會，以加薪與獎金的方式鼓勵在公司內部轉換工作，以確保各部門的活力，並充分運用人力資源。這項理念與新力公司相同。

為了充分利用時間。柯達在剛開始成立營業線時，授權各營業線自行購買所需設備，結果設備重複的情況層出不窮。後來柯達要求各營業線共同使用部分設備，而營業線應確保自己使用設備的時間與其他營業線不產生衝突，這樣就必須事先規劃整個工作流程，並利用等待設備的空閒時間訓練員工，或從事新產品測試工作。

5. 生產控管

柯達公司為生產控管建立了小量生產的生產線。在開發工作接近尾聲時，事先小量試產，以測試市場反應，作為改良的依據。儘管建立小量生產的生產線，必須花下大筆投資，不過卻可以避免日後可能因為效果問題，而要停止生產線的浪費。這項措施使柯達的新產品開發速度加快，從而佔據了有利競爭位置。

三、管理評論

作業控管是企業對設備、流程、人員等進行規劃、設計、指揮與控制，以便將原物料和能源轉化為產品。在這個前提下，前面所討論的五個項目作業控管，都包括在柯達公司的重點作業。

美國柯達公司在生產作業方面最值得借鑒的一點，就是符合市場需要的新產品開發速度快，而且隨時把市場傳回來對產品功能要求的資訊融入新產品，使之在市場上總能佔一席之地。這個做法正是柯達公司在作業控制管理方面的特別獨到之處。

討論問題

1. 控制管理涉及一系列活動，包括哪些？
2. 執行控制管理包括哪五項重點？
3. 組織控制管理的主要內容的不同方式，包括哪三類？
4. 控制管理系統的成本控管重點是什麼？
5. 評估控管作業的內容與範圍，可以分為哪三類？
6. 何謂標竿控制法？
7. 資料之間的相互比較核對控管是比較核對控管法的關鍵。在此前提下進行哪五個項目的作業？
8. 作業進度控管的基本內容主要是哪三個項目？
9. 產品檢驗控管的工作內容包括哪些項目？
10. 庫存過量與不足會造成什麼影響？
11. 作業調度工作的主要內容包括哪四個項目？
12. 美國專案管理學會（PMI）提出了關於有效的專業專案控管者必須具備的八項基本能力是什麼？
13. 專案控管結構主要包括哪三個部分？
14. 根據《管理學百科全書》的觀點。專案控管的方法可以分為哪三類？
15. 專案控管操作可分為哪五個程序？

進階篇

第10章 經營的危機管理

1. 認識經營危機管理
2. 人才的危機管理
3. 制度的危機管理
4. 行銷的危機管理
5. 勞資關係危機處理

學習目標

1. 討論「認識經營危機管理」的三項主題

    包括：經營危機管理概述、經營危機管理原則以及經營危機管理運作。

2. 討論「人才的危機管理」的三項主題

    包括：認識人才的危機、人才危機的導因以及人才危機的處理。

3. 討論「制度的危機管理」的兩項主題

    包括：認識制度危機管理以及進行制度危機管理。

4. 討論「行銷的危機管理」的五項主題

    包括：認識行銷危機管理、行銷危機產生原因、行銷危機類型、行銷危機處理策略以及行銷危機處理技巧。

5. 討論「勞資關係危機處理」的三項主題

    包括：認識勞資關係危機、勞資關係危機成因以及勞資關係危機協商。

1 認識經營危機管理

一、經營危機管理概述

經營危機管理是指：企業組織預測與監控潛在的經營危機，然後控制與化解已爆發的危機，以便使良好的經營狀態得以維持或恢復的一系列活動。

面對經營危機，管理者必須迅速加以處理。因此，在採取行動之前，管理者要先瞭解經營危機的實況。成功的經營危機管理，唯有確實認清問題之所在，採取正確的應對，才能夠發揮重要作用。危機管理具有三項主要意義：

——認清負面影響。
——維護企業形象。
——重新贏得信任。

1. 認清負面影響

爲了確保企業的持續發展，管理者針對危機的出現，須認清它對企業所產生的負面影響，必然造成企業經營作業的障礙，甚至中斷。然後，要開展經營危機控管，才能夠化險爲夷，才能夠維持企業經營的持續發展。

2. 維護企業形象

前面所指的是屬於「有形的」負面影響，然而，危機對企業形象的傷害是屬於「無形的」，兩者是同等的重要。良好的企業形象是企業長期以客為本、誠實經營的結果，有效的危機管理有助於維護企業形象，甚至可以提升企業形象。這是所謂「危機就是轉機」的管理箴言。

3. 重新贏得信任

妥善的危機處理，能夠維繫利益相關者，包括員工與消費者大眾的忠誠度。危機管理可以考驗管理者的應對素質，應對能力高的管理者利於在消費者、供應商、媒體以及社會大眾等相關者，證明企業組織的信用，重新贏得信任。

二、經營危機管理原則

在進行經營危機管理之前，管理者需要確認危機管理的以下六項原則：

——事先預測。
——迅速反應。
——堅持事實。
——承擔責任。
——有效溝通。
——靈活變通。

1. 事先預測

危機應對的預見性原則，主要包括三項必要的工作。這三項步驟，是危機管理的必要作業：

——組織必須對可能發生危機的各個領域和環節做出事先預測和分析。
——制訂全面與可行的危機方案和計畫。
——將危機化解在產生之前。

危機預測原則作業，反應危機事件發展前期應對者對情勢的把握。在危機發展初期，組織應對者必須要能夠準確判斷危機發展的趨勢、影響程度和社會大眾的反應，從而將危機控制在萌芽期，避免危機的進一步擴大。

2. 迅速反應

危機管理的快速反應原則，包括兩個方面。首先，組織內部對於危機事件必須保持高度警覺，早發現、早通報、便於高層儘快掌握瞭解眞相、做出應對。絕對不可推諉而貽誤時機。

其次，在對外溝通方面，速度第一原則，顯得更爲重要。及早向外界發佈資訊，既可顯示出組織對危機事件的快速反應，又可以平息因資訊不透明而產生的虛假謠言，贏得大眾信任。同時，在危機發生後第一時間與利益相關者進行溝通，爭取有利的外部環境，降低組織的外部壓力，有利於危機的妥善解決。誰能在第一時間做出反應，誰就掌握了主動。

3. 堅持事實

任何組織在處理危機過程中，都必須堅持實事求是的原則，這是妥善解決危機的最根本原則。犯了錯誤並不可怕，可怕的是，不敢承認錯誤。從危機公關的角度來說，只有堅持實事求是，勇於承擔責任，不迴避問題，向大眾表現出充分的坦誠，才能獲得大眾的同情、理解、信任和支持。

對於處於危機風波中的企業來說，最大的致命傷就是失信於大眾，一旦媒體和大眾得知企業在撒謊，新的危機又會馬上產生。世上沒有完全不會走漏的消息，違背尊重事實原則：弄虛作假、封鎖消息以及愚弄大眾，往往會產生一系列的連鎖反應，進一步加重危機的負面作用，乃至給組織造成不可挽回的損失。

4. 承擔責任

危機發生後，特別是投資者、員工與消費者，他們關注的焦點往往集中在兩個方面：

—利益的問題。
—情感的問題。

毫無疑問，利益是大眾關注的焦點。危機事件往往會造成組織利益和大眾利益衝突的激化。從危機管理的角度來看，無論誰是誰非，組織應該主動承擔責任。

目光短淺的企業爲了保護自身、獲取短期利益，在危機管理中往往將大眾利益和社會責任束之高閣，最終將爲之付出巨大代價。而具有強烈責任感的企業，寧願以犧牲自身短暫利益來換取良好的社會聲譽，樹立和不斷提升組織和品牌形象，從而實現企業的永續發展。

5. 有效溝通

危機管理中的坦誠溝通原則是指：處於危機中的企業組織要高度重視做好資訊的傳遞發佈，並在組織內外部進行積極、坦誠以及有效的溝通。充分反應出組織在危機應對中的社會責任感，從而爲妥善處理危機創造良好的氣氛和環境，達到維護和重樹形象的目的。

危機溝通包含兩個方面：

—危機事件中組織內部的溝通問題。
—組織與社會大眾和利益相關者之間的溝通。

概括來說，企業組織危機溝通的包含有：企業內部管理層和員工、消費者及投資者、產業鏈上下游的利益相關者、政府主管部門和行業組織、新聞媒體和社會大眾等五類。

可以說，組織內外部的資訊傳遞和溝通效果是妥善處理危機的核心問題。事實上，陷於危機事件中的管理者們往往將大部分時間和精力用於組織內外部溝通，但是，最終的結果卻大相徑庭，其原因便在於能否眞正遵循坦誠溝通原則，進行即時、坦率以及有效的溝通。

6. 靈活變通

企業危機管理和危機公關，既是關係到組織生存與發展的嚴肅話題，又給管理者們提供了一個管理智慧和創新才能發揮的廣闊空間。事實上，從危機事件爆發前的預防、危機事件發生後的應對和危機後期處理環節，既要遵循一些危機管理的基本程序和規則，又要針對當時的特殊情況進行管控作業。

危機管理高手們往往能結合事態形勢的變化、組織自身強弱情況、內外部資源條件等進行靈活處理和應對。如此，不僅力挽狂瀾成功地跨越危機，甚至還可將危機事件轉變成提升企業形象的契機。

三、經營危機管理運作

經營危機管理的運作，主要是針對危機採取正確的應對。經營危機管理的應對，是一個典型的非程序化的應對過程，因爲，在進行應對的過程中，危機的情況隨時在變化。不可能按照某種程序化的過程按部就班的發展。在應對的過程中，它具有以下三項典型的特徵，需要釐清：

──時間有限。
──資訊不良。
──資源缺乏。

1. 時間有限

經營危機管理的運作，要先認清處理的時間是有限的。危機的緊迫性特徵，要求企業迅速做出應對，採取相應的應對措施。否則，就會使得危機的影響範圍擴大，影響程度加深。因此，要求應對者在不損害應對合理性的條件下，適當地簡化應對程序，在較大程度上依靠直覺、洞察力以及經驗爲基礎的判斷做應對。

由於這類問題過去尚未發生過或者少有發生，一定的創新精神也是必不可少的。危機管理計畫的本質在於：對可能發生的危機情境提出相應的反應方案，一定程度地將危機管理的非程序化應對轉變爲程序化應對，提高應對的時效性和應對的效果。

2. 資訊不良

經營危機管理的運作，其次，要認清在處理過程中，資訊通常是混亂不清，可能產生謠言。對於企業日常管理而言，應對者進行應對所依賴的資訊較爲全面，資訊的獲取也很即時，資訊的準確性也比較高。因此，可以依靠慣例、制度、企業結構等傳統技術或者電腦模擬等現代技術開展應對。而危機管理則不然。

在潛伏期，危機的徵兆往往不明顯，識別起來非常困難，不利於危機預防工作的有效開展。危機爆發之後，由於時間緊迫，應對者不可能在非常有限的時間內掌握所有的事態發展資訊。

應對資訊的不完備，使得危機管理的應對者，不能追求最妥善的處理。此時，應對者的基本能力就顯得非常重要，成立專門的危機管理小組，精選優秀的危機管理人員，提前對他們進行培訓也非常重要。否則，一旦危機發生，應對者很容易因爲資訊不完備而猶豫不決，不利於儘快控制事態的發展。

3. 資源缺乏

危機爆發之後，由於事態緊急，應對危機所需的人力資源、設備等往往顯得不足。資源的極度緊缺，要求應對者必須打破常規的思維方式，迅速從正常情況轉移到緊急情況，其處理能力是有效的危機管理的基礎。面對有限的資源，應對過程往往表現出新穎、沒有結構的特徵。此時，需要應對者膽大心細、堅決果斷，善於提高現有資源的利用程度，努力開發各種可以利用的潛在資源。

2 人才的危機管理

一、認識人才的危機

所謂人才危機，是指人員的不足或不適合導致對組織目標的實現構成威脅，因此，要求在極短的時間內做出關鍵性決策和進行緊急回應的突然性事件。對企業而言，流失優秀員工使組織各項職能活動遭到巨大影響，甚至被迫中斷。若是核心員工集體跳槽，對企業會造成難以彌補的損失與傷害。

人才危機管理則是指：對企業人才安全管理中，各種潛在或現實的危機因素，在其尚未產生破壞性影響之前，預先採取行動。防患於未然，將其損失降到最低程度，甚至從中得利。人才危機管理要求企業預測並即時發現外部勞動力市場的發展變化，以及企業內部管理制度給員工穩定帶來的各種影響。然後，制訂並實施消除不良影響的人力資源管理措施，從而保證企業人才的穩定。

二、人才危機的導因

隨著21世紀知識經濟的到來，人才問題將是一個策略性問題。人才作爲企業不斷發展的基礎，越來越受到企業的重視，關鍵人才是企業間爭奪的對象，企業對人才的渴望也達到前所未有的程度。但是，現實中企業一方面強調人才的重要，另一方面卻忽視人才的運用，造成很多企業出現了不同程度的人才危機。

人才危機可以分爲兩種類型：

——企業處在快速發展期，短期內迅速膨脹，出現人才儲備不足，形成危機。
——企業雖然認識到人才的重要性，卻沒有相對應的措施來挽留住人才，致使掌握企業關鍵人才的大量流失，導致企業危機。

對於這兩種類型的危機，筆者認爲第一類危機主要是由於企業人力資源管理不完善所造成的，而第二類危機的成因較爲複雜，主要是由以下三項因素造成的：

——社會因素。
——個人因素。
——組織因素。

1. 社會因素

隨著經濟全球化步伐的加快，人力資源與人力資本的國際化以及社會化趨勢越來越明顯，當前的人才已加入到國際競爭的行列。再加上經濟市場制度的完善，改變了人們過去的從業觀念，客觀上爲人才流動提供了寬鬆的環境，促進了人才的循環流動。

2. 個人因素

個人是行動的主體，其主觀因素直接決定個人的就職行爲。人才個人因素是引起企業危機的重要原因之一。個人因素包括：

第一，個人收入。個人收入是最不容忽視的重要原因之一。例如：同工不同酬，引起員工的強烈不滿。在其他企業給此類企業的重要員工提供了更高的薪水和福利的情況下，原企業可能由於無法使員工滿意，致使企業人才大量外流。

第二，工作不具挑戰性，無法滿足個人需要。注重能力發揮，追求自身價值的實現，是人的高層次需求。有些企業分配給人才的工作並不都有挑戰性，工作對人才失去魅力，於是造成人才流失。

第三，道德風險。在企業人才危機的原因中，也不排除由於個人投機的道德風險，引起所謂的「技術或集體跳槽」現象。例如：企業的技術人才攜帶企業研發的核心技術秘密，或者利用手中掌握的消費者資料，以換取高額報酬的工作；或是利用技術的取得而自立門戶等等。

第四，職業發展因素。一流的人才總是在尋找適合自己的最佳位置，他們總是朝能夠提高其職業地位的方向發展。因而，他們會一直努力尋找提高職業水準的最佳途徑。如果不能達成其發展目標，就會另謀高就。

3. 組織因素

從根本上說，人才危機是企業一系列影響的綜合反映。因素包括：企業領導者、用人制度、獎勵制度、企業文化等等，都會對人才產生重要影響。組織因素包括以下四項：

第一，企業領導者素質不良。這一點主要是針對家族性或傳統性企業，通常採用委任制，難以反應「公正、平等、競爭、擇優」的要求。大部分領導者缺乏相關的專業知識和經營管理能力，缺乏對企業的責任意識，導致人才流失。

第二，人力資源管理不合理。這項因素束縛了人才積極性的發揮，造成了企業的致命傷。人力資源管理不合理的現象包括：供需不對稱，造成單位需求與人才專長不符；招聘時，注重專業知識而忽視責任心；工作缺乏挑戰性與成就感；培訓、晉級、提拔、考核等方面的不足也是導致人才危機的主要因素。

第三，分配制度不合理。分配制度主要指：工資、工時，福利等方面的分配。分配制度不合理主要反應在兩方面：其一，職工的勞動所得與其付出或其他同等條件、同樣能力、相同貢獻的職工所得不同。其二，員工努力得不到相應的非物質激勵，人才對產品的創造性貢獻得不到應有的肯定。

第四，企業的發展前景與企業形象不良。企業的發展前景與企業形象直接影響人才對企業的信心及凝聚力。由於種種原因，在企業經營困難時期，缺乏改革動力，發展前景不明朗，企業又缺乏一個鼓舞人心、切實可行的、並且與人才利益密切相關發展策略，導致人才對企業前景普遍感到沒有信心。

三、人才危機的處理

人才危機的處理，主要在於進行解決人才危機的策略運作。如何處理，包括以下四項：

—正確態度。
—制度革新。
—方法創新。
—人才配置。

1. 正確態度

對待人才，管理者要有正確的態度。管理有一句名言：「管理者的態度，決定其高度。」管理者絕不能因爲人才所帶來的效益是隱性的、長遠性的，就忽略了他們的重要性。而針對人才危機，要留住人才首先就要有正確態度，穩穩地樹立人力資源，是安定人力資源的關鍵觀念，對人力資源開發的策略具有重大的意義。

經濟的發展必須有特別的作爲，所以要更多依靠人力資源的開發，企業要爲充分發掘人才的能力開闢廣闊的空間，畢竟人類無窮的智慧和創造力是人類可持續發展的不竭動力和泉源。同時，重視人才還不夠。只有當人們眞正意識到人才的價值之後，挽留的行動才能成功。

管理者必須承認，當前人才的流失多半由於重視的程度不夠，單純地承認其爲人才並不是所謂的重視，眞正意義是重視完全瞭解人才的過程。人才的專長在何處？他需要怎樣的發展空間，對其而言，最大的吸引力是什麼？這些都應該成爲人力資源管理所研究的內容。要清楚地認識到在知識經濟的條件下，人才的不容忽視和取代的地位。

樹立人才培養是最具有經濟和社會綜合效益的觀念，更是收益最大的投入；樹立人才資源的浪費也是最大的浪費。

2. 制度革新

有效地變革制度是進行人才危機處理的另一項工程。人才的競爭實際上是制度的競爭，制度上的反思是必要的。沒有好的制度，對人才的開發就無法更有深度的推進。新時期的人力資源開發工作，必須打破計畫經濟制度下形成的人事管理舊制度，要形成與經濟市場相適應的企業宏觀調控、單位自主開發、市場有效調節的新制度，才能滿足經濟社會發展對人才的需要。

在現實中，管理者不難看到，人事制度在舊制度框架的束縛下，缺少創新的契機。所以對於人才，必須排除制度觀念的錯誤，在宏觀調控之下排除束縛人才流動的制度性障礙，調整人力資源管理制度。給用人單位充分的用人自主權，鼓勵用人單位在開發人才方面進行措施和方法上的創新，激勵他們營造良好的人才開發環境。讓人才在流動過程中發揮才智，提高素質以實現其知識與技術的價值。

3. 方法創新

進行方法上的創新，是人才危機處理的另一項工作。在策略上，管理者要進行制度的變革，而在具體的用人「戰術」上，管理者就要以「科學、公平、靈活、安全」的原則來進行。所謂科學，其實是公平的一種保證，作到完全的公平在現實中幾乎是不可能的。但是，科學的方法可以追求最大程度的公平。科學保證公平，公平才可以使人才留住。

因此，在人力資源的管理中，管理者必須使用科學的方法，其中最有效的就是績效管理，要力圖建立科學化、規範化、制度化的價值評價體系，使薪酬獎勵也有所依據。要從傳統的品位分類轉變爲職位分類，從傳統的身份工資過渡爲職位定位。

所謂公平，是一個相對而言的概念，儘量作到公開、透明，公平就有所保障。合理的競爭是要以公平爲遊戲規則。眞正的人才所尋求的正是在公平環境中的自我發展和自我實現，只有在這種環境裡，他們才會有努力工作、發揮才智的激情，才會因爲凝聚力而融入到集體之中。

所謂靈活，是針對吸引人才的方法和管道而言。高薪是國際企業吸引人才的法寶，與其雄厚的資金實力相比，台灣企業的確不具優勢，但是，管理者也有自己的長處，管理者可以利用優越的政策環境、誠信的保證來留住人才。股權獎勵，員工分紅配股和智慧財產權入股，這些都是本地管理者所具有的優勢。管理者應當在這上面下功夫，將人才與企業整合爲一體。

所謂安全，就是要有法律與法規來保護人才的權利，要給他們創造一個適於生存和發展的空間。在人才爲社會創造價値所要承擔的風險中，必須加上一個安全係數，才能使之全心地投入。

4. 人才配置

人力資源正確配置以及人才結構優化調整，也是一項人才危機處理的重要工作。針對人才過剩和人才不足的矛盾問題，較爲可行又有效的解決方法，是進行人力資源配置的調整並優化人才結構。

第一，根據發展目標的要求，科學、系統、動態地配置人才，使個體能力得到充分的發揮，人才整體進行合理的分佈，形成最大的人才效用。爲此就要進行市場配置，改變人才流動性的狀況，推動人才和智力的流動。不惜用小型局部的流失來換取全局的人才流動成果，使人力主體充分確實，不斷提高市場配置人才要素的廣度和深度，充分發揮人才市場的基礎性作用。

第二，企業的宏觀調控也是不可或缺的重要保證，如同經濟市場離不開計畫導向一樣。市場也有缺陷，也會失靈，必須用宏觀調控的手段予以防範和化解。透過政策和法律來規範市場配置行爲；透過監督和控制以校正市場配置偏差，從而保證市場有秩序地運轉，發揮正常功能。

此外，為了克服資訊的不對稱性，仲介服務是人力資源配置中不可少的一個環節。要用人才培訓、人事代理、人才評量、人才資訊以及人事仲裁等多種形式來優化構築企業與人才之間的合作平台。並在培育人才社會仲介組織的同時，進行規範的管理，維護好仲介服務的秩序。

第三，對人才的總量與分量、存量與增量、人才的產業與行業、地域結構、人才的專業與能力、知識結構等作全面的分析。從宏觀上做全方位的判斷，在細節上作定性定量的分析，進而選擇人才結構調整的各類目標，制訂確保目標實現的各種措施，確實進行調整與優化。

3 制度的危機管理

1. 認識制度危機管理
2. 進行制度危機管理

一、認識制度危機管理

制度危機管理是指：對企業管理活動的制度安排，包括：公司經營目的和觀念、公司目標與策略、公司的管理組織以及各業務職能領域活動的規定。一般來說，組織的制度管理包括以下三種類型：

1. 強制制度

麥格雷戈（Douglas M. McGregor, 1906-1964）的「X理論」（X-Theory）以及泰勒（Frederick Winslow Taylor, 1856-1915）的「經濟人」（Economic Man）理論，兩位學者都假設：人，天生是懶惰的，沒有責任心，只為了

自己的經濟利益而勞動，甚至不願意工作。在這種理論的影響下，管理者在制訂管理制度時，也只會考慮到以怎樣的方法強迫員工進行勞動。

在這種概念前提下，在工業發展初期，管理制度是強制性的要求，嚴格規定員工在日常工作中，應該做什麼，不該做什麼，甚至對員工完成某項工作的動作都有要求。這種程序化的管理制度完全沒有對員工的關心，只是一味地以提高生產效率爲目的，員工迫於自身利益的考慮也只能服從。

2. 約束制度

隨著時代的發展和周圍環境的改變，員工漸漸會反抗過於苛刻的制度，爭取自己的權利。相應地，管理者逐漸修改制度，出現了軟化的趨勢。正如「人際關係之父」羅伯特．歐文（Robert Owen）提出的改善工作條件，提及縮短工作時間等管理方法，已經不再把人當作「經濟人」，而是一種「社會人」來看待了。此時的管理制度已經開始對人有了關心和思考。

現在大多數企業都是採用這種「胡蘿蔔加棒子」的管理制度。從員工來看，管理制度就是一隻無形的手，約束他們的行爲，若有違反便會受到處罰；但是，另一方面，員工對這種約束制度並不會特別抵觸，制度中也有對人際關係的關注和對勞動環境的改善。從管理者的角度而言，管理制度對員工的約束不能過緊，否則會像強制制度那樣壓榨員工，使員工心存不滿。

於是，管理者不再把人看作成機器，管理制度也不會像機器的使用說明書那樣嚴格了。約束制度，在21 世紀知識經濟的今天，無論從管理的力度或是範圍的角度來看，都有一種「美中不足」的感覺。

3. 放任制度

放任制度的管理（Laissez-faire）是指：領導者放手讓下屬在自主與自律的環境下工作。這種放任的管理制度，通常由研究與發展（R&D）部門與行銷公司所採用。目前，在歐美的部分教育機構，包括學校、遠距離教學以及證照考試網路補習班等，也有採用這種管理制度。

二、進行制度危機管理

制度危機管理是指：針對從企業組織制度面臨變革挑戰所產生的危機，而進行的管控工作。這項工作具有三種主要特性：

——規範性制度管理。
——穩定和動態的平衡。
——制度與創新的結合。

1. 規範性制度管理

由於制度危機導因於制度問題，因此，其管理工作應當從制度規範開始。而且，只有具有規範性才能發揮制度危機管理的有效作用。規範性制度管理包括如下：

（1）制度規範

制度危機管理本身就是一種規範性制度改革，這印證俗語所說：「解鈴還需繫鈴人。」制度危機導因於企業員工在生產活動中，未能共同遵守規定和準則，這項制度危機表現的形式，包括：
——企業組織機構設計不良。
——職能部門劃分不清。
——職能分工不均。
——專業管理制度不全。
——工作流程不當。

因爲企業生存和發展需要，而制訂系統性、專業性統一的規定和準則，就是要求員工在職務行爲中，按照企業經營、生產、管理相關的規範與規則來統一行動。如果沒有統一的規範性制度管理，企業就不可能在制度管理體系正常運行下，實現企業的發展策略。

（2）專業規範

制度危機管理，除了制度本身，也牽涉到行業的專業問題。通常造成制度危機是在工作上抵觸了與此專業職能方面的規範標準。這項專業規範包括：規則性的流程或程序的檢查與控制，以及人事獎懲制度等因素組合而成的，其 SOP 是：

規則＝規範＋程序

一個具體的制度危機管理的內涵及其流程包括以下三項：

第一，危機管理的內涵。制度危機管理主要包括以下因素：

—編制制度的目的。

—編制制度的依據。

—制度適用的範圍。

—管理制度實施程序。

—管理制度編制過程。

—管理制度與其他制度之間的關係。

第二，危機管理的流程。制度危機管理流程主要包括以下項目：

—制度實施過程的環節。

—管理制度實施的具體程序。

—控制管理制度實現目標的程序。

—形成管理制度的過程。

—修訂管理制度的過程。

—管理制度生效的時間。

—與其他管理制度之間的關係。

第三，環境條件

規範實施制度危機管理，需要規範性的環境或條件，其要件包括：

—符合企業管理科學的原理。

—符合該行業事物發展的目的。

—符合該行業事物發展的規律。

實施制度危機管理的全部過程，必須在規範性基礎上，而且是全員的整體工作程序都具有良好的規範。只有這樣，制度危機管理體系的整體運作才有可能取得績效，否則將導致管理制度的實施結果不良。

2. 穩定和動態的平衡

制度危機管理是在穩定和動態變化的過程中進行的。制度危機管理要求管理的穩定與動態的一致性。長年一成不變的規範不一定是有效的制度規範，經常變化的也不一定是好的制度規範。最好是根據企業發展的需要，而實現相對穩定和動態的變化。

在企業的發展過程中，制度危機管理應是具有相應的穩定週期與動態的時期，這種穩定週期與動態時期是受企業的行業性質、產業特徵、企業人員素質、企業環境以及企業家的個人因素等相關因素綜合影響。企業應該依據這些影響因素的變化，控制和調節制度危機管理的穩定性與動態性。導致規範性的制度危機管理動態變化，一般有三種情況：

（1）連鎖變化

在企業的發展過程中，制度的連鎖性變化是不可避免的。企業經營環境、經營產品、經營範圍、全員素質等經常會發生變化。這些變化會引發組織結構、職能部門、單位及其員工以及技能的變化。繼而會導致執行原有制度的管理、規範以及規則的主體發生變化。隨之，制度管理及其所含的規範以及規則因素必然須因執行主題的變化，而相應改變或進行修改。

（2）關聯變化

連鎖性之外，制度的關聯性變化在企業的發展過程中，也是可能發生。例如：產品結構與新技術的應用也關聯著生產流程與操作流程的變化；生產流程與操作程序相關的單位及其員工的技能必然要隨之變化。最後，與之相關的制度管理及其所含的規範、規則與程序等因素必然需要改變或進行修改。

（3）相對效應

相對效應是指：在制度管理中的因果關係。因爲發展策略及競爭策略的原因，企業需要不斷提高工作效率、降低生產成本以及增加市場佔有率。當原有的管理制度及其所含的規範、規則、程序成爲限制提高生產或工作效率、降低生產成本等的主要要素時，就有必要重塑企業機制，以改進原有制度管理中不適應的規範、規則與程序。

3. 制度與創新結合

制度管理的良性動態變化，必須是制度危機管理的創新結果。制度危機管理的動態變化需要企業進行有效的創新，也只有創新才能保證制度危機管理具有相對的穩定性、規範性以及合理性。然後，利用時機創新是保持制度危機管理的最佳途徑。制度與創新結合的項目如下：

（1）因果結合

制度與創新是一種因果關係的結合。制度管理是制度危機管理實施與創新活動的產物，換言之，其 SOP 是：

制度危機管理 = 規範 + 規則 + 創新

這項因果結合牽涉以下兩個原因：

第一，由於制度管理的編制按照一定的規範來編制，制度危機管理的編制結果也必須具有創新的意義。換言之，制度管理創新過程的導因，必然影響制度危機管理的設計與編制，這種設計或創新是有其因果關係。

第二，制度管理的編制創新是具有一定規則的，也就是結合企業實際需要，按照演變過程依循事物發展過程中內在的本質規律，依據企業管理的基本原理以及實施創新的方法，進行編制創新，形成新規範。

（2）互相作用

互相作用是指：制度管理與制度危機處理的流程必然產生相互作用。制度危機管理的規範性與創新性之間的關係是一種互爲基礎、互相作用以及互相影響的關係。良性的循環關係是兩者保持一致的、和諧的以及互相促進的關係。

作爲企業組織管理者，應該努力使制度危機管理具規範性與創新。它是前期制度危機管理創新的目標，同時，又是下一輪創新的基礎。只有這樣，制度危機管理才能在規範實施與創新的雙重作用下，不斷改善、不斷發揮其促進企業發展的作用。

4 行銷的危機管理

1. 認識行銷危機管理
2. 行銷危機產生原因
3. 行銷危機類型
4. 行銷危機處理策略
5. 行銷危機處理技巧

一、認識行銷危機管理

行銷危機是指：因經營觀念落後、市場發展與行銷策略失誤以及市場調查與預測不充分等原因，導致企業產品的市場佔有率不斷下降。或者，因爲行銷不善導致企業的利潤不足以彌補成本，嚴重危害企業生存發展。行銷危機管理牽涉到以下兩項關鍵項目：

1. 行銷危機預警

企業管理者必須借助危機預警系統即時發現可能發生的危機，並迅速而準確地判斷危機產生原因及影響程度。這一點非常重要，它是保證有效應對危機的前提，直接關係到危機管控的成敗。

2. 行銷危機控制

一旦危機發生，首要的任務是在查出危機的產生原因後，馬上對危機進行控制，防止其進一步惡化，儘量減少企業的損失。因爲危機有連鎖效應，一種危機往往會引發另一種危機。例如：美國強生公司的「泰諾」（Tylenol）中毒事件發生後，立即收回了芝加哥地區的「泰諾」藥品，並花費50萬美元向可能與此有關的對象即時發出訊息，最終控制了危機，同時也恢復了企業形象和大眾的信任。在這一點上，許多企業卻反應遲鈍。

二、行銷危機產生原因

在危機預警與危機控制的前提下，管理者必須要認識行銷危機產生原因，才能夠對症下藥，進行危機管控。根據許多的研究分析結果，行銷危機產生包括以下四個原因：

1. 行銷決策失誤

行銷決策的失誤，主要是由於市場研究調查與分析不夠準確，或者，資訊片面與不完整以及政府的經濟政策的搖擺不定或者不透明，造成企業的決策失誤，給企業行銷帶來危機。

2. 行銷觀念錯誤

行銷觀念的錯誤，通常會導致行銷的方向偏差，甚至迷失方向。其中最典型的例子是，企業背叛「以消費者需要爲中心」的行銷觀念。或者企業的廣告不實，缺乏基本的行銷倫理，侵害消費者利益，導致出現行銷危機。例如：2017年4月味全公司因賣販劣質油品，最終董事長魏應充判刑2年定讞，導致企業形象破產。

3. 行銷策略失誤

行銷策略失誤也將導致行銷危機。例如：過度依賴廣告和價格戰、服務不佳、市場資訊反應不靈、產品品質問題、行銷團隊出走等等，都反映了企業在行銷管理方面的缺陷。

三、行銷危機類型

由於行業不同，行銷危機的類型各有不同的因果關係所造成。常見的行銷危機類型包括：內在行銷危機、外在行銷危機以及突發行銷危機等三項。

1. 內在行銷危機

行銷的內在危機是指：影響產品行銷的問題來自企業本身。例如：產品問題，誇大或是虛假的宣傳、行銷決策失誤以及與消費者糾紛處理不當等等。

第一，由於企業的產品出售問題，例如：產品的品質不符、產品的價格過高以及產品服務不當等等，給消費者的利益帶來嚴重損害，因而產生的行銷危機。

第二，由於企業的不誠實行爲，例如：虛假不實的廣告、折扣促銷宣傳的文宣內容含糊不清，或者贈品的品質不對稱等等。

第三，由於企業管理者本身的決策失誤，例如：決定將研發尚未完全成熟的產品上市、由於市場缺貨而臨時提高售價以及出售即將過期的產品等等不當的決策，而引發的行銷危機。

第四，由於企業處理與消費者之間的糾紛引發的行銷危機。例如：針對消費者要求退換貨的態度不佳，處處刁難，甚至拒絕，而導致行銷危機。

2. 外在行銷危機

行銷的外在危機，剛好與內在危機相反，而是指：由於外面的危機問題所引發的行銷危機。例如：新聞報導錯誤或者惡意中傷、同行間的惡意競爭以及社區流傳謠言等等。

第一，由於新聞報導錯誤，或者新聞報導失眞，未能即時更正，使社會大眾對企業產生誤解，對企業嚴加抨擊而產生的行銷危機。前者，通常是因爲消息來源錯誤；後者，則是「有心人」，特別是因爲消費者不滿，而向媒體投訴的誇大負面消息。

第二，由於同行之間的不良競爭。或者由於惡性競爭而誘發的行銷危機。前者，通常是競爭對手在文宣上提供模稜兩可的比較資訊（價格或功能）來誤導消費者；後者，則是競爭對手捏造不實的消息，然後通過各種管道散播。

3. 突發行銷危機

行銷的突發危機是指：在事前沒有任何預警或徵兆而發生的事件，造成行銷困境。這項突發危機，一般是由三種類型：結構性事故、自然災害以及行銷管控問題所導致的。

（1）結構性事故

結構性事故是指：由於企業結構性問題導致突發性事件，例如：飛機、火車、輪船誤點等造成企業不能按時、按價履行商業合約，造成消費者利益受損而引起的行銷危機。這項危機通常是，由於平時機械保養不佳，或者操作人員培訓不足，未能執行有效的 SOP 等原因。

（2）自然災害

另外是由於不可抗拒的自然災害，包括：水災、地震、火災等等而引發的行銷危機。這些自然災害雖然不可抗拒，但是，平時做好預防演練的 SOP，可以將行銷損失降到對低限度。

（3）行銷管控問題

行銷管控問題是指：未能在行銷突發危機發生後，執行「標準作業流程」（SOP）導致行銷危機。SOP 的精髓就是將行銷管控問題的細節進行量化，也就是對行銷災害中的關鍵控制點：存貨、提貨、現場以及人力等四項的調配進行詳細量化，最後建立並執行 SOP 。

以上種種行銷危機，輕則造成企業信譽、產品信譽下降，重則危及企業的生存。由此可見，在瞬息萬變的市場競爭環境裡，現代企業必須樹立危機意識，在行銷危機發生時，運用公共關係的原則和方法，即時、妥善、有效地處理各種行銷危機，才能使企業的經營「轉危為安」。

四、行銷危機處理策略

化解行銷危機的策略主要是：預防與解決行銷危機，關鍵是要建立行銷危機預警及控制系統，化解行銷危機給企業帶來的風險。

1. 化解策略

化解行銷危機策略是行銷危機處理的首項策略，主要包括：引導性策略、縮減性策略、轉移性策略以及聯合性策略等四個項目：

（1）引導性策略

引導性策略是指：在出現危機時能夠即時進行疏通，加以正確引導，防止危機進一步惡化。例如：災害發生的現場疏通、商品的清點與找尋，以及人員的臨時調配等等。

（2）縮減性策略

縮減性策略是指：在出現危機後，為了保存行銷資源，可以適當地縮小經營範圍，與友好的同業聯合行銷，或者先退出市場，以便他日再重新進入市場。

（3）轉移性策略

轉移性策略是指：在面臨行銷的災後處理時，能夠迅速轉移行銷重點。主要包括：產品用途轉移、市場轉移以及資源轉移等。例如：把固定的照明或發電設備，改裝為臨時性工具，庫存品或者半成品適時進行加工上市等等。

（4）聯合性策略

聯合性策略是指：企業平時做好與有優勢的企業進行合資、合作或成立策略聯盟，有利於形成新的優勢，以提高企業的生存能力，特別在發生行銷危機時，增加抗拒損失的能力與機會。

2. 進行危機處理

進行行銷危機處理的策略是，依據化解行銷危機策略進行實務操作。

（1）正視危機態度

正視危機態度是指：當危機出現時，透過公開媒體面對危機，通過記者會等方式向大眾道歉，以便取得消費大眾的諒解。因此，要注意消費大眾的感受與反應，謙虛與誠懇的態度將是未來災後重建的重點。

（2）以情動人策略

以情動人的策略是指：當危機出現時，通過與消費者進行「情感式溝通」，以化解對立，使危機朝著有利於企業的方面轉化。例如：國際飛機航班誤點的時候，航空公司通常會贈送旅客「折價券」，針對搭乘旅客發送致歉 email 或簡訊，或者發表公開致歉聲明等等。

（3）即時措施策略

即時採取措施策略是指：企業面對行銷危機時，應以敏銳的感覺，及早發現，即時採取措施，並在第一時間向消費者及大眾說明眞相，以獲得大眾的理解與原諒。所謂的「即時」，最好是在大眾尚未發現之前，或者在危機尚未擴散之前進行。

五、行銷危機處理技巧

行銷危機處理技巧是指：在面對各項的危機之後，要進行善後的技巧策略。

1. 建立發言人制度

建立發言人制度是指：在「危機」發生後，指定一個發言人，讓企業對外的聲明具有一致性，可避免因多種因素而對外界說法不一。最好由公關人員擔當企業的發言人。公關人員長期與媒體、大眾打交道，瞭解他們的需要，對事件的報導可以做到既公正、全面、又最能維護公司的利益。

2. 率先公開制度

率先公開制度是指：在「危機」發生後，公司應在最短時間召開記者會，由發言人陳述事件的全部過程，發言人不要過多地分析、提出結論性意見和處理辦法，這樣可以爲以後的發言留下空間，又不致於引來大眾及媒體的進一步追問與調查。

3. 告知事件進展

告知大眾事件進展是指：社會各界包括媒體、公司股東、主管部門都在等待最新消息。所以，應經常透露一些對他們有價值的資訊。例如：公司正在和當局合作，調查正在進行中或正在做哪些措施等等。

4. 讓員工知情

讓員工知情是指：管理者應在日常工作中，就養成讓員工在不透露公司的重大商業機密前提下，讓他們知道公司狀況的習慣。如果員工出於對公司現狀不夠瞭解的尷尬狀態，公司就不太可能從員工那裡得到太多的支持，可能由內部產生不穩定的因素。在出現「危機」時，還應要求員工不要對外洩漏情報，因爲只有發言人才是對外宣傳的窗口。

5. 與媒體建立關係

與媒體建立良好關係。公司經理、公關人員可以透過向媒體眞實、客觀、即時地提供他們所需的資訊，盡力配合媒體的工作，與媒體建立良好的關係。這樣媒體才會在公司處於危機時，能夠公正報導事件。

6. 保持與消費者聯繫

與消費者保持聯繫。爲了在消費者的心目中樹立良好的公司形象，銷售人員應代表公司經常給消費者打電話、寫信、與消費者溝通、交流，在危機發生後，爲了重新塑造公司值得信賴的形象，更應繼續這些工作。

個案討論：危機與轉機

常言說得好：「商場如戰場。」風雲變幻的市場潛藏著各種影響企業經營的危機事件。這些事件如果處理不當，將給企業帶來很大的負面影響，甚至導致企業徹底失敗。所謂危機行銷，就是企業要把危機事故當作一個行銷項目來做，用行銷的思想、觀念、方法與手段，將「危險」轉化爲「機會」，達到透過危機行銷提升企業競爭力的目的。

日本東京有一間百貨公司，有一次誤將一台有瑕疵的唱機賣給了一位到東京來探親的美國消費者，當公司得到售貨員的報告後，立即展開了危機行銷活動，從消費者留下的「美國快遞公司」名片，一連打了37通查詢電話，最終找到了消費者在東京的親屬的電話，趕在消費者到商店退貨之前，打電話去致歉，隨後由公司副經理親自送去一台全新的唱機，加送蛋糕一盒、毛巾一條和著名唱片一張，使得這位消費者對公司的不滿轉爲喜悅與感謝，消費者的親屬也將這一事件廣爲傳播，爲公司形象作了最好的宣傳。

5 勞資關係危機處理

一、認識勞資關係危機

勞資關係危機是指：被雇者與雇主間衝突所造成的危機問題。主要原因通常是由於錯誤的經營理念和不正當的經營方式，而造成的勞資關係糾紛。在這項錯誤前提下，企業老闆，包括奉命行事的管理者，忽視經營的社會責任與人道規範，其目的在於降低經營成本而訂定不合理的管理制度，或者執行態度偏差，嚴重剝奪員工福利，造成員工或明或暗的反抗或抵制，爲企業的經營活動留下隱憂，甚至勞工的公開抗爭。

根據許多勞資關係的研究分析，造成勞資關係危機主要問題包括以下四項：勞動環境、工資福利、勞動時間以及勞資關係。

1. 勞動環境

勞動環境問題主要針對工作環境條件惡劣，忽視員工安全造成的工傷事故，讓健康和生命得不到保障。當前勞動條件惡劣主要存在於勞工密集的產業，例如：水土工程、建築工地、化工行業以及牽涉到危險的現場作業等等。從最近事故發生個案，更擴大到醫護人員被攻擊或傷害的人身安全問題。

2. 工資福利

在台灣當前22K低工資時代，勞動者爲了養家活口，對工資與福利問題特別敏感，因此，造成了高比率的勞資糾紛事件。對勞動者而言，工資與福利本來是兩項平行與互補的收入來源，卻因雇主爲了降低賦稅、勞退與健保支出，而壓低工資並轉嫁於福利項目，造成員工的損失，導致抗爭不斷。

3. 勞動時間

過長的勞動時間，大大超過《勞動基準法》的規定，包括法律訂定被懷疑偏向資方，且部分企業不按法律規定，以「工作責任制」規避支付加班工資。這項問題較爲廣泛，除了過長的勞動時間，更牽涉到法定的勞工休假與休息問題。

4. 勞資關係

勞資關係危機，雖然在表面上牽涉到上述的三項問題，其實，有很大部分是可以化解或降低傷害於無形的。其關鍵在於管理者的心態與觀念偏差，導致勞資對立。勞資本來應該是利害關係的「共同體」，是同舟共濟的關係人，在溝通不良的情況下，勞資危機便不斷發生。

二、勞資關係危機成因

在上面四項實務所造成勞資關係危機外，若從宏觀看，導致勞資關係危機有下列三項成因：經濟條件利益分化、勞資關係定位不清以及糾紛解決機制缺失。

1. 經濟條件利益分化

勞資利益的分化是勞資關係危機的首項成因。在當今的動態經濟條件下，企業尋求的是自我利益的最大化，然而，勞動者也是利益最大化的參與者，他們尋求的自我利益的最大化就是工資和福利的最大化。在現實的情況下，企業和勞動者都尋求自我利益的最大化，兩者的利益就發生了衝突，並造成了勞資關係危機。

一般情況下，由於企業處於強勢地位，而勞動者處於弱勢地位，在這種情況下，政府制定的《勞動基準法》中關於勞動契約的規定，在勞動契約內容的規範上，雖然具有保護勞方的用意，但卻留下了資方「自由原則」與執行的「灰色地帶」，而忽視了勞動契約關係不平等的本質特性。結果，使本來就處於弱勢的勞動者的合法權益更加沒有保障。

2. 勞資關係定位不清

政府在《勞動基準法》的勞資關係定位不清也是勞資關係危機的另一項重要原因。政府以資方爲「經濟主體」的觀念使勞方利益得不到重視，在此背景下，政府普遍重資本輕勞工。長期以來，各級政府把追求經濟增長指標作爲行政管理的重要目標，因而在解決勞資關係問題上存在矛盾。

從過去政府的措施看，例如：早期的華隆關廠勞資糾紛，到高速公路收費員安置問題以及最近的華航勞資糾紛不斷等等，讓許多關心勞工權益者懷疑：政府擔心加強對企業勞資關係的監管，會影響經濟發展。由於政府站在資本家這一邊，在企業與勞動者發生爭議時，以強調投資經濟效益爲名，過度袒護企業而壓制勞動者。這樣就導致政府在勞動者心中喪失了公信力，讓勞資糾紛不斷發生。

3. 糾紛解決機制缺失

糾紛解決機制缺失是指：勞資關係的危機產生，在於勞資關係糾紛缺乏即時有效且公正的解決機制。勞資關係的糾紛本質上是個別企業內部糾紛。因此，如果勞資糾紛能透過企業內部的協商機制來解決，是比較快速有效的，工會是維護勞動者合法權益的重要組織，但是，在當前工會的談判以及維權的能力極度弱化，並未能夠強化自身的職能。

正是由於企業內部缺乏有效的協商機制，導致發生爭議後，要透過司法或準司法的途徑來解決，但是，當前司法解決的途徑卻十分的漫長，雖然先後頒佈了《勞動爭議調解仲裁法》以及《勞動爭議仲裁處理條例》，但是，勞動爭議案件仍得不到即時、有效以及公平的解決，裁決的公正性也經常被質疑。這正是勞資糾紛危機解決機制缺失的主因之一。

三、勞資關係危機協商

勞資協商是指：針對工作報酬、工作時間以及其他雇用條件，雇主和員工代表在適當時間以坦誠態度進行的協商。雙方可以在以下的情況提出質詢：

—履行義務的情況。
—該協議下產生的問題。
—在某項協議下簽訂合約的執行情況。

針對任何相關問題，對方有義務回答質詢，但是，任一方不可強迫對方同意或終止某項協議。勞資協商所產生的文件被稱作「勞動協議」或「勞資協約」。它規定了特定時期內員工和雇主的關係。通過勞資協商，基本上可以確定勞資雙方的關係。

勞資協商是一項複雜的任務，因爲每個協商的協議都有其時空的特殊背景，沒有一定標準或普遍的形式。儘管如此，實際上所有勞動協議都有相同的問題。這些問題包括：資方權利、工會保障、報酬和福利、處理申訴的程序、員工保障和與工作有關因素等的共識與認可。

1. 雙方的權利

勞資協商是重新調整或重建勞資關係的基礎。工會和資方輪流主持有權決定協商中大多數條款的機會。在可預見的情況，雙方在勞資協商中都有提出要求的權利與機會。

（1）資方的權利

一般而言，在勞資協商中，資方的權利包括以下的幾個方面：

——決定員工在何時，在何地，做何種工作以及如何去做。
——當員工的工作操作或工作行爲達不到合格標準時，要幫助他們改正。
——執行管理紀律，以便工作效率與效益達到公司要求的目標。
——依照實際需要，決定做任何一項工作的工人以及工人的數目。
——監督和指導工人工作。
——推薦員工成爲管理人。
——對員工的雇用、辭退、提升或降職擁有決定權。

（2）勞方的權利

一般而言，勞資協商中員工一方提出的主張可分爲三類問題：約束性的、非約束性的以及禁止性的。

第一，勞方有權提出約束性協商問題，這項協商大部分在相關法規都有原則性的規範，但是，在不同的行業以及在執行上，依然有商議的空間。這項問題包括：
——規定合理的工資。
——提供合理的福利。
——合理的工作時間。
——合理的休息時間。
——安全的工作條件。
——舒適的工作環境。
——其他的就業條件。

這類問題通常對工人的工作有直接的影響，勞方通常都會有強烈的要求，並且會持續堅持。

第二，非約束性協商問題也有可能被提出，例如：工會想對屆齡退休的工人增加福利，工會參與政策的制訂以及對經營方式提出建言的機會等等。這類問題在要求進行協商時，由於不在相關法令規範內，資方可以拒絕要求。

第三，禁止性的協商問題，通常在工會擁有會員的強烈向心力以及得到社會輿論的認同下提出。例如：限制雇用「外國人」、「外地人」，或者只能雇用「持有某項專業證照」或者「產業工會會員」等等制度。在沒有法律保障或制度支持下，通常會被資方拒絕。

2. 協商的技巧

協商技巧在勞資談判中與籌碼一樣重要，它扮演關鍵角色。討論包括以下四個項目：表現善意、參與代表、保持實力以及保存會議紀錄。

（1）表現善意

在知識經濟與溝通優勢的年代，協商或談判不再是「強勢贏家」，而更重視「軟實力」的重要性。因此，談判籌碼，從「擁有」轉向「技巧」的優勢。例如：第一次的準備性協商，無敵意的勞資雙方代表會面，利用機會展現善意，為將來的會談建立良好的基礎。

（2）參與代表

參與協調代表人選是否適當，是協調成敗的關鍵。在法律和禮節允許的範圍內，仔細瞭解參加勞資協商的每位成員的背景與實況。同時，也可以建議不在代表名單內，增加值得信賴的資方高層參與，例如：員工對總裁或 CEO 評價高，可以考慮邀請他們參加會談，由於他們的影響力，或可收到意外的成果。

（3）保持實力

在協商或談判過程中，要保持一定的實力（籌碼）不要輕易放手。換言之，雖然評估自己的實力優越，最好將協商者視為勢均力敵的對手，絕不要輕視他們。另外，假使己方顯然居於弱勢，最好與那些類似「弱勢的受害者」團體或領袖人物，保持聯絡，並進一步請求他們的支援。

（4）保存會議紀錄

一次協商的成功並不能保證「永遠」成功，反之，一次的失敗，也不代表永遠的失敗。因此。一定要仔細作好每次的會議紀錄，包括文字、錄音與錄影；並分別由不同的人妥善保存，以備不時之需。因為詳細的筆記對最初及以後的協商會非常有用。再者，如果協商破裂，請求主管機構出面調停時，完整的會議紀錄是保持實力的重要資料。

3. 工會的角色

在企業勞動關係當中，勞動者和管理者之間始終存在矛盾，且勞動者始終處於相對弱勢的地位。在工會未產生以前，勞動者的權益很難得到有效的保證；工會出現以後，情況發生了根本的變化，勞動者有了自己的代言人，工會代表勞動者，集體就工資和勞動條件等問題與企業管理者展開集體協商，簽訂集體合約。

（1）基本職能

代表和維護勞動者的合法權益是工會的基本職能。勞動者的合法權益主要包括以下三項：

——勞動者的經濟權益。

——勞動者的勞動權益。

——勞動者的參與權益。

（2）勞動權益

在上列三項中，勞動權益是最關鍵的議題，是企業勞動者與管理者之間，勞動關係的核心內容。因此，維護勞動者勞動權益是工會維護職能的基礎或核心內容。一般來講，勞動者勞動權益主要包括以下：

——勞動就業權。

——勞動報酬權。

——休假休息權。

——勞動保護權。

——職業培訓權。

——社會保障權。

——請求勞動爭議處理權。

——其他與勞動相關權益。

工會維護勞動者勞動權益就是要對勞動者的權益進行保護和維持。也只有在對勞動者勞動權益維護的基礎上，工會才能進一步對勞動者的其他經濟權益、參與權益（勞動權益當中也包括一部分經濟權益和參與權益）等進行維護。

（3）工作權益

在集體協商中，工會力圖調控資方對工會會員的福利、工會力量及對安全有直接影響的一切行動。勞資合約的主要條款包括三大部分：

──工作的佔有和保障。

──工作時間、速度和生產方法。

──工資的金額以及支付的方法。

這三個部分都影響工資的費用和決策。招雇、提升和停工的辦法間接影響人力費用，工作速度和生產方法強烈地影響人力費用，而工資的決定則直接地影響人力費用。

（4）實力角色

工會的壓力（實力）常常迫使企業管理部門（資方）提高企業效率，從而提高其支付工資的能力。但是，在這種「衝擊效應」不能奏效的地方（由於經濟條件和企業條件無法改變），往往迫使效率較差的企業關閉或轉業。因此，當這類企業的工人（工會會員）確信強制要求提高工資有可能會使他們失去工作時，他們就會表決接受較低的工資，使企業繼續維持經營生產。在企業地處偏僻，工人需要到較遠處找新工作的情況下，更是如此。

工會通常更強調工資率均等的原則，而較少考慮企業支付能力的原則。這一點值得工會領導者深思，如何在理想與現實中，保持平衡；如何在「硬實力」（籌碼）與「軟實力」（技巧）作適當的選擇。

❋ 管理加油站 ❋

復興航空宣布解散

金錢虧損可由投資填補，
生命喪失卻無法回天，
時間總是淘汰不良的企業。

一、個案背景

2014年7月23日復興航空編號GE-222班機，失事墜毀澎湖，造成48人死亡，15人輕重傷。這起悲劇，震驚國內外，更堪稱台灣多年以來，最嚴重的一次空難事故。2015年2月4日，復興航空班機再度失事！編號235班機失控墜毀於基隆河裡，救難人員在冰冷河水中努力尋找罹難者蹤影，但仍有43人不幸喪命、17人受傷。兩起飛安慘劇，讓91人賠上性命！

復興航空無法擺脱飛安陰影，聲譽跌落谷底，終於在2016年11月22日召開臨時董事會，決定公司「解散」，即日起全面停飛。

二、個案說明

復興航空宣布解散，首當其衝的，就是十萬名受到影響的旅客，和一千七百多名員工！大批旅客痛罵復興航空不負責任，而消基會更砲轟，復興航空涉嫌詐欺！其實，復興航空自從歷經兩次空難後，就始終無法恢復民眾信心，再加上兩岸直航陷入寒冬、廉價航空搶食客源，都嚴重影響營運，財務缺口高達27億元！而復興航空解散後，將如何保障旅客和員工權益？交通運輸又將受到哪些衝擊？

復興航空強調，宣布解散是為了確保對旅客、債權人和員工做出最妥善的處置。但在那時，卻仍有近萬名旅客滯留國外，受影響人數高達十萬人次。而復興航空1700多名員工，從頭到尾被蒙在鼓裡，直到最後一刻才獲知工作不保。

回顧1951年，復興航空成立，當時是台灣第一家民營航空公司，1983年，國產實業接手，7年多前由第三代林明昇接棒，學企管出身的他，讓復興航空在油價高漲之時，擊敗華航和長榮，成為台灣航空業獲利王！另外，還進軍廉價航空，成立國內第一家廉航威航。但節省成本，注重獲利，空服員和機師待遇卻都是業界最低，2014年7月澎湖空難，理賠金12億元；2015年2月南港空難，理賠金也是12億，2015年第一季，復興航空開始虧損，接著2016年兩岸關係冰凍、威航停運虧損超過10億，光是2016年一到三季，虧損累計22億元，更積欠債權銀行110億元！2016年11月21日，復興航空最後航班，從上海浦東起飛，在深夜11點55分降落桃園機場，也象徵復興航空正式告別藍天、走入歷史。

三、思考問題

1. 為何曾是航空業獲利王的復興航空會如此沒落？
2. 思考復興航空解散的關鍵原因為何？
3. 思考復興航空的危機是否可能有其他的轉機？
4. 從危機管理觀點看，有哪些值得檢討？
5. 檢討復興航空事件，政府的監督角色如何？

問題討論

1. 危機管理具有哪三項主要意義？
2. 在進行經營危機管理之前，管理者需要確認危機管理的哪六項原則？
3. 危機應對的過程中，具有哪三項典型的特徵，需要釐清？
4. 何謂人才危機？
5. 有哪些個人因素會造成人才危機？
6. 組織的制度管理包括哪三種類型？
7. 導致規範性的制度危機管理動態變化，一般有哪三種情況？
8. 根據許多的研究分析結果，行銷危機產生包括哪四個原因？
9. 化解行銷危機策略，主要包括哪四個策略？
10. 在行銷危機處理技巧中，為何要建立發言人制度？
11. 根據許多勞資關係的研究分析，造成勞資關係危機的主要問題包括哪四項？
12. 在勞資協商方面，勞資雙方可以在哪些情況提出質詢？

第11章

發展的策略管理

1. 認識策略發展管理
2. 發展業務策略管理
3. 發展技術策略管理
4. 發展設計策略管理

學習目標

1. 討論「認識策略發展管理」的四項主題

   包括：策略發展管理概述、策略發展管理特點、策略發展管理制訂以及策略發展管理運作。

2. 討論「發展業務策略管理」的四項主題

   包括：發展業務策略管理概述、發展市場與產品策略、發展產業與範圍策略以及發展規模與優勢策略。

3. 討論「發展技術策略管理」的五項主題

   包括：發展技術策略管理概述、發展技術策略管理目的、發展技術策略管理功能、發展技術策略管理內容以及發展技術策略管理運作。

4. 討論「發展設計策略管理」的四項主題

   包括：認識設計策略管理、設計策略管理類型、設計策略管理內容以及設計策略管理運作。

1 認識策略發展管理

1. 策略發展管理概述
2. 策略發展管理特點
3. 策略發展管理制訂
4. 策略發展管理運作

一、策略發展管理概述

策略發展管理是指：企業組織面對激烈的市場競爭以及嚴峻的環境變化挑戰，爲了能夠長期生存和不斷發展，而進行新的整體性規劃。它是企業組織策略思想的關鍵，是企業組織新經營範圍的願景與目標，以便規劃與制訂新的發展。換言之，策略發展管理包括以下兩項關鍵：

第一，在確立實現企業組織使命的條件下，在充分利用各種機會以及創造新契機的基礎上，確定企業組織與環境的關係。

第二，規定企業組織從事的事業範圍、成長方向和競爭對策，合理地調整企業組織結構和分配企業組織的全部資源。

策略發展管理就是根據利基和競爭，來評估現在和未來的環境，用優勢和劣勢評價企業組織現狀，進而選擇和確定企業組織的整體、長遠目標，制訂和抉擇實現目標的行動方案。

1. 策略發展管理功能

既然面對市場競爭與環境變化挑戰，爲求得長期生存和不斷發展，而進行新的整體性規劃，企業組織的策略發展管理必須具有以下三項作用：

第一，透過制訂策略發展管理，對企業組織外部環境和內部條件的調查分析，認知企業組織在市場競爭中所處的地位，對於企業組織增強自身經營實力有明確的方向。

第二，企業組織有了策略發展管理，就有了經營發展的總目標，發揮企業組織的整體效益，有利於調配員工的積極性。

第三，便於政府有關部門對企業組織進行整合，有利於宏觀經濟和微觀經濟的整合與協調發展，有助於全面推進企業組織管理的現代化。

2. 策略發展管理類別

企業組織的策略發展管理分為：整體策略和部門策略兩大類。由於部門策略是依據整體策略而進行的分工，我們在此針對整體策略進行討論。換言之，這項策略發展管理是根據所處的環境以及未來發展趨勢，而確定的企業組織整體行動方案。它有以下三種重要類型：

（1）穩定策略

穩定策略類型是策略發展管理中比較保守的策略。按照不同情況，企業組織的穩定策略發展管理又分為以下幾種類型：

——無變化策略。無變化策略是按原定方向和模式經營，不作重大調整。

——利潤策略。利潤策略是在已取得的市場優勢基礎上，力圖在短期有更多地獲利。

——暫停策略。暫停策略是為了鞏固已有的優勢，暫時放慢發展速度。

（2）發展策略

發展策略類型是策略發展管理中比較積極的策略。具體的內容包括：

——垂直一體化策略。垂直一體化是在原有經營領域的基礎上，分別從前向與後向的連慣性整體開拓發展。

——水準一體化策略。水準一體化是在技術經濟取向的前提下的經營領域內，橫向擴大發展。

——多角化策略。多角化策略是跳脫原有的經營模式，向完全不同於原有的經營領域擴大發展。

（3）緊縮策略

緊縮策略類型又稱「撤退策略」，是策略發展中比較少用的方法。通常企業組織爲了減輕市場不景氣衝擊，轉型經營或轉投資的需要，而採用緊縮策略。它包括以下三種方式：

第一，削減策略。削減策略是逐步減少生產或收回資金，但是，不完全放棄，以等待時機。

第二，放棄策略。放棄策略是對無法挽回的產品經營領域予以轉讓，收回資金另作他圖。

第三，清算策略。清算策略是企業組織無力扭轉虧損或者瀕臨破產時，不得以採取的策略，進行整體轉讓。

策略發展管理是在企業組織整體策略的指導下，管理經營單位的計畫和行動，從而爲企業組織的整體目標服務。它充分反應了公司經營策略的主旨，又爲管理職能策略的制訂提供了依據。

二、策略發展管理特點

策略發展管理是企業組織現代化經營發展的關鍵之一，它具有以下三項特點：

1. 全局性特點

企業組織的策略發展管理是指：根據企業組織的整體發展需要，以企業組織的全局爲對象而制訂的。它所規範的是企業組織的整體行動，它所追求的是企業組織的整體效益，而策略發展管理具有綜合性和系統性。

2. 長遠性特點

策略發展管理，除了全局性特點，還具有長遠性特點。企業組織的策略發展管理，是反應企業組織謀取長遠發展要求，又是企業組織對未來長時期（通常是五年以上）如何生存和發展的通盤計畫。它的制訂牽涉三個關鍵因素：

第一，要以企業組織內部條件與外部環境的當前狀況爲出發點，並且對企業組織當前的生產經營活動有指導以及限制作用。這一切是爲了更長遠的發展。

第二，凡是爲了適應環境條件的變化所確定的長期行動目標和實現目標的行動方案，都必須有整體發展策略。而這些方案要從適應當前短期變化開始，從解決局部問題，進而邁向長遠計畫。

第三，要具有指標的特色。企業組織策略規定的長遠目標、發展方向、發展重點及所採取的基本行動方針等，這些都是原則性的規劃。然而，它需透過具有行動綱領的整合，才能變爲具有指標性的行動計畫。

3. 抗衡性特點

企業組織策略發展管理是，企業組織在激烈的競爭中如何與競爭對手抗衡的行動方案。抗衡性特點與單純爲了改善企業組織現狀、增加經濟效益、提高管理水準等爲目的的行動方案不同。策略發展管理的內容，要能夠強化企業組織競爭力量和迎接挑戰的策略。

抗衡性策略應當要具體明確。商場如戰場，現代的市場總是存在激烈的競爭。策略發展管理之所以產生和發展，就是因爲企業組織面臨著激烈的競爭、嚴峻的挑戰，企業組織制訂策略發展管理就是爲了取得優勢以戰勝對手，並保證自己的生存和發展。

策略發展管理的上述特性，決定了策略發展管理與其他決策方式的區別。根據上述策略發展管理的特性，策略發展管理是企業組織具有長遠性、全局性和抗衡性的經營方案。

三、策略發展管理制訂

策略發展管理的制訂是指：根據企業組織的新需要而設計具有時代特色的經營方案。策略制訂的程序包括以下五個步驟：

1. 鑑別現行策略

鑑別組織的現行策略，與組織的使命和目標是否一致，是策略發展管理制訂的首要步驟。如果組織的使命和目標在目標確定過程發生了重大改變，或者組織的使命和目標採用現行策略無法達到，重新識別組織的策略就很有必要。

2. 環境的分析

瞭解組織目標和現行策略，爲確定環境因素對組織完成目標的影響，提供了分析的框架。組織環境：包括一般環境和任務環境。

一般環境由經濟環境、技術環境、政治環境、社會環境以及自然環境等組成，它們對組織的影響是間接的。

任務環境則包括競爭者、供應商、消費者、投資者以及員工等，這些對組織目標完成的影響是直接的。

因此，環境分析的關鍵就是在這項基礎上，認識到企業組織面對的競爭是什麼，面臨的利基又是什麼。

3. 資源的分析

組織目標和現行策略也提供了分析組織資源的框架。資源分析，主要分析組織在生產、營銷、財務、技術和管理等方面的現狀或能力。資源分析主要是識別組織在這些方面相對於其他競爭者的優勢和劣勢。

此外，要確定策略改變的程度。透過環境和資源分析，可以預測出繼續執行現行策略的結果。根據預測結果，是否存在績效差距，管理者可以決定修改策略與否。

4. 確定新目標

在策略制訂的程序中，要根據環境分析與資源分析進行策略目標的設定，以便帶動企業組織邁向另一個經營發展方向與階段。這項工作包括：

──考察和瞭解組織的新使命。
──將使命建立具體化的目標。

由於這是重要關鍵步驟，目標選擇的過程會佔用管理者的時間與組織的大量資源配合，組織許多其他活動可能會被壓縮。此外，管理者的專業知識與價值觀也會影響目標選擇的成敗，需要審慎處理。

5. 策略的實施

制訂新的策略計畫，同時也要進行策略的實施，以便落實到組織的經營活動中。這是因爲即使是最高明、最富有創造性的策略，除非得到有效的實施，否則不會對組織有任何益處。最後還要進行策略的管控，也就是，在策略實施的過程中，管理者必須定期或在關鍵階段檢查策略的執行進度與績效。

四、策略發展管理運作

爲了貫徹已選定的策略，還需要做好以下幾方面的工作：

──建立適當的組織機構。
──制訂策略行動和項目計畫。
──籌措所需要的資金。
──建立監控與評價系統。
──管理組織日常活動。

在企業組織策略實施的過程中，管理者要綜合考慮以下五項的運作步驟：

1. 制訂實施計畫

制訂實施計畫是指：根據企業組織策略發展管理所設定的各項目標，制訂出詳細的策略項目、策略行動、資金籌措以及市場開拓等等計畫，以便推行企業組織的發展策略。

2. 建立新組織機構

配合新發展策略，建立新組織機構。根據策略目標和所選擇的策略決策與規劃，選擇符合策略所需要的組織機構，並且賦予明確的責任和權利，以及企業組織將採用的各種方法和手段。

3. 選擇執行者

在建立新組織機構之後，要立即選擇適合的負責人。對不同的策略，要選擇不同的人來負責，使其能力、專長及責任心等等，適合承擔該任務，並且根據責任的大小、完成任務的成效，即時地予以適當的獎懲。

4. 正確分配資源

爲了維持策略發展的持續性，需要適當地分配資源。企業組織的資源是指：資金、技術、人力、物資及資訊等。在策略實施過程中，這些資源應該按照策略規劃中所需要的數量、時間進行合理的分配，才能保證企業組織策略的順利執行。

5. 進行策略控制

進行有效的策略控制是策略發展管理運作的最後也是最重要的步驟。它是依據企業組織預定的策略目標，經過與回饋後的業績比較，檢測差異的程度，然後進行適當的調整。進行策略控制要依據以下三項內容：

──制訂一套有效的策略評估標準。
──檢驗策略執行過程中的實際業績。
──進行績效評價。

爲了策略發展管理的持續運作與永續發展，上述的運作必須達成最關鍵的目標：改變全體人員的觀念與行動，以便創造符合時代的企業組織文化。換言之，要適應企業組織策略目標的要求，改變企業組織內部成員的傳統行爲，建立起適合新策略所需要的行爲規範、工作方法、價值觀念和精神。

2 發展業務策略管理

1. 發展業務策略管理概述
2. 發展市場與產品策略
3. 發展產業與範圍策略
4. 發展規模與優勢策略

一、發展業務策略管理概述

企業組織發展業務策略管理是指：把企業組織擁有的一切資源進行最有效的規劃，以實現企業組織最大化的資本增值。這項發展業務策略，一方面要整頓內部，包括：生產技術革新、設備更新等，以便促進整體業務效率的提升；另一方面，則透過出售或轉讓，兼併或收購等策略，對外進行有效的擴展。

業務策略發展的焦點，要從整頓本身的業務開始，面對競爭對手，進行新市場的開發。在此過程中，確定在行業中的定位至關重要。定位準確的企業組織通常能更好的應付外界的競爭。在確定本身定位的基礎上，企業組織要檢驗其準備採取的行動，能否超越競爭對手。

發展業務策略管理的目的是：整合各部門，在各自工作領域中生存、競爭與發展的運作。因此，如何整合資源與創造價值，以滿足市場需要，是發展業務策略管理的重點。在此前提下，企業組織通常在以下三類業務發展策略中進行：

第一，發展市場與產品策略。這類的業務發展，包括：建構具有遠景的目標市場，以及設計具有特色的產品。

第二，發展產業與範圍策略。這類的業務發展，包括：將目前的產業有效的整合，以及擴大業務的涵蓋範圍。

第三，發展規模與優勢策略。這類的業務發展，包括：創造業務規模具有宏觀經濟效益，以及發展具有業務的競爭優勢。

二、發展市場與產品策略

發展市場與產品策略的業務發展，包括：建構目標市場以及設計產品特色。

1. 建構目標市場

建構目標市場是發展市場與產品策略的首要任務。目標市場是企業組織所要提供服務以及滿足需求的的對象，同時，也是取得外界資源以及利潤的主要來源。可惜，由於許多企業組織領導人或者業務管理者，對目標市場的概念並不清楚，常造成在策略操作上缺乏重點，或者以同樣的方式服務不同的目標市場，因而降低了消費者的滿意度。

無論消費用品或工具用品，消費者通常會依據各自的喜好來選擇消費市場，其設定的標準會被劃分爲許多類型，然後，養成了日常的消費習慣。相對的，生產者也應該配合消費者的習慣，各自對目標市場予以分類進行有效的行銷。由於同一產業中的各個業者對目標市場的分類方式未必相同，收獲的效益也有所落差。企業組織的市場分類方式，代表其策略思考的模式與策略選擇。不同的劃分方法，都代表著不同的意義。劃分方法包括：

—根據消費者的規模，例如：個人、家庭或機構等。

—根據不同的地區，例如：都市、鄉村、農業區、工業區或住宅區等。

——根據依消費者的所得，例如：高所得、中所得與低所得等。
——根據依消費者的年齡，例如：老年、中年、青少年、兒童或嬰兒等。
——根據依消費者的應用形態，例如：工具、日用品、休閒、健康等。

發展業務策略管理的制訂者，應該思考並決定他所負責的業務，思考問題如下：

——如何界定目標行銷市場？
——如何選擇目標行銷市場？
——這一方式有何策略上的意義？
——目標市場是否配合消費者的需要？
——行銷的產品是否對消費者具有吸引力？
——目標市場將來的成長潛力如何？
——各個類型消費者對本企業的依賴程度如何？
——本企業對消費者的依賴程度又如何？

值得注意的是，將目標行銷市場分類以後，企業組織未必就只選擇其中一個，可以考慮作多重的選擇，然而，針對每一項思考問題，發展業務策略管理者要慎重回答。

2. 設計產品特色

產品設計必須要具有一定的廣度與特色，以便配合發展市場與產品策略。產品的廣度與特色產品，包括應用的普遍性與服務態度，是消費者與企業組織最直接接觸的介面。其關鍵作用包括：

——企業組織求生存最基本的依據。
——最直接反應企業組織特性的焦點。
——企業組織在策略上，可以具體追求的管道。
——企業組織最容易掌握與發展的方法。

因此，產品線的廣度與特色，是反應企業組織發展業務策略管理的重要項目。在反應產品線的廣度和特色時，要注意如下問題：

——在產業所有可能提供的產品或服務項目中，本企業組織提供了哪些？
——其他企業所具有的，本企業是否全有？
——假使只提供單一產品，其理由是什麼？
——假使不只一種，則選擇這產品組合的理由爲何？
——產品或服務項目可以劃分爲幾大類？
——產品或服務項目之間如何搭配？
——同業間產品或服務的特色有哪些？
——本企業所提供的特色又是哪些？
——這些特色是怎樣形成的？
——本企業憑什麼可以創造這些特色？

三、發展產業與範圍策略

在確定發展市場與產品策略之後，有必要規劃發展產業的範圍。這項的業務發展策略包括：產業整合以及擴大涵蓋範圍。

1. 產業整合

任何產業，由原料、生產、行銷到最終消費者，都必須經過一連串的加工作業，在管理學稱爲「創造價值活動」(Create value activities)。例如：在半導體產業，有IC設計、晶圓加工、元件製造、封裝以及測試等等過程，協力廠商可以選擇其中一個階段來做；也可以從頭做到尾，成爲一貫作業的半導體業者。究竟自己要從事多少項或者多少階段的決定，就是所謂「垂直整合」的決策。

在決定垂直整合時，企業組織必須先瞭解產業上下游共有哪些流程與階段，才能深入分析而有所取捨。有些業務由於具有競爭優勢，應該儘量掌握在自己手中；相反的，有些業務與本企業組織的核心能力關聯不大，外界又有許多廠商可以代勞，則可以考慮外包來精簡組織。

2. 擴大涵蓋範圍

擴大涵蓋範圍通常是指地理性的範圍。一個企業組織可以從地方性企業組織開始，可以是全國性企業組織，也可以擴大到全球性企業組織。它可以將同一地方生產的產品，運到許多不同的市場去；也可以將產自各地工廠的產品，運到同一個地區市場來行銷。

有許多企業組織已將各項生產與行銷活動分散到世界各地。例如：一家產銷汽車的企業組織，在日本進行研究發展，關鍵零組件也在日本生產，其他零件在中國製造，而在台灣及印度裝配，最終產品銷往其他國家。這種地理涵蓋範圍上的運用，與其產品定位、目標行銷市場之選擇、經濟規模等都有密切的配合關係。

將各個「創造價值活動」分散到不同的地區，例如：創造較低廉的人工成本。然而將整體布局擴大，也會提高物流的成本，以及溝通與協調的困難。這項決策的思考問題包括：

—接近市場。
—接近原料產地。
—賺取匯率差價。
—追求國際間的產銷利益。

四、發展規模與優勢策略

發展規模與優勢策略，這項的業務發展包括：創造規模經濟以及發展競爭優勢。

1. 創造規模經濟

在發展規模與優勢策略時，相對規模與規模經濟是必然的選項。規模經濟是隨著經營規模的擴大而帶來的效益，可能表現在產能的充分利用、成功的採購談判力、廣告的運用，以及人員訓練與研究發展等等因素。而這些效益的大小又隨著產業特性與環境變化而有所不同。即使在相同產業，也會因爲科技的進步、產業結構的演進等因素而有所變化。在規模方面：

第一，策略制訂者要瞭解：相對於同業而言，本企業組織現在是以大規模還是中小規模的方式來競爭？

第二，策略制訂者要瞭解：就本產業的特性來說，本業務的規模水準已經能發揮哪些規模經濟上的效益？

第三，策略制訂者要瞭解：假使不能發揮規模經濟上的效益，其原因何在？

要反應「相對規模與規模經濟」，企業組織必須要先仔細思考並回答以上問題，而不只是簡單地提出本企業組織的營業額或資本額而已。想要回答以上問題，需要深入的研究，也需要一些主觀的判斷。以許多高科技或電子商務的產業爲例，其產值通常以量取勝，未達一定門檻規模者，很快就會被淘汰，所以快速追求規模成長是關鍵步驟。

企業組織在投資新業務前，需要先想清楚產業的規模門檻是多少，本身的資源與策略雄心是否能配合產業規模的要求。而即使是產業中的資深業者，當面對產業環境劇烈變化，例如：科技突破或市場開放，也應深入檢討自己在規模方面的地位與決策，以便取得更好的效益。

2. 發展競爭優勢

策略制訂者希望能由以上各項策略決策中，創造出業務所獨特擁有的競爭優勢。這些策略上的競爭優勢，有時彼此並非互相獨立，而是互相支援、互相呼應、互相配合的。這些競爭優勢的關鍵包括：

──行銷方面的優勢，例如：品牌知名度和行銷管道的掌握。

──生產和財務方面的優勢，例如：生產效率和低成本的資金來源。

──技術的獨創與領先。

有些競爭優勢是從原本業務的策略形態所形成的，或是從以上策略形態延伸出來的。例如：產品品質特別好、產品種類比別人多，或是交貨比較迅速等等優勢，是與產品線廣度與特色有著密切關聯。於是，企業組織能夠掌握到最忠誠的消費者，或找到最好的經銷商，與目標行銷市場的區隔與選擇都具有相關的優勢。

第一，產銷一貫化以及善用外包以精簡組織，是與垂直整合程度之選擇有關的優勢。

第二，規模大所以成本低，採購量大，所以受到供應商重視，是與相對規模與規模經濟有關的優勢。

第三，到原產地採購，工廠外移到工資低廉的地區造成成本優勢以及掌握國外訂單等，這些優勢則是與地理涵蓋範圍有關。

請記住：有些競爭優勢是由所謂的非策略形態因素所造成。例如：有些企業組織的競爭優勢來自其他業務單位或關係企業組織所提供的協同效應或關係。有些則是因爲當初投資的時機因素。例如：先進入產業者享有較高的消費者忠誠度或擁有更好的管道關係等。

此外，有些競爭優勢是基於某些關鍵資源，或市場上享有特殊的獨占力量，例如：擁有專利權或特許執照等，而獨占力的大小也有程度上的差異。有些競爭優勢純粹是因爲財力雄厚，可以藉著財力吸引各種資源與人才，也可以憑著財力進行投資或競爭的持久戰。

總之，發展競爭優勢包括：協同效應與關係、時機與機遇、財力與能力以及資訊與科技的運用等，都是競爭優勢來源。

3 發展技術策略管理

一、發展技術策略管理概述

認識發展技術策略管理，要從技術策略管理的本質開始進行探討。技術策略管理是指：企業組織在市場競爭中發展出來的內在手段。因此，技術策略管理的本質是保持和提升企業組織的競爭優勢。換言之，技術策略管理存在的前提是：市場競爭性。企業組織爲了在市場中生存與發展；爲了在市場競爭中取勝以免被淘汰，要利用策略管理來達到目標。雖然技術策略管理有不同的觀點，但基本上都同意技術策略管理的關鍵問題，在於如何保持企業組織的持續競爭優勢。

從企業組織的資源，包括：人力、物力與財力的整合效率出發，把技術策略管理定義爲：爲保持和提高企業組織未來的競爭優勢，從企業組織的核心資源和能力出發，掌握和創造市場新利基的策略。這項技術策略管理的定義，反應了企業組織內部、企業組織未來和企業組織創新三個觀點的整合。技術策略管理分爲三個策略管理層次：

——企業組織整體策略管理。
——企業組織經營策略管理。
——企業組織職能策略管理。

1. 內容與範圍

企業組織整體策略管理，界定了企業組織競爭活動的內容和範圍。這項工作包括：

—界定企業組織要獲得何種資源。
—界定企業組織要取得何種技術。
—界定企業組織要生產何種產品。
—界定企業組織要提供何種服務。
—界定企業組織要向哪個市場行銷產品與服務。

2. 開發特定資源

企業組織經營策略管理是有關企業組織如何開發與善用特定資源的能力。這項工作的關鍵是：

—如何把人力、物力與財力資源轉換爲動態能源。
—如何進入某個特定的目標行銷市場。
—如何建立和保持相對於其他競爭者的獨特優勢。

3. 具體行動措施

發展技術策略管理的最終過程，是要採取具體的行動措施。這項工作要求企業組織能夠對企業組織所設定的經營策略管理計畫展開分批、分階段以及整合等具體的行動措施。這是對企業組織經營策略管理執行力的檢驗。包括：採購、生產、開發、行銷等活動。

總之，發展技術策略管理牽涉到三項相互關聯的關鍵措施：

—企業組織的「整體策略管理」是設定關於企業組織的競爭方向。
—企業組織的「競爭策略管理」是設定關於企業組織的競爭方法。
—企業組織的「職能策略管理」則是設定關於企業組織競爭措施的實踐。

二、發展技術策略管理目的

在全球性技術革命浪潮，高技術企業組織崛起以及知識經濟挑戰的推動下，策略管理研究確認了「技術」（technology）是企業組織經營業務和競爭策略管理的關鍵要素，因此，管理者要明確地把技術與技術策略管理聯繫起來。國際策略管理管理研究學者邁可．喜特等（Michael A. Hitt & R. Duane Ireland）在他們的著作《策略管理：概念與案例：競爭力與全球化》（*Strategic Management: Concepts and Cases: Competitiveness and Globalization*, by Michael A. Hitt & R. Duane Ireland, 2016）有詳細的論述。

1. 技術策略管理

綜合學者們的觀點，肯定「技術」是企業組織業務的主要維度因素（Dimensionality Factor）之一，由於它爲業務活動引入動態功能，一項新技術早晚必將取代另一項技術。從動態資源的觀點看，技術既是企業組織重要資源，又是企業組織的基本能力。如同企業組織有財務策略管理、人力資源策略管理、生產策略管理、營銷策略管理等經營策略管理一樣，企業組織也需要有技術策略管理。換言之，技術不僅是影響企業組織整體和經營策略管理的重要因素，對待技術本身就需要有一種策略管理態度與高度。

技術策略管理是企業組織整體策略管理的一部分，扮演著經營層面的策略管理角色。我們把技術策略管理定義爲：累積、開發以及利用技術資源和技術能力，以便維持與提高企業組織核心競爭力的方式。技術策略管理的目的不是技術本身，而是透過技術提高企業組織的資源能力，使企業組織在市場競爭中持續保持優勢。技術策略管理的效果最後要反映在企業組織的產品和服務中，因此，它不僅僅是技術引進和技術開發的過程，技術策略管理更包括廣泛的資源、能力和市場機遇的技術方面的應用。

2. 整體策略管理

技術策略管理必須和企業組織整體策略管理保持一致，經營層面的技術策略管理，要解決的問題是：

—如何累積企業組織獨特資源的能力。
—如何整合和激發企業組織獨特的資源能力。

在一些企業組織的某階段時期，技術策略管理不但是企業組織的資源能力，同時也是企業組織整體策略管理的核心。例如：高技術企業組織，或者某些大企業組織採取技術領先策略管理等。總之，企業組織整體策略管理爲發展技術策略管理指出了目標和方向，而技術策略管理爲企業組織整體策略管理的實現創造支持條件。

進入21世紀，在全球化背景下，技術發展更加迅速，技術資源的重要性和轉移性更加增強，導致技術策略管理在組織管理中的地位顯著提高。因此，任何類型的企業組織的整體策略管理，都不能忽視技術策略管理。其他的經營策略管理，也必須與技術策略管理保持必要的協調關係。

三、發展技術策略管理功能

發展技術策略管理的目的是保持和提高企業組織的核心競爭力，它的基本功能作用必須包括以下四方面：提供方向與目標、提供原則性規範、提供定位基礎以及提供依據與支持。

1. 提供方向與目標

發展技術策略管理爲企業組織累積和開發何種技術資源指出了目標和手段，規定了企業組織如何獲得技術能力和如何開發技術產品，明確化了發展技術活動的方向和內容。而且，這種方向和目標在一定時期保持穩定，專注於唯一的技術目標。

2. 提供原則性規範

發展技術策略管理是爲日常技術決策提供原則性規範。即使在一個小企業組織中，每天都要做出許多技術方面的決策，於是，技術策略管理的作用就能夠使企業組織的各種技術決策減少衝突，保持前後一致性，整合在企業組織目標範圍內。策略管理在協調各種技術決策過程中，還具有溝通各技術部門和各個技術人員的作用，使這些部門和人員在行動上也保持內在的一致性。

3. 提供定位基礎

發展技術策略管理是爲企業組織的市場定位提供基礎。每個企業組織都要選擇一個市場範圍和目標消費者，技術策略管理透過它對發展技術資源和技術能力的瞭解和引導，然後，支持企業組織核心產品和核心服務的市場營銷，爲企業組織市場定位和產品營銷提供基礎和依據。

4. 提供依據與支持

發展技術策略管理是爲技術策略管理的轉換提供依據和支持。在這個前提下，技術變革速度的加快使企業組織經營活動需要經常地轉換策略管理，以便取得新的支持。一種替代性新技術出現了，以舊技術爲基礎的企業組織必須做出策略管理適當的調整。技術策略管理透過其對技術環境的跟蹤預測，爲企業組織整體策略管理調整和轉移提供資訊、依據和支持。

四、發展技術策略管理內容

發展技術策略管理的任務內容是建立在發展技術策略管理功能的基礎上，其任務範圍比較廣泛與複雜。包括發展技術和技術活動的所有內容，歸納起來分爲以下四方面：審查和評價、解讀技術環境、制訂發展方案以及調整策略管理。

1. 審查和評價

審查和評價是發展技術策略管理的首項內容，其目的在於審查和評價企業組織的技術資源和技術。發展技術資源和技術能力並不是完全清晰可見的。發展技術策略管理的首要步驟，就是找出企業組織擁有的有形和無形的技術資源，確認發展技術能力所在和所擅長的技術領域，並且評價這些技術資源和技術能力的價值，爲技術策略管理的制訂和選擇提供基礎。

2. 解讀技術環境

解讀技術環境是發展技術策略管理的第二項內容，其目的在於解讀企業組織外部的技術環境。雖然是從企業組織資源與能力基礎出發，但是，企業組織外部的技術環境是不可以忽略的。

企業組織所處行業的產業技術狀況、產業技術在演化週期所處的階段、企業組織主要競爭對手的技術水準和技術策略管理、主要用戶的技術水準等等，都是企業組織必須瞭解的技術環境資訊。對於大企業組織或高技術公司，瞭解研究機構和專業科學家的最新研究成果，也是必要的策略管理基礎工作。

3. 制訂發展方案

制訂發展方案是發展技術策略管理的第三項內容，其目的在於選擇和制訂發展技術策略管理方案。企業組織獨特的技術資源和技術能力是制訂技術策略管理的基礎，企業組織外部的技術環境是制訂技術策略管理的參考，在企業組織整體策略管理方針的指導下，選擇企業組織資源，又適應外部技術環境的技術策略管理方案。

4. 調整策略管理

調整策略管理是發展技術策略管理第四項內容，其目的在於有效地實施技術策略管理。發展技術策略管理必須有效地實施，才能提高企業組織的核心競爭力。技術策略管理的實施是更關鍵的環節。技術策略管理只有實際執行才能得到檢驗，它的正確性和有效性，及其相反的可能性，只有透過策略管理實施才能發現。

假使在策略管理實施過程中，發現了策略管理制訂時的隱含性錯誤，就要即時地加以修補和調整。假使策略管理錯誤極大，就要改變策略管理或終止策略管理執行。因此，技術策略管理也必須保持靈活性和可調整性，尤其技術變革的時機和速度很難預測，技術策略管理保持靈活開放是合理的做法。

五、發展技術策略管理運作

發展技術策略管理的運作要素分爲四部分：技術策略管理基礎、技術策略管理目標、技術策略管理方案，以及技術策略管理行動。這四個要素的聯結形成技術策略管理的結構。

1. 技術策略管理基礎

技術策略管理基礎是指：企業組織的現有技術資源和技術能力，它們是技術策略管理的基礎，整個技術策略管理都受到這些基礎條件的制約。

2. 技術策略管理目標

技術策略管理目標是指：具體而言，企業組織要提高何種核心競爭力和競爭優勢、要在哪些領域裡提高技術水準、是技術領先還是技術跟進、要在多長時間內到達上述目標。

3. 技術策略管理方案

技術策略管理方案是對實現技術策略管理目標的具體做法的詳細描述。策略管理方案中要指出實現策略管理目標的手段、方式方法、實施程序和階段性考察標準，還要包含應付突發的技術環境變化的原則和對策。策略管理方案的內容，主要包括：

──技術資源和技術能力的獲取方式，是從外部購買還是從內部開發技術資源。
──技術資源與技術能力的組合利用方式。
──技術能力的發掘與提高的學習方式。
──新技術商業化的組織方式。
──技術防禦與技術進步方式。

技術策略管理方案必須是可實施的，否則要重新制訂策略管理方案。

4. 技術策略管理行動

技術策略管理行動是指：對技術策略管理方案的具體實施活動，在沒有遭遇重大困難或突發阻礙事件時，要嚴格按照技術策略管理方案的內容要求執行。在策略管理行動中獲得的經驗，會提高企業組織的技術能力，促使策略管理目標和策略管理方案的完善和調整。

4 發展設計策略管理

1. 認識設計策略管理
2. 設計策略管理類型
3. 設計策略管理內容
4. 設計策略管理運作

一、認識設計策略管理

發展設計策略管理是現代企業組織日益重視的管理發展方式之一。它幫助企業組織在複雜多變的環境中，掌握機會與抵禦風險，實現企業組織資源與外部環境的動態平衡，以達到企業組織發展的目的。設計策略管理包括三個部分：

──發展設計策略管理。
──發展設計策略評估。
──發展設計策略實施。

發展設計策略管理是策略管理的基礎與核心，它爲企業組織經營指明方向，是企業組織發展的核心與關鍵，也是策略實施與策略評估的基礎。

換言之，發展設計策略管理不同於經營計畫，其重點不是在明年後年做什麼，而是想到明天會怎麼樣，然後決定明天該如何做。管理計畫會受到管理者本身能力的限制，而策略管理則要衝破企業組織與管理者的自身能力限制，甚至借助於外部資源來強化自己。

二、設計策略管理類型

設計策略管理類型是指：策略的形式及其關係。企業組織的策略表現在不同的形式，而每一種策略都在創造特定的價值。從企業組織價值循環的角度看，可以將企業組織策略分成三大類：

──競爭策略。
──財務策略。
──投資策略。

1. 競爭策略

競爭策略的目的是爲了爭取消費者，而爭取消費者也就意味著滿足消費者價值的需要。消費者價值是指：消費者使用或者消費企業組織提供的商品或勞務的價值，以及消費者爲此消費行爲所付出的代價之間價值的對比。企業組織爲了在競爭策略上取得優勢，就必須關注以下四點：

第一，消費者定位。企業組織必須善於發現自身在消費者心目中定位，包括：優點、缺點以及具有的優勢。在這個認知的基礎上，選擇目標的消費者。

第二，產品品質定位。企業組織必須以較低的成本提供優質的產品，以便在消費者心目中留下良好產品的品質定位。這項定位，也包括服務的品質與態度。

第三，市場定位。企業組織必須努力開拓國內與國際市場，尋找自己在市場中的定位。然後，選擇適用的銷售管道與行銷工具，以滿足各類不同消費者的需要。

第四，研究開發定位。企業組織必須研究，如何以領先的優勢不斷開發新品，以便用最快的速度佔領市場，從而取得持續的競爭優勢。

2. 財務策略

財務策略的目標是爲股東創造最大的投資回報、保證員工的穩定收入，以及爲消費者提供優質的產品。於是，具有優勢的財務策略是企業組織所有策略的最終目標，它也是檢驗企業組織策略成功與否的指標。而此策略的前提條件是，爲消費者創造價值。財務策略的基本內容包括以下四項：

第一，具有優勢的財務策略，爲股東提供股利分配。這是股東投資回報的一種表現形式。同時，具有優勢的財務策略，保護投資者的利益。這是指投資人的投資價值得到不斷增值。

第二，具有優勢的財務策略，可以建立完善的資本結構。合理的債務與股東權益，不僅能夠保證企業組織的投資者取得最大的投資效益，而且有利於降低企業組織的經營風險。

第三，具有優勢的財務策略，保證取得充足的資本以及確保持有資本數量的穩定。在此前提下，企業組織能夠提高資本的質與量，使企業組織的經營活動能夠持續進行與發展。

第四，具有優勢的財務策略，保護債權人的利益。這是指：確保債權銀行能夠按時收回貸款，並取得利息收益。同時，也保證員工的穩定收入以及協力廠商的持續合作。

3. 投資策略

投資策略是指：企業組織爲了生存、發展與永續經營而採取增加投入項目的運作，它是在財務策略與競爭策略的前提下進行。財務策略與競爭策略可以同時滿足消費者與投資人眼前的利益，而投資策略卻是著眼於企業組織長期的利益。爲消費者與投資人創造持久的價值是投資策略的最終目標。投資策略透過對企業組織各種資源的長期投資，追求未來的價值。這策略包括以下內容：

（1）人力資源投資

人力資源投資是指：企業組織透過對人員的技能與知識的培養，來提高人員的適應能力與競爭力。人力資源投資的方法包括：舉辦定期、不定期以及專案的培訓計畫與績效考核。

（2）研究發展投資

研究發展投資是指：企業組織爲獲得相關科學新技術、新知識以及創造性運用，改進技術、產品和服務而持續進行具有明確目標的系統性工作。它是針對產品、技術的研究和開發。研究與發展投資是一種創新活動，也是滿足需要的創造性工作。

（3）關係策略投資

關係策略投資是指：透過各種方式與協力供應廠商建立策略合作夥伴關係，以及與消費者維持友善的供需關係等的投入，以便提高企業組織的品牌與形象。運作的方式，包括：透過公共關係、社區服務以及消費者的回饋等等方式。

（4）營運資金投資

營運資金投資是指：流動資金規模的不斷擴充，提高企業組織的生產規模，以便適應企業組織不斷發展的需要。流動資金是支持企業組織經營與發展的後勤基礎，必須保持穩定的金額，以備不時之需。

（5）長期資產投資

長期資產投資有別於流動的營運資金投資。它是指：運用無形的信用資產、固定的物力與財力資產以及透過合作、兼併與收購等方式，達到擴充企業組織生產能力的目的，進行長期資產投資。

三、設計策略管理內容

從以上的設計策略管理的競爭策略、財務策略以及投資策略等三大類型看，這些既是企業組織經營成敗的關鍵，也是創造企業組織價值的前提條件。因此，爲企業組織規劃發展設計策略管理的適當內容，是發展策略管理的核心所在。換言之，發展設計策略管理是對企業組織內外的經營活動，它包括：內部價值鏈的設計以及企業組織外部關係的協調。這兩種代表性的設計模式，其具體內容如下：

1. 緊密型發展設計

緊密型發展設計策略管理是屬於內部價值鏈的設計。其主要爲企業組織的內部管理進行規範化，然後，配合企業組織的外部關係進行合約化工作。這一策略模式強調規範化的管理，主張用嚴密的制度確保企業組織內部經營與管理活動的正常運轉，以合約化的方式協調與外部的聯絡。

2. 鬆散型發展設計

鬆散型發展設計策略管理是指：強調開放式與靈活的管理模型。此發展設計策略管理具有企業組織內部管理的靈活性，以便適應外界環境不斷變化的需要，且更注重與供應商保持長期的策略合作夥伴關係。同時也重視與社區與消費者維持穩定的友善關係。

以上兩種模式各有利弊。以緊密型發展設計策略管理爲例，它的運作可以大幅降低企業組織的經營風險，提高企業組織管理的效率；而鬆散型發展設計策略管理則能夠促使企業組織靈活地適應千變萬化的外界環境，增強企業組織的競爭能力。根據目前發展趨勢看，由於市場競爭不斷加劇，經營風險日益提高，經營環境越來越複雜，鬆散型的發展設計策略管理已經越來越普遍。

四、設計策略管理運作

如何進行設計策略管理的運作是發展設計策略管理的關鍵工作，它牽涉到發展設計策略管理績效的優劣與成敗。以下按照運作流程，提供四項建議：

1. 明確的宗旨與目標

在進行設計策略管理的運作過程中，要設定明確的宗旨與目標。企業組織必須有本身的宗旨，在宗旨中，明白確立：

──企業組織的宗旨。它是一個什麼樣的企業組織？
──企業組織的目標。企業組織主要的業務是什麼？

回答這兩個問題，也就是企業組織必須給本身一個明確的定位，以區別於其他企業組織。這個定位要呈現環境變化與企業組織自身優勢，這點在某些具有顯著品牌差異以及潛力的行業特別重要。它爲企業組織的研究開發、目標市場、產品定位以及企業組織文化與精神建設等奠定成功的基礎。它的成功，在相當程度上應歸因於它明確的定位。

正是有了明確的定位，台積電在創辦人張忠謀博士的堅持下，才能在其他高科技企業組織紛紛實行多元化經營時，仍然堅守本業，擴大企業組織規模，實施品牌策略，一心一意地發展晶圓代工產業。也正因爲如此，當其他企業組織因實行多角化而深陷危機時，台積電依然蓬勃發展，不斷壯大。

2. 策略的交互運作

在明確化宗旨與目標設定之後，設計策略管理的運作獲得許多來自不同部門的策略性支持，而這些支持的力量要加以整合，彼此支援以便發揮最大的效益。在此前提下，有效的策略管理運作是進行各個部門以及各個環節彼此交互並進的過程。企業組織在確定宗旨與目標時，必須考慮組織制訂、執行策略戰術的能力，以避免目標流於空洞。

執行策略的交互運作過程中，企業組織中低層管理者參與策略的制訂，是確保運作能夠順利進行。由於，中低層管理者往往更清楚企業組織的策略戰術執行能力，假使單獨由管理專家或高級管理者制訂策略，有可能讓目標陷入空洞化的危險。因此：

第一，策略的運作可採用目標管理中，上下協商設定目標的方法，也可由各層管理人員組成策略委員會共同運作。

第二，在策略執行過程中，也應經常對照目標與外界環境，即時糾正策略的偏差，發現更優的策略，以保證策略運作的方向與有效性。

3. 適當的競爭模式

選擇適當的競爭方式是指：設計策略管理運作，除了內在的策略的交互支援之外，還要具有對外的競爭力。既然策略的作用是使企業組織在競爭中獲得優勢，發展設計策略管理必須反應企業組織，要以何種途徑獲得這種競爭優勢。這些競爭方式大致可分爲三種方式：

第一，具有競爭優勢的策略運作，要把重點放在提高生產效益上，包括：流程重建、製造效率、全面品質管理以及流程標準化等等。這些方法的運作，雖然不能給企業組織帶來多大的保證，但它確實能夠創造競爭優勢。

第二，具有競爭優勢的策略運作，要把重點放在企業組織文化建設上，包括：提出一個共同的遠景目標，激勵員工爲它努力奮鬥；凝聚企業組織內部的向心力與榮譽感；塑造特有的價值觀，促進企業組織的發展。

第三，具有競爭優勢的策略運作，要強調學習的重要，把企業組織建設成爲學習型組織。內容包括：學習新知識以及新技術，以便員工能夠適應新的環境變化，創建企業組織發展的新契機。

4. 著眼於未來

企業組織要著眼於未來的願景。發展設計策略管理也必須建立在對未來展望的基礎上，而且對未來的展望不能僅僅從公司角度來進行，這樣容易產生視野的限制。企業組織必須廣闊地觀察世界的變化，包括：社會價值、技術發展、消費模式以及國際金融方面的變化。同時，又要回過頭來考慮，這些變化會對企業組織產生什麼影響，公司應如何應付，應該選擇何種競爭方式。

在這項前提下，公司應該建立專門的政策研究單位或者專門的環境監測員，來監測環境變化，搜集新資訊。這樣能增強公司對環境的敏感性與反應能力。例如：殼牌（Shell）石油公司就聘請一些富有洞察力與想像力的人員，建立專門的遠景觀測部門，他們經常考慮一些關鍵問題：

——石油用完後，公司怎麼辦？
——如果爆發世界大戰，殼牌應如何調整？
——經濟危機會不會再次來臨？

由於殼牌時刻關注著未來，他們成功地預見了1973年與1979年的能源危機，使公司提前做好了調整，適應了環境的變化，這是殼牌公司的一大競爭優勢。反觀台灣的中油公司，在同樣的危機威脅下，毫無遠見作爲，僅僅把危機的損失轉嫁給消費者。值得檢討與省思。

管理加油站

劣勢與優勢

將劣勢轉爲競爭優勢，
懂得揚長避短，
在競賽中就無劣勢可言。

一、個案背景

有一位十歲的小男孩，在一次車禍中失去了左臂，但是，他很想學柔道。最終，小男孩拜柔道大師楊教練為師，開始學習柔道。他學得不錯，可是練了三個月，柔道大師只教了他一招，小男孩有點疑惑。

他終於忍不住問楊教練：「師傅，我是不是應該再學學其他招術？」柔道大師回答說：「不錯，你的確只會一招，但是，你只需要會這一招就夠了。」小男孩並不是很明白，但他很相信楊教練，於是就繼續照著練了下去。

二、劣勢與優勢

半年後，楊教練第一次帶小男孩去參加比賽。小男孩自己都沒有想到居然輕輕鬆鬆地贏了前兩輪。第三輪稍稍有點困難，連連搶攻，小男孩敏捷地施展出自己的那一招，又贏了。就這樣，小男孩迷迷糊糊地進入了決賽。

決賽的對手比小男孩高大、強壯許多，也似乎更有經驗。有一度小男孩顯得有點招架不住，裁判擔心小男孩會受傷，就叫了暫停，還打算就此終止比賽，然而柔道大師不答應，堅持說：「繼續下去！」比賽重新開始後，對手放鬆了戒備，小男孩立刻使出他的那招，制服了對手，贏得了比賽，獲得冠軍。

回家的路上，小男孩和柔道大師一起回顧每場比賽的每一個細節。

小男孩鼓起勇氣道出了心裡的疑問：「大師，我怎麼就憑一招就贏得了冠軍？」柔道大師答道：「有兩個原因：第一，你幾乎完全掌握了柔道中最難的一招；第二，就我所知，對付這一招唯一的辦法是對手抓住你的左臂。」因此，小男孩在柔道中最大的劣勢，卻變成了他最大的優勢。

三、管理的迷思

在21世紀講究「軟實力」的競爭世代裡，企業擁有「財力、物力與人力」的劣勢與優勢並非絕對的。沒有左手臂的小男孩能夠掌握唯一柔道招數，就是將個人的劣勢轉為競爭的優勢。因此，將劣勢變成特點或優勢，這才是真正的取勝之道，也是智者的選擇。

當前台灣企業困境，不能僅歸咎財力與物力不足，以及環保意識高漲的難題，而是應該檢討人力資源的開發，特別是軟實力的創新與研發優勢。例如，2017年法國巴黎的雷平發明展，大會特別表揚兩名來自台灣國中年僅14歲學生，各獲得金牌與銅牌。同時，在泰國舉辦的國際化學奧林匹亞競賽，台灣4位代表全數奪金，國際排名第一。台灣確實具有軟實力的優勢潛力，值得關注。

問題討論

1. 企業組織的策略發展管理必須具備哪三項作用？
2. 企業組織整體行動方案中的緊縮策略是什麼？
3. 策略發展管理是企業組織現代化經營發展的關鍵之一，它具有哪三項特點？
4. 策略制訂的程序包括哪五個步驟？
5. 如何建構目標市場？
6. 試述業務發展策略的產業整合以及擴大涵蓋範圍。
7. 競爭優勢的關鍵包括哪些？
8. 發展技術策略管理目的是什麼？
9. 發展技術策略管理的基本功能作用必須包括哪四方面？
10. 發展技術策略管理的任務範圍，歸納起來分為哪四方面？
11. 哪四個要素的聯結形成技術策略管理的結構？
12. 企業組織策略分成哪三大類？
13. 何謂鬆散型發展設計策略管理？

第 12 章

變革與創新管理

1. 變革與創新
2. 認識管理變革
3. 管理變革運作
4. 認識創新管理
5. 創新管理運作

學習目標

1. 討論「變革與創新」的四項主題

   包括：管理變革與創新、企業再造的意義、再造工程的流程以及再造工程的運作。

2. 討論「認識管理變革」的三項主題

   包括：管理變革概述、管理變革動力以及持續不斷變革。

3. 討論「管理變革運作」的三項主題

   包括：變革方式的選擇、變革的關鍵因素以及處理變革的抵制

4. 討論「認識創新管理」的三項主題

   包括：認識創新管理、創新管理特性以及創新管理效益。

5. 討論「創新管理運作」的三項主題

   包括：創新管理目的、創新管理計畫以及創新管理作業。

1 變革與創新

1. 管理變革與創新
2. 企業再造的意義
3. 再造工程流程
4. 再造工程運作

一、管理變革與創新

管理變革與創新是指：由於企業組織管理的時代性特點，一直向更加科學化、系統化與標準化發展邁進，於是，管理必須不斷地變革、發展以及持續的創新，否則，必然面臨被時代淘汰的命運。

早在上世紀結束前，就有管理學者預測這個問題未來的嚴重性，並在《管理創新與變革：價值移植——如何看待競爭前幾步》（*Management of Innovation and Change: Value Migration: How to Think Several Moves Ahead of the Competition*, by Adrian J. Slywotzky, 1995）中提出建言。

最近又有學者在《管理創新與變革：創新者的困境：新技術導致大公司倒閉》（*Management of Innovation and Change: The Innovator's Dilemma: When New Technologies Cause Great Firms to Fail*, by Clayton M. Christensen, 2016）提出更進一步的討論。

綜合學者的觀點，針對「管理變革與創新」的內容，提出了以下十項的建議：

——創新型管理。
——知識化管理。
——學習型組織。
——快速應變力。

—權力結構轉換。
—彈性管理。
—全球策略。
—跨文化管理。
—消費滿意目標。
—無形的管理。

1. 創新型管理

為適應科學技術，經營環境的急劇變化，企業管理者要不斷進行策略創新、制度創新、組織創新、觀念創新和市場創新等，才能在激烈的市場競爭中生存。

2. 知識化管理

資訊社會是智能化、知識化的社會，知識將成為企業獲取效益的主要手段。

3. 學習型組織

未來成功的企業，將是「學習型組織」，也就是能夠設法使各階層人員全身投入，並有能力不斷學習的組織。

4. 快速應變力

社會要求不斷提高管理工作的效率，改革管理工作程序、工作方法和工作作風，突破常規，把效率作為衡量組織功能的首要標準。

5. 權力結構轉換

倒金字塔型的組織結構意味著員工的知識、能力、技術得到了持續性的提升，獲得了獨立處理問題的管理能力。

6. 彈性管理

為適應經營環境的快速變化，要求組織具有更大的彈性，需要各類專業人員的配合與互相協助，並大大提高組織整體的綜合效能。

7. 全球策略

國際市場的競爭將愈演愈烈，能夠適應的企業組織才能繼續生存。

8. 跨文化管理

企業需要在保持本土文化基礎上，能夠兼收其他文化的優點，不斷創新，建立在地的特色，又充分吸納人類先進文化成果的管理模式。

9. 消費滿意目標

建立消費者滿意的目標。所謂滿意目標，主要包括：消費者滿意、員工滿意、投資者滿意以及社會滿意等四項目。

10. 無形的管理

從傳統的「系統管理」方式，經過所謂的「行動管理」，最終邁向「無形管理」，這是管理的最高境界。

二、企業再造的意義

除了上述的十項變革與創新的內容外，比較具體的理論和方法，是所謂「再造工程」(Reengineering)。它是 1993 年開始在美國興起新的企業經營管理理論和方法。所謂「再造工程」，簡單地說就是：以工作流程為中心，重新設計企業的經營、管理及運作方式。

1. 再造工程的定義

按照「再造工程」理論的創始人美國麻省理工學院教授邁克・哈默

（Michael Martin Hammer）與詹姆斯．錢皮（James Champy）在《再造企業》（*Reengineering The Corporation*, by M. Hammer & J. Champy, 1993）的定義，是指：「爲了飛越性地改善成本、品質、服務、速度等重大的現代企業的運營基準，對『企業流程再造』（Business Process Reengineering，簡稱BPR）進行根本地重新思考，並徹底改革」，也就是說：「從頭改變，重新設計。」

爲了能夠適應新的世界競爭環境，企業必須摒棄舊有的運營模式和工作方法，以工作流程爲中心，重新設計企業的經營、管理及運營方式。簡言之，企業再造工程包括：企業策略再造、企業文化再造、市場營銷再造、企業組織再造、企業生產流程再造和品質控制系統再造等。

2. 3C 理論的挑戰

企業再造理論的產生具有深刻的時代背景。20 世紀 60、70 年代以來，資訊技術革命使企業的經營環境和運作方式發生了很大的變化，歐美經濟的長期低經濟成長，而市場競爭日益激烈，使企業面臨著嚴峻挑戰。有些管理專家用 3C 理論闡述了這種全新的挑戰：

（1）消費者

消費者（Customer）——買賣雙方關係中的主導權轉到了消費者這邊。競爭使消費者對商品有了更大的選擇餘地；隨著生活水準的不斷提高，消費者對各種產品和服務也有了更高的要求。

（2）競爭

競爭（Competition）——技術進步使競爭的方式和手段不斷發展。越來越多的跨國公司，超越國界，在逐漸走向一體化的全球市場上，展開各種形式的競爭，美國企業面臨日本與歐洲企業的競爭威脅。

（3）變化

變化（Change）——市場需求日趨多變，產品壽命週期的單位已由「年」趨向於「月」，技術進步使企業的生產、服務系統經常變化，這種變化已經成爲持續不斷的情形。因此在大量生產、大量消費的環境下，發展起來的企業經營管理模式已無法適應快速變化的市場。面對這些挑戰，企業只有作根本性的改革與創新，才能在低經濟成長時代增強自身的競爭力。

3. 企業即時應對

在這種背景下，結合美國企業為了即時反應來自日本與歐洲的威脅，而展開了實際的探索。1993年哈默和錢皮在《再造企業》書中認為：「20年來，沒有一個管理思潮能將美國的競爭力倒轉過來，例如目標管理、多樣化、Z理論、零基預算、價值分析、分權、品管圈、追求卓越、結構重整、文件管理、走動式管理、矩陣管理、內部創新及一分鐘決策等。」

1995年，哈默與錢皮又出版了《再造管理》(*Reengineering The Management*)。他們提出應在新的企業運行條件下，改造原來的工作流程，以使企業更適應未來的生存發展空間。這一全新的思想震動了管理學界，一時間「企業再造」、「流程再造」成為大家談論的熱門話題，哈默和錢皮的著作以極快的速度被大量翻譯、傳播。與此有關的各種刊物與演講會也非常盛行，在短短的時間裡，該理論便成為全世界企業以及學術界研究的焦點。

三、再造工程流程

企業「再造」就是重新設計和安排企業的整個生產、服務和經營過程，使之合理化。透過對企業原來生產經營過程的每個環節進行全面的調查研究和細緻分析，對其中不合理、不必要的環節進行徹底的變革。在具體實施過程中，可以按照以下程序進行：

1. 發現存在問題

對原有流程進行全面的功能和效率分析，發現其存在的問題。根據企業現行的作業程序，繪製細緻、明瞭的作業流程圖。一般而言，原來的作業程序是與過去的市場需求、技術條件互相適應的，並由相關的組織結構及作業規範組成。當市場需求、技術條件發生的變化使現有作業程序難以適應時，作業效率或組織結構的效能就會降低。因此，必須從以下方面分析現行作業流程的問題：

（1）功能障礙

隨著技術的發展，技術上具有缺一不可的團隊工作，那麼個人可完成的工作額度就會發生變化，這就會使原來的作業流程變成支離破碎而增加管理成本，或者規模太大而造成權責脫節，並會造成組織機構設計的不合理，形成企業發展的瓶頸。

（2）關鍵環節

不同的作業流程環節對企業的影響是不同的。隨著市場的發展，消費者對產品服務需求的變化，作業流程中的關鍵環節以及各環節的重要性也在變化。

（3）具體觀測

根據市場技術變化的特點及企業的現實情況，分清問題的輕重緩急，找出流程再造的切入點。爲了對上述問題的認識更具有針對性，還必須深入現場，具體觀測，並分析現存作業流程的功能、制約因素以及表現績效的關鍵。

2. 設計改進方案

設計新的流程改進方案，並進行評估。爲了設計更加科學、合理的作業流程，必須群策群力，集思廣益，鼓勵創新。在設計新的流程改進方案時，可以考慮：

—將現在的數項業務或工作組合，合併爲一。
—工作流程的各個步驟按其自然順序進行。
—給予職工參與決策的權力。
—爲同一種工作流程，設置若干種進行方式。

──工作應當超越組織的界限，在最適當的場所進行。
──儘量減少檢查、控制、調整等管理工作。
──設置項目負責人（Case manager）。

對於提出的多個流程改進方案，還要從成本、效益、技術條件和風險程度等方面進行評估，選取可行性最佳的方案。

3. 配套組織結構

配套組織結構是指：制訂與流程改進方案相配套的組織結構、人力資源配置和業務規範等方面的改進規劃，形成系統的企業再造方案。

企業業務流程的實施，是以相應組織結構、人力資源配置方式、業務規範、溝通管道甚至企業文化作爲保證的，所以，只有以流程改進爲核心形成系統的企業再造方案，才能達到預期的目的。

4. 實施持續改善

實施企業再造方案，必然會觸及原有的利益格局。因此，必須精心計畫，謹慎推進。既要態度堅定，克服阻力，又要積極宣傳，形成共識，以保證企業再造的順利進行。

企業再造方案的實施並不意味著企業再造的終結。在社會發展日益加快的時代，企業總是不斷面臨新的挑戰，這就需要對企業再造方案不斷地進行改進，以適應新形勢的需要。

四、再造工程運作

企業再造流程的基本作法，通常採用 BPR（企業流程再造），是因爲管理者意識到強大競爭威脅，或是要提振績效。而 BPR 的目標不管是在哪一種情境下，都是要擴大市場接受度與提升營收，約可分爲五個步驟：

1. 確認消費者需求

核心需求是指：消費者購買產品眞正的出發點，不只是產品所直接提供的用途，還包含了消費心理層面的需求。例如購買名牌奢侈品的人絕大部分不是因爲缺少那個東西，而是喜歡牌子背後象徵的尊貴奢華。

2. 改造關鍵流程

決定改造的關鍵流程：透過上述分析後，對照組織目前提供的產品或服務，便能釐清公司產品滿足消費者慾望的著力點，發掘需要進行改造的關鍵流程。

3. 改造學習目標

擬定流程改造學習對象和目標。它不限於相同產業，跨產業也可。改造學習目標，包括：概念改進、作業改善以及學習新技術等。學習方式，則包括：培訓課程、小組討論以及個人自修。

4. 重新設計流程

新流程的價值在於適用性與創造力，也就是，個人決策責任歸屬明確，企業流程再造時，仍強調眾人參與群體決策，腦力激盪，如此，不僅能集思廣益，也更能激發創新觀點。

5. 塑造新文化

設計完善後，仍要加以推廣和深植才能收到成效。想要員工改變，就要先改變僵化的思考模式，例如管理者透過演說鼓勵、安排訓練課程、定期舉辦讀書會以及刺激員工的學習意願等，以塑造新的組織文化。

2 認識管理變革

1. 管理變革概述
2. 管理變革動力
3. 持續不斷變革

一、管理變革概述

管理變革是指：企業組織的人員，通常是管理者，面對外部與內部的挑戰，而主動或被動對企業組織原有的狀態進行改變，以適應內外環境的變化，並以某一目標或願景爲取向的系列活動。管理變革的動力可以歸納爲以下幾個方面：

1. 外部環境的變化

外部環境變化是指：企業組織面臨一般社會環境與特定環境因素。

（1）一般環境變化

一般環境變化，包括：政治環境、經濟環境、文化環境以及技術環境等外部環境因素。企業組織外部環境的變化可能對企業組織經營活動形成制約，例如：日益嚴格的環保要求，也可能是對原有制約鬆綁、新技術的發展與採用、新流行文化的產生以及經濟與金融政策的改變等等。

（2）特定環境變化

企業組織特定環境是指：與實現企業組織目標直接相關的外部環境變化。特定外部環境對每一個企業組織不同，並隨著條件的改變而變化。一個企業組織特定外部環境的變化，取決於企業組織所提供的產品或服務的範圍及其所服務的細分市場。企業組織特定外部環境的變化對企業組織的影響特別明顯和強烈，也是管理變革外部動力的主要來源。

2. 消費需求變化

消費需求變化是隨著社會環境不斷改變而變化。消費者不僅是產品的購買者，還要滿足他們的需求，是企業組織經營活動與持續發展的中心。隨著消費者觀念日益成熟以及市場上產品日益豐富，消費者的要求越來越高。消費者需求日益呈現多樣化以及個性化要求，這都要求企業組織適應消費者需求的變化，且源於這種推動力的變革會日益重要。

決定和影響消費需求的因素主要有二個：一是個人或家庭收入水準；二是價格結構。收入水準和消費需求的關係，當一個家庭（或個人）的收入水準越低，消費在食品上的收入比例就越大，在其他用品則越少；相反的，收入水準越高，消費在食品的比例就越少，而消費在其他用品則越多。

隨著經濟的發展，平均收入水準的提高，個人的消費需求結構將從以農工商品爲主，轉向高科技與休閒產品。由此，產業結構也將逐步轉向以工業和服務業爲主。

價格結構和消費需求結構關係，一般來說表現爲需求結構與價格的反向關係：價格上升，需求下降；價格下降，需求上升，當然，在現實生活中，價格的變化對需求結構變化的作用是比較複雜的，有時價格的上升或下降會引起需求的上升或下降。

3. 內部環境變化

企業組織內部環境也是隨著外部變化而不斷改變，有些變化對企業組織是有益的，有些則是有害的。當有害的變化日益累積而成爲企業組織發展的阻力時，就需要變革。常見的情況有：日益嚴重的組織僵化、業務流程不順暢、部門之間衝突加劇、員工利益被忽視、缺乏創新和學習環境等等。當這些情況在企業組織內部出現時，就必須進行變革，否則企業組織容易被市場淘汰。

影響管理活動的組織內部環境包括：物理環境、心理環境、文化環境等。

第一，物理環境要素包括：工作地點的空氣、光線和照明以及噪音和雜音等等，它對於員工的工作安全、工作心理和行爲以及工作效率都有極大的影響。

第二，心理環境會制約組織成員的士氣和合作程度，影響組織成員的積極性和創造性，進而決定了組織管理的效率和目標的達成。心理環境包括組織內部和睦融洽的人際關係、人事關係、責任心、歸屬感、合作精神和奉獻精神等等。

第三，文化環境至少有兩個層面的內容，一是組織的制度文化，包括組織的工藝操作規程和工作流程、規章制度、考核獎勵制度以及健全的組織結構等等；二是組織的精神文化，包括組織的價值觀念、組織信念、經營管理哲學以及組織的精神風貌等等。一個良好的組織文化是組織生存和發展的基礎和動力。

4. 發生突發事件

突發事件具有突然性質和不可預知等特點，企業組織必須能夠迅速反應。儘管突發事件發生機率不高，但是，一旦爆發，其破壞性則相當大。突發事件會影響企業市場行銷策略的整體運作，降低企業信譽，破壞企業形象。

二、管理變革動力

如何讓企業組織能夠持續發展，是一項巨大的挑戰。管理者必須精心設計企業組織策略，時刻保持對潛在困難與問題的警惕。管理變革是企業組織和個人良性循環過程中的嚴峻考驗，所有企業組織成員應該高度重視。管理變革動力包括來自下列三個項目：

1. 啓動良性循環

管理變革動力要啓動良性循環。企業組織全體必須意識到變化是隨時可能發生的，而處理變革也是企業組織應當具備的能力。期待僅由明星CEO或者名人爲企業組織帶來巨大的變化，是不正確的。參與型領導模式是更科學、更有效的方式。各個階層的管理人員都需要累積領導素養，也需要有步驟、有重點的認知變革的重要性和利害關係，推動改革的實施。

領導者在變革的同時，也要激勵員工變革。刺激員工變革的有效方法是：企業組織提供論據證明變革的好處和效益，把企業組織和同行、競爭對手互相比較，激發員工的競爭意識。告訴他們，市場上永遠都有比本企業組織更成功的範例，讓他們有「變革是唯一出路」的覺悟。

2. 進行經營評估

對企業組織的經營狀況進行評估。讓員工瞭解企業組織運營的實際情況，特別是業績下滑，落後於競爭對手時，他們的變革慾望就會提升並日益旺盛。

企業經營效益評估應包括企業經濟實力評估、企業生產經營情況評估及企業資產負債及償債能力評估。

第一，企業經濟實力評估，主要是瞭解和分析企業的總資產、淨資產、固定資產淨值及資產結構等情況。

第二，企業生產經營情況評估，主要調查現有產品的品質和生產能力，分析主要產品的產量、銷售收入、銷售稅金和利潤總額變動情況等等。

第三，企業資產負債及償債能力評估，主要是分析評價企業的資產、負債、所有權人權益總額指標及其增長情況，並預測其變化趨勢。

3. 反應衝擊的挑戰

在反應衝擊的挑戰中，最具衝擊力的方法，莫過於打開員工的視野，讓他們清晰地覺得在一家充滿活力、蓬勃向上的企業組織工作是具有美好的遠景。幫助員工瞭解他們在變革中可獲得直接或間接的收益，及可能承擔的新角色。這是一項艱巨的任務，需要高超的領導藝術和辛勤的付出。

企業組織遠景是結合個人價值觀與組織目的，透過設定遠景、邁向遠景、落實遠景的三部曲，組織團隊，促使組織力量極大化發揮的管理方式。遠景形成後，組織管理者應對內部成員做簡單、扼要且明確的陳述，以激發士氣，並應落實組織目標和行動方案。

企業遠景大多具有前瞻性的計畫或開創性的目標，作爲企業發展的指引方針。唯有借重遠景，才能有效的培育與鼓舞組織內部所有人，激發個人潛能，激勵員工竭盡所能，增加組織生產力，達到消費者滿意度的目標。

三、持續不斷變革

持續不斷的變革要面對良性循環的嚴格挑戰。企業組織進入了良性循環的軌道，也絕不意味著從此就平順無虞。對保持良性循環的威脅來自內外兩個方面。外部環境的變化，是對良性循環的嚴重威脅。例如：經濟形勢等外部環境的變化，將直接影響到企業組織策略的調整。環境變革會催生新的策略，新的策略導致業績的變化，業績的變化必然帶動不同的企業組織設計和規劃。

企業組織業績的下滑也會對良性循環帶來負面影響。不過，只要不是急劇震盪，通常業績下滑一般不會帶來致命的結果。應該允許一輪良性循環繼續前行，或爲下一輪良性循環打下良好基礎。業績下滑的原因有三種：

1. 宏觀變革挑戰

宏觀變革是指：國際間或整個國家經濟低迷帶來的連鎖反應。如果是這種情況發生，一定要避免做出危害企業組織核心能力和根本利益的舉動。最關鍵的是對人力資本的掌控。業績下滑便立即裁員是最常見的短期措施，對裁員的處理不當，常常會導致經濟復甦以後，更深層負面效應的反彈。企業組織在經濟低迷時，千萬不要輕易撕毀合同，要盡最大能力保留寶貴的人力資本。

2. 微觀變革挑戰

微觀變革是指：產業的經濟不景氣帶動的企業組織業績下滑。如果產業經濟低迷只是暫時現象，那麼應對措施要提高核心競爭力，尤其是要留住高素質員工，因爲他們可能被熱門賺錢產業吸引。另外，行業低迷也可能是產業環境巨變的信號。如果這是一種長期趨勢，企業組織很可能就要調整基本策略，轉向新的業務領域發展了。

3. 個別變革挑戰

個別變革挑戰是指：企業組織在營運過程中犯下的錯誤，也可能直接摧毀良性循環，對待員工的決策失誤，可能是最容易犯下的錯誤。許多企業組織都曾經因爲「只重短期效益，不重視長遠發展」而吃虧。企業組織常常會調整薪資結構而沾沾自喜，以爲可以增加多少利潤。然而，這樣會使人力資本的品質急遽下降，在招聘新員工時，也會面臨從所未有的窘境，這是實現持續發展過程中，最難逾越的人爲障礙。

只要企業組織切實善待員工，就能防止內部失誤帶來的致命影響。對時代潮流挑戰的應變也慢慢成爲企業組織良性循環的內容之一。

3 管理變革運作

一、變革方式的選擇

變革方式選擇是指：企業組織面對變革挑戰應對方式的選擇，以便能夠一方面維持生存，另一方面能夠持續發展。因此，認識變革方式的選擇至關重要。這是管理者無可推卸的責任，更是職業生涯生存的關鍵。

1. 選擇的問題

管理者要面對變革的選擇問題。以下提供四項可供選擇的問題：

—它是否對企業組織能力提供了有效的支持？
—它是否會增加企業組織的核心競爭力？
—它是否適應市場競爭的需要？
—它是否有利於核心原則的執行？

從理論上講，所有的管理經驗都可以通過上述四個問題來進行測試，未能通過的就不採用。

2. 能力良性循環

管理者要意識到當今的職場在快速變化。把管理者定位爲一個「專業者」，無論是做什麼，管理者都要感受到是在以知識和技能爲主導的環境裡。個人職業管理意味著發展自己的潛能，瞭解管理者在人力市場上的競爭力和需要的技能。具體而言，管理者應該：

——發展實用型的、能帶來回報的能力。
——將個人和競爭對手做準確的對比、評估。
——做好管理者的職位設計和規劃。

人力資本的日益重要使管理者在市場上增加了更多的籌碼。只要管理者有足夠的能力，就可以謀求管理者心目中理想的職位和收入。

3. 職業規劃管理

面對時代變化帶動企業組織的變革挑戰，管理者如何進行職業規劃和管理呢？以下有四個項目提供參考：

（1）尋找深造機會

管理者要努力尋找能夠增加人力資本的深造機會，而這項深造內容必須符合企業組織的需要。如果不能在企業組織中得到發揮和證明，學習的知識與技能再多也沒有效用。

（2）評估個人能力

管理者要經常進行個人能力的評估，確保管理者的工作經驗和技巧依然保持在一流的水準。如果是第一線管理者，要多多參加各種企業組織培訓。如果是一名經理，要多參加管理層的績效考評，並在職位模擬中，體驗各種環境下管理者所發揮的工作效能。

（3）投入人力市場

管理者要勇於投入人力市場的懷抱。學會使用各種評量工具，尋找職業培訓和未來工作機會，並通過各種管道搜集新的就業訊息，充滿自信地在企業組織內部和外部申請新的職位。

（4）具有個人遠見

管理者要充滿熱情地投入現在的工作，但是，也要做好隨時和老闆說「再見」的準備。不要把管理者目前從事的職位當作是永遠的工作，而是看成一次展示和提高個人技能的機會。有人認爲，因爲不能完全指望企業組織對個人的保障，員工必須對企業組織少付出一些，少一些忠誠。或許這是一種趨勢，但是，這絕對不值得提倡。敬業和忠誠本來就是兩個不能混淆的概念。忠誠地敬業工作與認眞的規劃未來，完全不衝突。

二、變革的關鍵因素

管理者要認清變革的成功關鍵因素，才能夠順利進行改革的工作。由於管理變革是一個複雜的系統工程，涉及的因素很多，其中任何一個因素都可能影響到變革的成敗。一般而言，管理變革的關鍵成功因素可以歸納爲以下七點：

1. 變革必要性

變革成敗對企業組織很重要，同時任何變革必定具有風險，因此變革必須在確實需要的情況下進行，絕不能憑一時的熱情或是趕時髦而盲目進行。管理者在對企業組織實行調整中，可能犯下的最大錯誤是，在公司各級管理人員心目中，還未形成高度緊迫感的時候，就大刀闊斧地實施改革。這樣的錯誤是很嚴重的，因爲企業組織在眾人極度自負的情況下，很難使改革的目標實現。只有在變革確實需要時，才能產生足夠的緊迫感。

2. 變革可行性

管理變革，必須分析進行變革的內外環境條件是否具備。有很多變革計畫實際上很不錯，但是，就企業組織目前的情況而言，不一定具有可行性，造成這種狀況的原因很多，可能源於企業組織外部環境的制約，也可能源於企業組織自身資源或能力的不足。如果僅僅追求變革計畫本身的完美，而不注重計畫的可行性，有可能會適得其反。

我們可以從兩方面解決這種情況：一方面，將變革計畫細分成若干個細部變革計畫，從小計畫開始做起；另一方面，關注制約變革的外部環境的變化，同時注意培養自身資源或能力。

3. 對變革認同

無論是自上而下的變革，還是由下而上的變革，都必須在企業組織內部得到廣泛的認同。如果得不到企業組織大多數員工的支持，變革不可能取得成功。要使變革得到廣泛的認同，必須在變革實施之前，進行有效的溝通。

變革必須在最高領導層內部形成共識，得到中層管理者的支持，也要得到一般員工的支持。這樣既有利於確保計畫內容的可行性，也能夠讓員工廣泛參與，而這本身就具有激勵作用。

4. 妥善解決問題

管理者要妥善解決變革過程中的問題。變革是因爲有問題，而同時變革本身又會產生問題，變革的量和速度越大越快，遇到的問題也就越多越複雜。其中有些問題在變革之前能夠預料到，有些則是不能事先預料的。所以企業組織必須能夠根據企業組織的策略原則和變革的原則，妥善解決出現的問題。

5. 化解變革阻力

管理者要瞭解，變革中的阻力是來自員工和企業組織本身。企業組織員工由於擔心失去既得利益或者不願意放棄原有習慣，因而拒絕變革。來自企業組織本身的阻力，通常是因爲企業組織內部不同利益集團對變革認識不一致。對於這些阻力必須區分對待，有些阻力出於對變革及其對自身的影響存在誤解，這需要進行培訓，加強溝通，並強調廣泛參與。當然，變革必然會觸動一部分人的利益，因此必要的強制手段也是不可少的。

6. 變革過程管理

管理者也要進行變革過程的管理。即使是非常優良的變革計畫，如果不能有效執行，必定難以成功。在變革計畫比較完善的情況下，變革過程中的領導、協調、溝通和激勵的效果，直接決定了變革的成敗。其中最重要的是，一定要建立一個強有力的、得到最高領導者支持的變革領導小組或團隊。

7. 鞏固變革成果

當變革取得初步成功後，管理者容易犯的錯誤是「過早地慶祝成功」，這個時候也容易失去對「反對勢力」應有的警惕，或是忽視變革之後的整合，最終使得變革成果不能得到鞏固，導致變革的最終失敗。這時需要將變革成果即時形成制度，或者使變革成果融入企業組織文化中，以指導企業組織日後的發展。

三、處理變革的抵制

在管理變革中要化解員工抵制。近年來，企業組織的勞資糾紛不斷，阻礙了變革的成功。由於整個經濟制度的轉變，一個企業組織要能夠生存、發展以及壯大，就必須依據外部環境及內部環境的變化，適時調整企業組織的目標與結構。

管理變革是一項複雜工程，管理變革者應該先瞭解員工抵制變革阻力的來源及其原因，然後找出適當的應對策略，調整變革的心態與策略，才能取得變革的勝利。

企業組織實行任何一種變革，都會遇到一些外部和內部阻力。從以往的研究和實踐經驗來看，企業組織進行變革可能遇到的外部阻力主要是利益相關者反對。企業組織的利益相關者主要包括：政府、消費者、供應商、社區等等。但是，從管理理論與實踐都證明，絕大多數管理變革失敗的原因，主要還是來自企業組織的內部阻力——員工抵制。

傳統的看法認爲員工之所以抵制管理變革，技術的因素可能是最基本的理由，很多員工會以爲技術的改變與進步將會導致他們失業。然而根據研究，管理者反對變革的理由，與其說是技術的，還不如說是人性與社會的因素。管理者之所以抵制變革，不外乎認爲變革威脅了他們的安全，減少了經濟收益，影響他們對所處環境的感覺、情緒與文化的價值。仔細分析員工抵制管理變革的原因主要有幾點：

1. 利益受到威脅

威脅到既有地位和利益。既得利益者一般會擔心自己的利益受損，從一開始就對變革持否定態度。變革往往會直接威脅到員工的經濟利益、社會地位、個人權威，這些都是與員工切實相關的利益，如果沒有適當的解決措施，員工將成爲變革的阻礙者。有的人在表面上都是擁護變革，生怕被人列入守舊派；當變革不僅不觸及他們的切身利益，甚至有可能增加他們的利益的時候，他們會由衷地支持變革。

相反的狀況是，一旦變革將有可能損害他們的利益的時候，他們就會極力反對變革。例如：變革之後，有可能導致他的權力縮小，在組織中的地位降低，或需要更加勞動，工作時間變緊湊，或要求重新學習新技術和新知識，甚至有可能導致他們失業時，他們就不願變革。這是變革阻力最主要的因素。

2. 缺乏願景共識

變革願景沒有達成共識。有時員工之所以反對變革，是因爲對未來的發展趨勢缺乏清清楚楚的認識，對環境的變化把握不足，總覺得組織目前所處的環境還相當不錯，足以應付任何挑戰，因此，管理者對未來的看法有一種盲目的樂觀。變革沒有達成共識，會造成變革發動者與參與者之間的目標認知偏差。

很多變革行動就是因爲參與者對於變革沒有達成共識而爭吵，因爲爭吵而分道揚鑣。在很多情況下，是由於訊息不對稱所引起，由於變革發動者沒有即時與其他參與者進行溝通，往往會造成對變革的誤解，從而產生認知上的衝突。

3. 慣性與惰性

變革的阻力大部分是來自人類本性中的惰性，管理者總是習慣處於「慣例」或「已有的方式」之中，總有安於現狀的想法，對變革有一種天然的抵制情緒。因爲管理者已習慣於原有的管理制度、工作方式、行爲規範，任何變革都將會使他們感到不習慣、不舒服、不自然，也會產生不安全感與內心的不平衡，因而有恐慌感。

於是，這些管理者不願意嘗試改革。企業組織在進行變革時，應該考慮到文化與行爲慣性的力量，並且在變革持續的過程中，要有意識地消除原有文化的不利影響，積極改變員工的行爲習慣，使之符合策略變革的要求。否則，變革難以得到員工的眞正支持；短期有效的變革行爲，隨著時間延續，將難以爲繼。

4 認識創新管理

1. 認識創新管理
2. 創新管理特性
3. 創新管理效益

一、認識創新管理

創新管理就是面對變革挑戰後的直接應對工作。根據市場需求的發展趨勢，爲了生產經營與市場需求相適應的產品，而充分優化自身資源與社會資源配置，從企業組織經營管理各個層面上進行的創造和革新。

根據上述前提，企業組織創新管理有三種意義：

1. 制度創新

制度創新是指：引入新的企業組織制度安排來取代原來的制度，以適應企業組織面臨的新情況。制度創新的核心是智慧財產權制度創新，它是爲了激發經營者和員工的積極性，而設計的整套利益機制。只有先進的企業組織制度安排，才能激發各類人員的積極性，推動技術創新和創新管理的發展。

2. 技術創新

技術創新是指：一種新的生產方式的引入，這種新方法可以建立在一種新的科學發現的基礎上，也可以是以獲利爲目的經營商品的新方法，還可以是工藝上的創新。新的生產方式，是指：企業組織從零件到產品的整個生產過程中發生的「革命性」的變化，或稱「突變」。這種突變與在年復一年的生產模式或小步驟的調整不同，包括原物料、能源、設備、產品等硬體創新，也包括工藝程序設計、操作方法改進等軟體創新。其中產品創新按新產品的創新和改進程度，可以分爲全新產品、代換新產品、改進新產品和仿造新產品；工藝創新則可以分爲獨立的工藝創新和伴隨性的工藝創新。

3. 作業創新

作業創新是指：企業組織把新的管理要素（例如：新的管理方法、新的管理手段、新的管理模式等）組合引入企業組織管理系統的創新活動。它透過對企業組織的各種生產要素，包括：人力、物力、技術，以及各項職能，包括：生產、市場等，在質和量上進行新的變化或組合安排，以創造出一種新的、更有效的資源整合模式。

這種模式既可以是新的有效整合資源，以達到企業組織目標和責任的全部過程式的管理，也可以是新的具體資源整合及新的目標制訂等方面的細節管理。

二、創新管理特性

創新管理是主動進行的工作，與變革管理的被動反應不同。因此，管理者必須瞭解它具有的優勢與可能的風險。內容如下：創造性優勢、高效益優勢、時效性優勢、實用性優勢以及不確定風險。

1. 創造性優勢

創新的創造性是指：創新所進行的活動與以前所進行的活動相比，具有顯著的進步，創新首先是創造性構思的結果。創新的創造性首先表現在其所應用的技術是以前未使用過的新技術，或現有技術的改進，應用效果有明顯提高；其次表現在創新過程中，企業組織對生產要素進行了新組合。從另一方面來說，創新的創造性反應在：

——新產品、新工藝上或是產品、工藝的顯著變化上。
——組織機構、制度、管理方式上的變革。

2. 高效益優勢

創新管理的目的是增加企業組織的經濟效益和社會效益。由於創新具有高風險，而在經濟活動中高風險與高收益是並存的，所以創新管理具有高效益性。通過創新來獲取高額收益，並使自己迅速壯大的最成功的例子就是微軟公司。比爾．蓋茨（Bill Gates）於1975年創辦微軟公司時，僅有3人，年收入僅為1.6萬美元，但是，由於比爾．蓋茨等人的不斷創新，使得微軟公司一躍成為風靡全球的巨型高科技公司，獲得了巨大的經濟利益，到1995年，其年收入高達60億美元，所實現的利潤比另外十大軟體公司的利潤總和還多。

3. 時效性優勢

創新的時效性首先表現在產品的替代過程中，由於消費者的偏好、變化或生產技術更新，都會引起產品的新需求。因此進行產品創新有時效性，其表現在不同創新類型的先後順序上。由於一種新的市場需求總是：

—表現為產品要求，因而，在創新初期，企業組織的創新活動主要是產品創新。
—為降低生產成本、改進品質、提高生產效率。在該階段，企業組織就會集中精力在工藝創新方面。

當生產達到經濟規模後，企業組織的創新注意力逐步轉移到市場營銷的創新上，以提高市場佔有率。在這些創新重點的不同時序上，還會伴隨著必要的組織創新。

4. 實用性優勢

企業組織的創新需求必定發生於企業組織的內部或外部環境發生變化時，企業組織為適應環境的變化，透過創新將使企業組織適應新的環境，能夠促進企業組織發展而進步。創新是為了發展進步，只有眞正能夠促使企業組織發展和進步的創新，才是具有實質意義的創新。

5. 不確定風險

創新活動涉及許多相關環節和眾多影響因素，從而使得創新的結果呈現出不確定性。一個創新方案的提出和實施，就是一種決策行為，凡是決策就不可避免地具有風險性。

關於創新，特別是技術創新需要相當大的投資與投入，這些投入能否順利獲得收益，受到許多不確定因素的影響，既有技術本身的不確定性，也有來自市場、社會、政策的不確定性，這些眾多的不確定性，也就意味著創新帶有風險。

三、創新管理效益

在認識創新管理特性之後，必須確認創新管理效益，以便進行創新的作業。主要包括：

1. 掌握創新機遇

創新管理要取得適當的效益，需要能夠掌握「機遇」，而這個「機遇」是「偶然」出現的，也是可遇而不可強求。因此，意料之外的偶然事件都可以成爲創新管理的機會，重要的是管理者是否善於掌握機會；機會只青睞有準備的人，進而讓企業組織充滿新活力。

2. 適應技術變化

變革工作必然牽動生產或管理的技術變化，而創新一定要適應技術變化。技術的變化可能帶來生產方法、生產設備、原材料、產品、管理以及行銷方法的變化。例如：新型機器的開發，變更舊有的作業方式；網絡的應用，給貿易方式帶來創新的電子商務；機器人的發明，可能挑戰人力資源的結構等等。

3. 面對市場變化

面對市場變化，特別是人口結構變化，是創新要面對的新課題。人口是市場的重要因素，它的變動既能爲某些企業組織帶來市場機會，也能使它們失去市場機會。例如：台灣老年化社會的來臨，就可能給某些企業帶來特殊的商機；相反的，少子化的來臨，也可能給一些兒童相關市場帶來商品滯銷。

4. 經濟環境變化

除了面對市場變化外，宏觀經濟環境的變化也是另一項挑戰。迅速擴大的經濟背景可能給企業組織帶來不斷擴大的市場，而整個國民經濟的蕭條則可能降低消費者的購買能力。例如：以出口取向的台灣製造業，就要面對各國經濟保護政策的挑戰。

5. 價値觀念變化

21 世紀的許多新觀念逐漸轉變爲新的流行文化。這項價値觀念的變化可能改變消費者的購物偏好或勞動者對工作及其報酬的態度。例如：產品安全的重視，消費者對品質的要求更加嚴格；環保與工安意識的抬頭，勞工對工作環境的要求更多。這些觀念的變化，對現代企業的管理提出挑戰，同時，也帶來創新的契機。

6. 面對現實問題

在進行創新管理過程中，必然會存在一些問題，特別是反映在作業的不協調現象。例如：生產經營中的瓶頸，可能影響了勞動生產率的提高或勞動積極性的發揮，因而始終困擾著企業組織的管理人員。這種現象，既可能是某項作業效率不夠理想，卻始終找不到原因，也可能是某種加工方法的不完善，還可能是某種分配政策的不合理。這些現實問題必須要有效排除。

7. 面對現實需要

創新管理雖然具有理想性的特色，但是，依然要從實際的需要進行規劃。這種需要往往提供現代創新管理機會，例如：某些現代企業組織原來在環保規定方面不能符合規定，在客觀情況的要求下，採用新的生產設備與作業方法；原來產品是次級品，然而市場要求更高級的商品等等，這些市場的現實需求，必須坦然面對與解決。

5 創新管理運作

1. 創新管理目的
2. 創新管理計畫
3. 創新管理作業

一、創新管理目的

創新管理是指：企業組織在變革挑戰的前提下，以及在原有的基礎上，拓展新的競爭優勢。通過自我創新，從舊體系蛻變而建構一系列新的競爭作業過程。此項創新管理過程由遠見、資源和方式三個基本要素所構成。

1. 創新遠見

企業組織的創新要具有「遠見」的優勢。不論是要在原來的目標加強競爭優勢，或者開闢新的市場。創新的成功必須立足於合理的遠見，並選擇可行的突破點。遠見其實就是發現和把握消費者需要，通常源自本來沒有察覺的機會。爲了在長期的市場競爭中能夠立於不敗之地，企業組織就不能只是滿足當前的消費需求，還應該爭取未來的消費者。

企業組織不僅應該考慮其當前的市場競爭，而且更應具有先見之明，預期未來的市場狀態。合理的遠見主要來自於以下幾個方面：揚棄既有市場和產品觀念；對價格與功能的突破；對產業常規的改變；對多個領域的整合；對其他產業的學習和參考；對消費者導向的超越。

2. 創新資源

在動態市場環境中，所有的競爭優勢都是暫時的。企業組織要想在複雜、動盪環境中獲取基於企業組織整體發展的持續競爭優勢，就必須迅速從一種競爭優勢轉移到另一種競爭優勢，也就是說要求快速反應。所以不僅要求企業組織經營流程的縮短，更要求其組織能力的高度動態化和適應性，以趕在競爭對手之前，把握和利用動盪環境提供的商機。但是，出奇制勝必須有扎實的基礎。這種基礎不是來自多年的潛心開發和累積，就是來自於既有資源應用能力的擴展。

3. 創新方式

企業組織只具備卓越的遠見和豐富的策略資源，還不能保證企業組織不斷具有新的競爭優勢。因爲企業組織的遠見和資源，需要透過合適的實施方式才能實現其目的。在動盪環境中，有賴於遠見和資源，企業組織主要經由兩種方式影響未來的市場走勢和創造新的競爭優勢。這兩種方式就是：

第一，改變競爭規則：改變競爭規則可以在市場上或產業中製造突發性或中斷性行爲，進而改變競爭的場地，使競爭對手陷於被動局面甚至是困境。

第二，進行串連行動：在改變競爭規則之後，還要串連行動配合，才能夠打破市場的均勢，以便開啓創造競爭優勢的商機。

二、創新管理計畫

管理者不僅要對自己的工作進行創新，而且更要爲部屬的創新提供條件、創造環境，有效地進行內部的創新。組織現代創新的管理計畫與活動的主要方式爲：

1. 提供積極支持

管理者應該積極支持下屬在工作中的創新行爲。管理者要創造促進現代創新管理的組織氣氛，應該大張旗鼓地宣傳創新，激發創新，樹立責任制度的新觀念，使每一員工都奮發向上、努力進取、躍躍欲試、大膽嘗試。要造成一種人人談創新，時時想創新，無處不創新的組織氣氛。

2. 制訂彈性計畫

制訂有彈性的計畫。創新意味著打破舊的規則，意味著時間和資源計畫的善用。因此，現代創新管理要求組織的計畫必須具有彈性。創新需要思考，思考需要時間，爲了使管理者有時間去思考、有條件去嘗試，組織制訂的計畫必須具有彈性。

3. 激發創新熱情

建立合理的獎賞制度。必須建立合理的評價和獎賞制度，以便激發員工的創新熱情。創新的原始動機也許是員工的成就感以及自我實現的需要。但是，如果創新的努力不能得到組織或社會的承認，不能得到公正的評價和合理的獎賞，就會漸漸失去創新的動力。

三、創新管理作業

創新管理作業是創新管理工作的實踐，更是變革與創新管理工作的關鍵。這項作業包括以下四個項目：重視策略管理、建構組織生態、調整組織結構以及強化知識管理。

1. 重視策略管理

策略計畫是企業組織創新工作的重點，策略管理關乎企業組織的發展方向。面對世界經濟全球化的加快、資訊技術的迅速發展和知識經濟興起所帶來的整體環境巨大的變化，特別是台灣加入 WTO（世界貿易組織）後所面對的跨國公司的挑戰，企業組織要想在激烈的市場競爭中立於不敗之地，必須在策略創新方面多加努力。

企業組織策略創新首先是指：企業組織策略的制訂和實施要著眼於全

球競爭。今後企業組織的競爭策略都必須放眼全球；另一方面企業組織策略的制訂和實施，要更多地著重於企業組織核心競爭力的形成。核心競爭力也叫核心專長，就是擁有別人所沒有的優勢資源。

今後企業組織的競爭主要是培育和形成核心競爭力。培育和形成核心競爭力必須適應企業組織外部的環境因素，例如消費者價值、競爭者和替代品的變化。消費者價值是指：產品或服務提供的效用。面對經常變化的消費者價值，應採取的措施是重新選擇與核心競爭力相匹配的經營環境和業務領域；不斷建立新的核心競爭力，預測、注意並滿足不斷變化的消費者需求。

面對經濟全球化、貿易壁壘減少所帶來的競爭對手數量增加與規模擴大，企業組織必須及早確立核心競爭力的發展策略，以實現企業組織核心競爭力的持續發展。面對企業組織核心競爭力受到取代的威脅，企業組織必須以不斷創新競爭方式和運作方式，在形成核心競爭力方面有突破性進展，使自己永遠走在最前端。

2. 建構組織生態

企業組織生態是指：企業組織生存和發展的和諧環境。美國著名管理大師彼得．杜拉克（Peter F. Drucker）說過：企業組織之間的生存發展，如同自然界中各種生物物種之間的生存與發展一樣，它們均是一種「生態關係」。面對經濟全球化、資訊化、知識經濟興起以及加入 WTO 所帶來的企業組織經營環境的劇烈變化，要有市場意識和對環境的敏感性，必須改變傳統的「自我」心態，企業組織必須具備市場「環境」的概念，確立「共生」的意識，形成和諧的「企業組織生態」。

建構「企業組織生態」首先是開展協同競爭。由於經濟全球化發展趨勢的增強，面對日益激烈和複雜的競爭環境，企業組織必須超脫傳統競爭模式，以合作代替對抗，在競爭中合作，在合作中競爭，透過合作和資源共享來尋求競爭優勢，就是實現「雙贏」。協同競爭的關鍵是選擇合作夥伴。選擇合作夥伴的原則包括：創造利益的潛力、相類似的價值觀、創設有利的合作環境、實現夥伴關係的目標與企業組織自身目標的一致性。

其次是開展綠色經營。面對可持續發展和國際綠色貿易壁壘的挑戰，順應世界綠色經濟的大趨勢，企業組織必須改變只顧自身經濟利益，而忽視對社會和環境影響的狹隘發展模式。爲了實現經營綠色化，建立綠色企業組織，企業組織不僅要承擔起促進經濟發展的責任，而且要擔負起推動社會發展和生態發展的責任。綠色經營的措施包括：

——研究、掌握國際環保法規，加強環境認證和管理。
——積極申請和取得環境標誌認證。
——開展無污染生產，開發綠色產品。
——積極利用 WTO 的爭端解決機制，維護自己的合法利益。

3. 調整組織結構

組織結構是實現企業組織經營策略的保證。台灣目前組織結構的特點是嚴格的層次關係、固定的職責、高度的正規化模式、正式的溝通管道、集權化的決策，以及管理環節多、管理成本高、企業組織效率低等。

由於科學技術的快速發展和市場的瞬息萬變，使得企業組織的運轉節奏非常快速，企業組織必須保持高度的機動靈活性，而國際網際網路和企業組織內部網路的廣泛應用，又使得傳統的組織結構難以適應時代的要求。爲此，必須調整和創新組織結構，調整組織結構的目標：

第一，是扁平化，破除傳統的自上而下垂直多層的結構，減少管理層次，壓縮職能機構，增加管理幅度，建立一種緊縮的橫向組織結構。

第二，是柔性化，建立臨時性組織來擺脫原有組織形式束縛，實現靈活性與多樣性的統一，以增強企業組織適應內外環境變化的能力。

第三，是虛擬化，運用通訊網路技術，把實現企業組織目標所需要的知識、資訊、人才等聯繫在一起，組成動態的內部資源中心，在組織上突破有形的界限，並利用外部資源實現企業組織目標。

調整組織結構的理想目標是建立學習型組織。面對知識經濟時代，不僅僅是獲得知識和資訊，更重要的是要高度重視建立全體人員共有的目標、價值觀和經營使命。

4. 強化知識管理

在工業社會，核心資源是資本。在知識經濟時代，知識的價值和作用將超過資本的價值和作用而成爲核心資源，知識將成爲社會經濟發展的關鍵因素。面對知識經濟的挑戰，創新管理必須重視資源的開發與利用，因此，必須強化知識管理。如何強化知識管理：

第一，要把技術知識視爲一種商品，進行知識運作，也就是在生產流通領域透過對知識的使用獲取利潤，在市場上透過智慧財產權的交易，實現知識價值增值。

第二，要善於運用全球資訊網，不斷獲取世界的新知識、新資訊，進行知識的累積、知識的綜合運用與創新，從而有效地利用人類文明成果，推動企業組織的發展。

第三，要高度重視員工知識素質的提高和潛在能力的發掘。知識管理的實質在於開發人才，因此要設立知識主管業務，其主要職責是引導員工共同分享知識，鼓勵員工把資訊與知識能力結合起來，以創造新的知識。

管理加油站

張忠謀談成長與創新

創意和創新相差極大：
創意（Idea）僅是一個理念，
創新則是"To Make Changes"，
"Make"是要去做改變。

一、個案背景

經濟日報創刊50周年，在2017年4月20日舉辦《全球新變局‧經濟新路徑》論壇，台積電董事長張忠謀出席，並以「成長與創新──不變的恆值」為題發表致詞。

張忠謀表示，經濟若需要一句口號就是「成長」；若要三句口號，那就是「成長、成長、成長」，而成長不是營收成長，而是附加價值的成長。創新則是提高附加價值的好途徑，但不能急就章地創新，政府不是一句創新或轉型就能達成目標，「創新要靠市場機制。」張忠謀強調商業模式創新是最值錢的，自己也相當佩服星巴克的商業模式創新。

二、張忠謀觀點

張忠謀表示，世界局面變得極快，但有二件事是永恆價值，就是「成長和創新」。無論時局如何變更，需要成長和創新是永恆不會變的。他說，成長並非營收成長，而是附加價值的成長，當附加價值增長，利潤也會增加。

他表示：「成長要轉型創新，但絕對不是必要。」有些公司成長不見得是透過創新或轉型，成長也可透過徵人或投資機器廠房等，回首大家所懷念的1970或1980年代，台灣居四小龍之首，但那時的成長不是靠創新，而是就業人數增加，投資也增加，成長不一定需要創新或轉型，也能藉由人才或資本投入來成長。

在創新部分，張忠謀表示，創新和改變、轉型同意思，創新英文是Innovation，字典解釋為“To Make Changes”，“Make”是要去做改變、做創新，不是嘴巴說，而且不是一個創意（Idea），創意和創新相差極大。做改變有大有小，價值有高也有低，而一個創新價值也須以它產生的附加價值來衡量，每天早上一直用黑人牙膏刷牙，突然換成高露潔牙膏，這也是改變，但並無任何經濟價值，創新價值要以經濟價值衡量，而商業模式創新是最值錢的，而且經常發生。

張忠謀說，最令他讚嘆佩服的二個商業模式創新就是麥當勞和星巴克，麥當勞將速食方便化和平民化，而星巴克把一杯美金2毛錢的咖啡變成了2塊美金，甚至現在要4或5塊美金，增加了附加價值創新；其他像是Google、Amazon等，也都是透過商業模式創新，來創造獲利。

三、思考問題

1. 思考創新關鍵與市場機制的關係？
2. 思考營收成長與附加價值成長的關係？
3. 思考附加價值成長與營收成長的差別？
4. 何謂麥當勞與星巴克的創新商業模式？
5. 從管理觀點，思考台灣企業創新困境與機會。

討論問題

1. 綜合學者的觀點，針對「管理變革與創新」的內容，共有哪十項的建議？
2. 何謂再造工程？
3. 何謂3C理論？
4. 要從哪些方面分析現行作業流程的問題？
5. 企業流程再造，約可分爲哪五個步驟？
6. 決定和影響消費需求的因素主要有哪幾個？
7. 管理變革動力包括哪三個項目？
8. 業績下滑的原因有哪三種？
9. 管理者要面對變革的選擇問題，是哪四項可供選擇？
10. 管理變革的關鍵成功因素可以歸納爲哪七點？
11. 慣性與惰性，爲何會阻礙變革？
12. 企業組織管理有哪三種意義？
13. 創新管理有什麼特性？
14. 創新管理過程由遠見、資源和方式三個基本要素所構成，請分別說明。
15. 組織現代創新的管理計畫與活動的主要方式有哪些？
16. 如何建構「企業組織生態」？

第13章 成爲稱職管理者

1. 稱職管理者概述
2. 稱職的運作職能
3. 扮演稱職的角色
4. 管理者的層次

學習目標

1. 討論「稱職管理者概述」的三項主題

   包括：誰是管理者？管理者的定位以及管理者的能力。

2. 討論「稱職的運作職能」的四項主題

   包括：管理者的職能概述、管理者的基本職能、管理者職能的實踐以及管理者職能的挑戰。

3. 討論「扮演稱職的角色」的四項主題

   包括：管理者角色概述、人際關係者角色、資訊掌控者角色以及企業決策者角色。

4. 討論「管理者的層次」的三項主題

   包括：基層管理者、中層管理者以及高層管理者。

1 稱職管理者概述

一、誰是管理者？

管理者是企業組織中執行管理行爲與過程的主導者，在《管理學百科全書》的定位是：

——在組織或團隊中擁有相應的權力和責任的人。
——具有相當管理能力從事管理活動的個人或人群。
——其管理能力在組織管理活動中具有決定性作用。
——透過協調和監視他人工作，來完成組織活動中目標。

根據上面的定義，管理者通常分爲下列三種：

——一線管理者。
——中級管理者。
——高級管理者。

1. 一線管理者

「一線管理者」是擁有管理工作中最低層的人。主要管理工作涉及到：指揮與監督生產產品作業員或者服務人員。他們經常被叫做「領班」、「組長」或者「班長」。

2. 中級管理者

「中級管理者」通常是監督與指揮一線管理者工作的人，一般被稱爲「區域經理」、「專案經理」或者「企劃經理」等等。此外，他們還有：計畫、組織、人事、評估與分析等工作。

3. 高級管理者

「高級管理者」是組織結構中最高管理層級的人。高級管理者的責任是組織內部與外部相關工作的最後決策。根據組織的需要，設定計畫以及完成目標。經常被人們稱作：「執行副總裁」、「總裁」、「總經理」以及「業務總裁」等等。

二、管理者的定位

管理者的定位是指：一位職員（Staff）從企業組織獲得授權，然後執行指派（Assign）管理工作。我們將從實務與理論兩方面進行討論，包括以下三個項目：

—管理者基本定位。
—杜拉克的理論。
—明茨伯格的理論。

1. 管理者基本定位

管理者的基本定位要從管理者的實際操作來進行討論。內容包括兩個項目：職位與權力以及責任與義務。

（1）職位與權力

管理者是具有職位和相應權力的人。管理者的職權是管理者從事管理活動的資格，管理者的職位越高，其權力越大。組織或團體必須賦予管理者特定的職權。如果一個管理者處在某一職位上，卻沒有相應的職權，那他就無法進行管理工作。管理學者韋伯認爲管理者有三種權力：

第一，法定權力。法定權力是指：通過合法的程序所擁有的權力。例如，企業組織通過一定程序聘僱具有特定職位的員工，或者通過選舉而產生的領袖人物的法律規定的權力者。

第二，超凡權力。超凡權力是指：來自別人的崇拜與追隨，帶有感情色彩並且是非理性的；不是依據規章制度，而是依據以往所樹立的威信。例如，擁有大批「粉絲」（Fans）或追隨者的明星、政治意見領袖以及幫派領導等等具有超凡魅力的人物。

第三，傳統權力。傳統權力是指：根據傳統慣例或世襲得來的權力。例如，帝王或貴族的世襲制度、宗族或者家庭繼承等等，因而取得權力的人物。

實際上，在管理活動中，管理者僅具有法定的權力，是難以做好管理工作；管理者在工作中也應該同時重視個人影響力，以成為具有權威的管理者。所謂「權威」，是指：管理者在組織中的威信與威望，是一種非強制性的「影響力」。權威不是法定的，不能靠別人授權而取得。權威雖然與職位有關係，但是，主要牽涉到三個因素：

──取決於管理者個人的品德、概念、知識、能力和水準。

──取決於個人與組織人員概念的共識及感情的溝通。

──取決於相互之間的理解、信賴與支持。

這種「影響力」一旦形成，各種人才和廣大員工都會被管理者吸引，心悅誠服地接受管理者的引導和指揮，從而產生巨大的凝聚力量。

（2）責任與義務

管理者是負有特定責任與義務的人。任何組織或團體的管理者，都具有特定的職位，都要運用和行使相應的權力。同時，他也要承擔該有的責任。權力和責任是一個矛盾的概念：權力又總是和特定的責任相聯繫的。當組織賦予管理者特定的職務和地位，從而形成了權力時，相對的，管理者同時也就擔負了對組織要求的責任。

第一，對稱明確。在組織中的各級管理人員中，權責必須相當。沒有責任的權力，必然會導致管理者的用權不當；沒有權力的責任是空泛而難以承擔責任。有權無責或有責無權的人，都難以在工作中發揮應有的作用，都不能成爲眞正的管理者。責任是對管理者的基本要求，管理者被授予權力的同時，應該對組織或團體的命運負有相應的責任與義務。

第二，同步消長。權力和責任應該同步消長，權力越大，責任越重。比較起來，責任比權力更關鍵：權力只是盡到責任的手段，責任才是管理者眞正的象徵。如果一個管理者僅有職權，而沒有相應的責任，那麼他是做不好管理工作的。管理者的與眾不同，正因爲他是一位責任者。如果管理者沒有盡到自己的責任，就意味著失職，等於放棄了管理工作。

2. 杜拉克的理論

根據職位與權力以及責任與義務的前提，管理學者曾針對管理者定位進行論述。美國著名管理學家彼得・杜拉克（Peter F. Drucker）1955 年提出「管理者定位」（The Role of the Manager）的概念。杜拉克認爲，管理是一種無形的力量，這種力量是透過各級管理者反應出來的（*The Practice of Management*, by Peter F. Drucker, 1993）。所以管理者扮演的定位與責任，分爲三類：

—管理一個組織。
—管理的管理者。
—管理工人和工作。

（1）管理一個組織

管理者是「管理一個組織」（Managing a Business）的人，他是取得組織生存和發展的關鍵人物之一。因此，杜拉克認爲，管理者必須做到以下幾點：

—確定該企業組織是做什麼的？應該有什麼目標？如何採取積極的措施以實現目標？
—爲企業組織謀取最大效益。這項效益包括：最大的工作效率、經營效益以及利潤最大化。
—爲企業組織爭取消費者以及爲社會提供服務。

(2)管理的管理者

「管理的管理者」(Managing Manager)。從廣義的概念看，杜拉克認爲，組織的上、中、下三個層次中，人人都是管理者，同時，人人又都是被管理者。以股票上市公司而言，連地位最高的董事長，也要對持股大眾負責，無人例外。因此。擁有管理職位的人，必須被監督，做到投資大眾的期待。包括：

──確保下級的想法、意願以及努力朝著共同的目標前進。
──創造良好的企業文化，培養集體合作的精神。
──培訓下級人員，讓他們都能夠擁有足夠知識與能力做好工作。
──建立健全的組織結構以及必要的配套措施。

(3)管理工人和工作

「管理工人和工作」(Managing Workers and Work)。杜拉克認爲，管理者必須認識兩個假設前提：工作與工人。

第一，關於工作。管理者要瞭解工作的性質是不斷急劇變動，工人的工作既有體力的勞動，又有腦力的勞動，而且腦力勞動的比例會隨著科技的發展越來越大。甚至，更多的工作者，他們的腦力勞動超過體力的勞動。

第二，關於工人。管理者要充分認知：每一位工人具有個別的差異；每一位工人是具有完整人格的人；每一位工人的行爲各有因果關係；每一位工人應該擁有個人的尊嚴等等。這些個人特質，對於處理各類各級人員相互關係扮演重要的定位。

3. 明茨伯格的理論

管理學者亨利．明茨伯格(Henry Mintzberg)的一項廣爲管理界引用的研究認爲：管理者扮演著十種定位，這十種定位又可進一步歸納爲三大類：

—人際定位。

—資訊定位。

—決策定位。

（1）人際定位

人際定位直接產生自管理者的正式權力基礎，管理者在處理與組織成員和其他利益相關者的關係時，他們就在扮演人際定位的角色。人際定位又包括：

—代表人定位。

—領導者定位。

—聯絡者定位。

第一，代表人定位。作爲單位的領導者，管理者必須行使一些具有禮儀性質的職責。例如，管理者有時出現在社區的集會上，參加社會活動，或宴請重要消費者等，在這樣做的時候，管理者是行使代表人的定位。

第二，領導者定位。由於管理者對單位的成敗負重要責任，他們必須在工作上扮演領導者定位。對這種定位而言，管理者和員工一起工作，並透過員工的努力來確保組織目標的實現。

第三，聯絡者定位。管理者無論是在與組織內的個人和工作小組一起工作時，或是在與外部利益相關者建立良好關係時，都具有聯絡者的作用。管理者必須對重要的組織問題有敏銳的洞察力，從而能夠在組織內外建立關係。

（2）資訊定位

在資訊定位中，管理者負責確保和其一起工作的人員能夠獲得足夠的資訊，從而能夠順利完成工作。從管理責任的性質看，管理者既是單位的資訊傳遞中心，也是組織內其他工作小組的資訊傳遞管道。整個組織的成員依賴於管理結構和管理者，以獲取或傳遞必要的資訊，以便完成工作。管理者必須扮演的資訊定位，具體而言又包括：監督者、傳播者、發言人三種定位。

第一，監督者定位。管理者持續關注組織內外環境的變化，以獲取對組織有用的資訊。管理者通過接觸下屬來收集資訊，並且從個人關係獲取對方主動提供的資訊。根據這種資訊，管理者可以從監督的過程中，識別組織的潛在機會和可能的威脅。

第二，傳播者定位。管理者把他們作爲資訊監督者所獲取的大量資訊分配出去。

第三，傳播者也兼有發言人的定位。管理者除了必須把資訊傳遞給組織內部各單位，還必須在沒有特定發言人的前提下，代表企業組織對外發言。

（3）決策定位

在決策定位中，管理者處理資訊並做出結論。如果資訊不用於組織的決策，那資訊就失去其應有的價值。決策定位具體的角色又包括：企業家、處理者、資源分配者、談判者等四種定位。

第一，企業家定位。管理者密切關注組織內外環境的變化和事態的發展，以便發現機會，並對所發現的機會進行投資的決策，以善用機會。

第二，處理者定位。管理者必須善於處理衝突或解決問題。例如，平息消費者的抱怨或怒氣，與不合作的供應商進行談判，或者對員工之間的爭端進行調解等。

第三，資源分配者定位。管理者決定組織資源用於何處、由何人執行以及如何進行等等。同時，也包括一些專案工作或者專案投資的資源分配。

第四，談判者定位。管理者也要把一部分時間花費在內部協調與外部談判上。管理者的談判對象，包括：員工、供應商、消費者和其他工作小組。

關於管理者的定位，將會在本章後段有更詳細的論述。

三、管理者的能力

不管什麼類型的組織中的管理者，也不管處於哪一管理層次，所有的管理者都需要有相當的管理能力。羅伯特・李・卡茨（Robert L. Katz）列舉了管理者所需的三種能力，後來的學者對此進行了補充。綜合來說，管理者需要具備的素質或管理能力主要有：

—技術能力。
—人事能力。
—概念能力。
—設計能力。

1. 技術能力

技術能力是指：對某一特殊活動，特別是包含方法、過程、程序或技術的活動的理解和熟練。包括：專門知識、在專業範圍內的分析能力以及靈活地運用專業工具和技巧的能力。技術能力主要是涉及過程或者有形工作的操作。

2. 人事能力

管理者的人事能力是指：管理者爲完成組織目標應具備的領導、激勵和溝通能力。人事能力是一個人能夠以小組成員的身份有效地工作的人事行政能力，並能夠在他所領導的小組中建立起部屬的合作，也就是協作精神和團隊精神，創造良好的氣氛，使員工能夠無所顧忌地表達個人觀點的能力。

3. 概念能力

概念能力包含：把企業看成一個整體的能力以及識別一個組織中的彼此互相依賴的各種工作。一部分的改變能夠影響所有其他的各部分，並進而影響個別企業與行業、社團之間，以及企業組織與經濟環境之間的關係。也就是說，能夠綜觀全局，判斷出重要因素並瞭解這些因素之間關係的能力。

4. 設計能力

設計能力是指：以有利於組織利益的各種方式解決問題的能力，特別是高層管理者不僅要發現問題，還必須具備找出確實可行解決問題的能力。如果管理者只能看到問題的存在，他們就是不合格的管理者。管理者還必須具備能夠根據所面臨的現狀，找出解決方法的能力。

這些能力對於不同管理層次的管理者的相對重要性是不同的。技術能力、人事能力的重要性，依據管理者所處的組織層次從低到高逐漸下降，而概念能力和設計能力則相反。對基層管理者來說，具備技術能力是最爲重要的，具備人事能力也非常有幫助。

當管理者從基層往中層、高層發展時，隨著與下級直接接觸的次數和頻率的減少，人事能力的重要性也逐漸降低。也就是說，對於中層管理者來說，對技術能力的要求下降，而對概念能力的要求上升，同時具備人事能力仍然很重要。但是，對於高層管理者而言，概念能力和設計能力特別重要，而對技術能力、人事能力的要求相對來說則很低。當然，這種管理能力和組織層次的聯繫並不是絕對的，組織規模大小等一些因素對此也會產生影響。

2 稱職的運作職能

一、管理者的職能概述

所謂管理者的職能是指：管理工作者在執行各項任務的內容，而這些任務是依據管理學對管理工作的內容與過程所做的要求。管理者的職能是根據管理過程的內在邏輯，劃分爲幾個相對獨立又相互關聯的部分，其意義在於把管理過程劃分爲幾個相對獨立的部分，在理論上能更清楚地界定管理活動的整個過程，以及各項職能間的關係，有助於實際的管理工作以及管理教學。

劃分管理者的各項職能，有助於管理者在實踐中，實現管理活動的專業化與整體化，使管理人員更有效率地從事管理工作。在管理領域中實現專業化與整體化，如同在生產中實現專業化與整體化一樣，能大幅地持續提高工作效率。同時，管理者更可以運用職能觀點去建立或改革組織機構。根據管理者的職能，制訂組織內部的職責和權力，以及內部結構，從而可以確定企業組織管理人員的人數、資歷、學歷以及知識等結構。

二、管理者的基本職能

管理者的基本職能，在理論與實踐上，是與管理學的各項功能一致的。請參照第1章「認識管理學」的第一項目來討論管理學的基本職能：

——計畫。
——組織。
——人事。
——領導。
——協調。
——控制。

1. 計畫職能

管理者的計畫職能是指：管理者對將要實現的目標和應採取的行動方案之前，作出選擇及具體安排的活動過程。換言之，計畫職能就是預測未來，並制訂行動方案。任何組織的管理活動都是從計畫衍生的，因此，計畫職能是管理的首要職能。其主要內容涉及：

——分析內外環境。
——確定組織目標。
——制訂組織發展策略。
——提出實現既定目標的策略。
——提出實現既定目標的作業計畫。
——規定組織的決策程序。

2. 組織職能

管理者的組織職能是指：管理者根據既定計畫目標，對組織中的各種要素及人員之間的相互關係，進行合理安排的過程。換言之，就是建立組織內的物理結構以及它與外部社會之間的動態關係。其主要內容包括：

——設計組織結構。
——建立管理制度。
——分配權力。
——明確責任。

—配置資源。

—建構資訊溝通網路。

3. 人事職能

管理者的人事職能是指：能夠充分發揮人力與其他資源的潛能，爲實現企業組織的優勢提供最大化的可能。人事職能，其主要有以下三方面的作用：

第一，是人盡其才，才盡其用。能夠把人放到能夠充分施展才華的位置，提高其工作的積極性與創造性。

第二，是能夠結合眾多不同才能以及不同層次的人才，形成整體力量，實現最大化的效果。

第三，能夠充分發揮與擴大其他資源的效力，因爲在這個前提下，其他資源要透過人員管理的作用，才能發揮其潛力，化爲現實的生產力。

4. 領導職能

管理者的領導職能是指：管理者爲了實現組織目標而對被管理者施加影響的有效過程。管理者在執行領導職能時，一方面要激發組織成員的潛能，使之在實現組織目標過程中發揮應有的作用；另一方面要促進組織成員之間的團結協作，使組織中的所有活動和諧運作。其具體途徑包括：

—激勵下屬，對他們的活動進行指導。

—選擇最有效溝通管道，解決組織成員之間的問題。

—解決組織與其他部門之間的衝突。

5. 協調職能

管理者的協調職能是指：面對管理工作中的問題，採取有效的措施和辦法。換言之，協調是平衡的組織管理工作，只要存在著人群和組織，就存在著處理協調管理問題的需要。管理協調的主要職能工作爲：

第一，使其所管理組織內各個部門以及組織內外關係人員的聯絡與溝通。

第二，調整意見，使組織內各個部門相互配合，以便更有效率地實現管理目標。

第三，採取行動。協調行動的產生，是管理活動的根本內容之一，也是使組織凝聚共識，彼此合作共同發展的重要手段和措施。

6. 控制職能

管理者的控制職能是指：在執行計畫、組織、人事、領導以及協調等過程中，由於環境的變化及其影響，可能導致人們的活動或行爲與組織的要求或期望不一致，出現偏差。爲了保證組織工作能夠按照既定的計畫進行，管理者必須對組織績效進行監控，並將實際工作績效與預先設定的標準進行比較。如果出現了超出一定限度的偏差，則需要及時採取糾正措施，以保證組織工作在正確的軌道上運行，確保組織目標的實現。

換言之，控制職能工作，是管理者運用事先確定的標準，衡量實際工作績效，尋找偏差及其產生的原因，並採取措施予以糾正的過程。也就是說，它是保證組織的一切活動符合預先制訂的計畫。

三、管理者職能的實踐

管理者職能的實踐需要依據以上的六項職能之間的關係整合而進行運作。這些職能是相互聯繫以及相互支援的關係。它們共同構成一個整體，其中任何一項職能出現問題，都會影響其他職能的發揮，乃至於阻礙組織目標的實現。因此，在管理者職能實踐過程應當把握以下兩點：

——按照一定順序進行。
——重複與動態運作。

1. 按照一定順序進行

管理者職能的實踐要按照一定的順序進行。從理論上講，這些職能是按一定順序發生的，例如，計畫職能是首要職能，因爲，管理活動首先從計畫開始，而且計畫職能貫穿在其他各種職能之間，或者說，其他職能都是爲執行計畫職能的目標而提供服務的。爲了實現組織目標和保證計畫方案的實施，必須建立合理的組織機制、權力體系以及資訊溝通管道，因而產生了組織管理職能。

此外，在組織要求的基礎上，管理者必須選擇適當的領導方式，有效地指揮、調動和協調各方面的力量，解決組織內外的衝突。盡力提升組織效率，於是產生了領導職能。然後，爲了確保組織目標的實現，管理者還必須根據預先制訂的計畫和標準，對組織成員的各項工作進行監控，並糾正偏差，於是實施控制職能。可見，管理過程是先有計畫職能，之後才依次產生了組織職能、領導職能、協調和控制職能，反應出管理實踐過程的連續性。

2. 重複與動態運作

管理者職能的實踐是重複與動態進行的。從管理實務看，管理職能的實踐過程是一項各種職能活動周而復始地重複進行的動態過程。例如，在執行控制職能的過程中，往往爲了糾正偏差而需要重新編制計畫，或對原有計畫進行修改，從而啓動新一輪的管理活動。

所謂動態職能，也稱管理職能「動態工作實踐」。它是指：當人員或單位發生變化的時候，要適時地對人員與配備進行隨機調整，以保證始終使適當的人在合適的單位上工作。在管理者的職能環境不斷變化時，人也是在不斷變化的，因此，管理者與工作的適應也是一個實踐與認識的隨機互動過程。

四、管理者職能的挑戰

管理者的職能變化和社會環境的變化有著密切的關係。在早期的「產品市場」前提下，企業組織的外部環境變化不大，市場競爭並不激烈，管理者的主要工作是做好內部計畫，組織和領導工人把產品生產出來就可以了。在行爲科學出現之前，人們往往對管理的活動側重於對技術因素及環境因素的管理。管理工作中強調實行嚴密的計畫、指揮和控制等管理職能。這種情況一直到上個世紀90年代，IT（Information Technology）產業蓬勃發展與競爭邁向了「消費者市場」而有所變化。這是管理者職能挑戰的前提背景。討論的內容包括以下三個項目：

──關係與溝通。
──決策的職能。
──職能三種關係。

1. 關係與溝通

關係與溝通是管理者職能的首項挑戰。自1932年霍桑效應（Hawthorne Effect）之後，一些管理學者在實踐管理者的職能時，開始重視對有關人的因素的管理，包括，人員之間的關係以及資訊溝通。於是，激勵與溝通的實踐開始被提出來討論。

這些職能的提出，展現了對管理者職能的重新劃分，開始重視對人的行爲激勵方面，於是，人事管理職能開始倍受重視。20世紀50年代以後，特別是60年代以來，由於現代科學技術的發展和諸多新興學科的出現，管理學家又在管理者的職能中加進了創新和決策職能。

2. 決策的職能

決策的職能是管理者職能的另一項挑戰。管理決策理論學派代表人物赫伯特．西蒙（Herbert A. Simon, 1916-2001，1978年諾貝爾經濟學獎）是美國著名的行政學家，他在管理學提出了決策職能。決策職能從計畫職能中分支出來。他認爲決策貫徹於管理的全部過程，管理的核心是決策。管理的決策職能不僅在各個層次的管理者都有，並且分佈在各項管理活動中。

我們可以預見，隨著科學技術的不斷發展和社會生產力水準的提高，管理者的職能內容和重點也會有新的變化。在面對21世紀各項新挑戰，管理者必須對決策職能重新定位。

管理的行爲主體是組織，而組織是動態變化的，當組織的要素，包括組織環境、管理主體（管理者）和管理客體（人力、物力與財力）三者發生變化時，管理行爲和職能應該隨之調整。在傳統的管理中，以組織所有者的利益作爲組織目的，組織目的通常不會發生太大的變化。但是，在當代的組織環境、管理主體、管理客體卻因組織自身條件和外部條件的不同發展，而產生了有很大的差異性，需要重視。

舉例來說，現代的工廠管理與商店管理、大型跨國公司的管理與中小企業的管理、高素質人才的管理和單純勞動工人的管理等等，顯然都具有很大的差異性，因而必須反應在管理方式和手段上。於是，對於不同的組織環境、管理主體、管理客體，在管理手段和方式上，要有所不同，導致管理的職能也有所不同。例如，對於軍警人員，命令應當是最佳的職能，而對於現代高素質的人才，激勵、鼓勵才是應當採用的職能。

3. 職能三種關係

從不同管理理論，有關於管理者的職能討論中，我們可以看出某些對管理者職能具有相當的挑戰性，包括以下三種關係：

──互動關係。
──動態關係。
──彈性關係。

（1）互動關係

由於管理者的職能隨著組織的不同而變化。管理者的職能總是與組織環境、管理主體、管理客體相互聯繫。實際上，並沒有所謂的單獨或者固定管理的模式，任何優秀的管理者的職能和技巧總是相對於特定的組織環境、管理主體以及管理客體。

在這項前提下，有什麼樣的組織要素，就應有相應的管理的職能。當組織環境、管理主體、管理客體發生變化時，管理者的職能就應相應地做出改變。管理者的職能劃分不可能存在一套所謂的「典型的」職能固定模式。由於管理者的職能實踐不確定性，所以在使用管理具有彈性職能的時候，要進行組織要素的分析，以便有助於職能之間的互動關係。

（2）動態關係

管理者的職能實踐是隨著各種理論對管理過程的認識不同而變化。管理學家對管理者的職能劃分認識不一，並不僅是因爲有關管理學者所處的時代、環境等條件不同，而導致對管理者的職能實踐劃分定義不同，而是因爲已劃分的各種管理者的職能，由於彼此之間並無嚴格的次序和界限，它們往往互相關聯或交叉表達，因而產生了不同的動態職能關係。

（3）彈性關係

由於具有彈性關係，管理者的職能並不能固定反應在管理過程中。在具體的管理過程中，各項職能往往很難劃分得十分清楚。按理來說，一項管理工作總是要先作決策，再制訂計畫，然後組織實施，最後協調控制整個進程。實際上，管理人員常常不是按順序執行這些職能，而是同時執行這些職能。

所劃分的這些職能只是描述管理活動的一般性過程，對於具體的管理活動並不一定完全與該描述完全一致。在管理中實施的職能可能多一項或者少一項，尤其是對特殊性質的管理狀況而言，更是如此。因此，彈性關係是挑戰管理者職能實踐的一項重要因素。

3 扮演稱職的角色

1. 管理者角色概述
2. 人際關係者角色
3. 資訊掌控者角色
4. 企業決策者角色

一、管理者角色概述

討論管理者的角色通常有兩種方式：第一，是根據管理學者理論加以論述；第二，從管理實務來分析管理者的角色。由於本書是教科書，我們要根據管理學者的理論進行討論。管理學者包括：哈羅德．孔茨（Harold Koontz）與亨利．明茨伯格（Henry Mintzberg）。其中，孔茨我們在前面已經多次引用過他的理論，在此將以明茨伯格的論點爲主。

1. 孔茨的論點

哈羅德．孔茨（1908-1984），美國著名管理學家，管理過程學派的主要代表人物。孔茨生於美國俄亥俄州的芬雷，1935 年獲得耶魯大學博士學位，1962 年擔任加州大學洛杉磯分校管理學院管理學教授，1963 年是美國管理科學院院長，1965 年起就任行政管理研究所所長，1965 年至 1971 年兼任行政管理研究公司總裁。他一生獲得多種榮譽。

第二次世界大戰以後，科技與生產迅速發展，企業規模越來越大，國際化擴展加速，這一切都給管理工作帶來許多新問題，引起了人們對管理的普遍重視。學者們從不同角度，用不同方法來研究管理理論，出現了研究管理理論的各種學派。在 1961 年 12 月美國《管理學雜誌》上孔茨發表了〈管理理論的叢林〉（The Jungle of Management Theory），他認爲，如果這種現象繼續存在，將會使管理工作者和學習管理理論的初學者，如同進入熱帶叢林中一樣，迷失方向而找不到出路，他把這種現象稱之爲「管理理論的叢林」。

管理世界在不斷發生變化，每天都有新的管理問題和管理理論出現，對管理的本質的認識會直接決定一個管理者的管理風格，並影響其管理效果。孔茨是當代最著名的管理學家之一，他把管理提升到了一個藝術的境界，將管理定義爲：「通過他人完成任務的機能」。這種概念讓後來的管理學，從「冷冰冰」的制度化與結構化系統，轉變爲具有「藝術氣氛」的人際互動關係。

根據孔茨的管理學論點，他強調管理的概念、理論、原理和方法。孔茨認爲：管理工作是一種藝術，它的各項職能可以分成五類，包括，計畫、組織、人事、指揮和控制等，其中，組織的協調是五種職能有效應用的結果（*Toward Unified Theory of Management*, by Harold Koontz, 1964）。因此，後來的管理學者把協調獨立視爲第六項管理學的功能。本書採納此這項觀點。

2. 明茨伯格的論點

經理角色學派的代表作，就是亨利‧明茨伯格（Henry Mintzberg, 1939-）的《管理工作的特質》（*The Nature of Managerial Work*, by Henry Mintzberg, 1973）。在書中，他針對管理者的工作提出了三個關鍵問題：

──管理者眞正做了什麼？
──他是怎麼做的？
──爲什麼要這樣做？

對於這些古老的問題，早就有許多現成的答案，但是，明茨伯格並不輕易相信這些現成答案，而是深入研究探討。還是博士班學生的時候，他就帶著碼錶去記錄五位 CEO 實際在做什麼，而不是聽他們說自己做了什麼，或者是由學者去想像他們在做什麼。他花了一週時間，對五位 CEO

的活動進行了觀察和研究。這五個人分別來自大型諮詢公司、教學醫院、學校、高科技公司和日用品製造商。

根據明茨伯格研究發現，在企業管理過程中，管理者很少花時間做長遠的考慮，他們總是被隨時發生的事務和人物問題干擾著，而無暇顧及長遠的目標或計畫。一個顯而易見的事實是，他們考慮一個問題的平均時間僅僅九分鐘。管理者若想做好一件事，這樣的時間分配與努力必定要失敗，因爲他會不斷被其他人或事件所打斷，要求他去處理其他事務。

在此前提下，明茨伯格認爲，把管理的職能歸類爲計畫、組織、指揮、協調、控制等等的說法，未免太學術性了。只要隨便找一位經理，問他所做的工作中哪些是協調？而哪些不是協調？協調占多大比例？恐怕誰也答不上來。所以，他主張不應從管理的各種職能來分析管理，而應把管理者看成各種角色結合的主體。

明茨伯格在他的實務研究結論中，解釋說：「角色的概念是行爲科學從舞臺術語中借用過來的。角色就是有職責或者地位的一套有條理的行爲。」根據他自己和別人的研究成果，得出結論：經理們並沒有按照人們通常認爲的那樣按照職能來工作，而是進行其他很多工作。明茨伯格將經理們的工作分爲十種角色。這十種角色分爲三類：

——人際關係方面的角色。
——資訊傳遞方面的角色。
——決策方面的角色。

二、人際關係者角色

根據明茨伯格的觀點，管理者首先要扮演人際關係者的角色。這項角色又包含了以下三種工作：

——領導者角色。
——掛名首腦角色。
——聯絡者角色。

1. 領導者角色

由於管理者是企業的正式領導人物，要對該組織成員的工作負責，在這一點上就構成了領導者的角色。

第一，此項領導行動直接涉及領導與部屬關係，管理者通常負責雇用和培訓職員，負責對員工進行激勵或者引導，以適當方式使他們的個人需求與組織目的達到和諧。

第二，在領導者的角色裡，還扮演了權威者的角色。它包括：對內要負責經營效率的成敗，對外也要代表企業組織進行交流活動。因此，我們能清楚地看到管理者的權威與影響。正式的權力賦予了管理者強大的影響力。

2. 掛名首腦角色

掛名首腦角色是指：管理者扮演經理所擔任的基本角色之一。由於經理擁有正式的權威，是一個組織的象徵，因此，要履行掛名首腦角色這方面的職責。作爲組織的首腦，每位管理者有責任主持一些儀式，例如，接待重要的訪客、參加某些職員的婚禮、與重要消費者共進午餐等等。很多職責有時可能是日常公關事務，然而，這些行爲對組織能否順利運轉非常重要，是不能被忽視。

3. 聯絡者角色

管理者的聯絡者角色是指：他與所領導的組織內部以及許多部屬及外界個人或團體維持關係的重要網路。根據明茨伯格對許多管理工作的研究發現，管理者花在同事和單位之外的其他人身上的時間與花在自己下屬身上的時間一樣多。

這樣的聯絡通常都是透過參加外部的會議，參加各種公共活動和社會事業來實現的。實際上，聯絡角色是專門用於建立管理者自己的外部資訊系統。通常，它是非正式的、私人的，但是，卻是有效的。

三、資訊掌控者角色

根據明茨伯格的觀點，除了管理者要扮演人際關係者的角色，也要進行資訊方面的掌控。

1. 資訊的掌控者

管理者身爲組織的掌控者，爲了得到資訊而不斷地審視自己所處的內部與外部環境。他會經由詢問聯絡人和下屬，透過各種內部事務以及外部事情和分析報告等主動收集資訊。擔任掌控角色的管理者所收集的資訊，大部分是口頭形式的，或者是傳聞和流言，當然也包括董事會與投資人的意見或者社會人士的質問等等。管理者必須審慎分析與評估，以便順利掌控與作爲管理工作的重要參考。

2. 資訊的傳播者

由於組織內部需要獲得一些透過管理者從外部收集到的資訊。管理者必須分享並分配資訊，並把外部資訊傳遞到企業內部，以便凝聚內部的共識，發展獨特的企業文化與企業精神。

具體的方法，例如，透過簡訊或者公告，把新聞媒體或者其他相關的資訊與大家分享。此外，管理者也同時，把內部資訊傳給外面更多的人知道，包括，對新聞媒體發佈企業組織的新動向，新產品的發表以及新的發展計畫等等。因此，管理者要扮演好資訊傳播者的角色。

3. 資訊的發言人

管理者的發言人角色雖然與資訊傳播者角色有些類似，不過，它主要的對象是組織的外部。管理者把一些資訊發送給組織之外的人。

管理者作爲組織的權威者，有必要對外傳遞關於本組織的計畫、政策和成果資訊，使得外界對市場有重大影響的人，能夠瞭解企業的經營狀況。例如，CEO 可能要花大量時間與有影響力的人周旋，要就財務狀況向董事會和股東報告，還要履行組織的社會責任等等。

四、企業決策者角色

管理者在決策方面的角色是指：強調他扮演企業家具有權威與分配的角色。根據明茨伯格的觀點，企業家角色指的是 CEO 在其職權範圍之內，充當本組織變革的發起者和設計者。管理者必須想辦法組織資源去適應周圍環境的變化，要善於尋找和發現新的機會。

作爲開創者，當有好機會出現時，CEO 要決定開發專案，直接監督專案的進展，或者把它委派給一個專人負責。這就是執行決策者的角色。這項角色包括以下四個面向：

──資源分配者角色。
──協商談判者角色。
──危機處理者角色。
──組織主體性角色。

1. 資源的分配者

管理者負責在組織內決定資源分配的責任。這項資源包括，實質的資源以及潛在的資源。他分配的最重要的資源之一，也就是他的時間。更重要的是，CEO 的時間安排決定著組織的利益，並把組織工作的優先順序付之實施。

接近管理者就等於接近了組織的關鍵中心和決策者。管理者還負責設計組織的結構，也就是，決定分工和協調工作關係模式以及分配下屬的工作。在這個角色裡，重要決策在被執行之前，要獲得管理者的批准，這樣才能夠確保各項決策是互相關聯與具有一致性。

2. 協商的談判者

企業組織的擴大與發展需要不斷的進行各種正式與非正式的協商與談

判，這項工作主要由管理者帶領進行。對在各個層次進行的管理工作研究顯示，管理者花了相當多的時間用於協商與談判。一方面，因爲管理者的參加能夠增加談判的可靠性，另一方面因爲管理者有足夠的權力來支配各種資源並迅速做出決定。談判是管理者不可推卸的工作職責，而且是工作的主要部分。

3. 危機的處理者

危機處理者角色要求管理者需要面對各項目的緊急事件，並且作適當的處理。這些危機事件，包括：控制迫在眉睫的罷工、某個重要客戶的破產或某個供應商無法準時交貨等等。

在危機的處理中，時機是非常重要的。而且危機很少在例行的資訊流程中輕易的被發覺，大多是一些突發的緊急事件。實際上，每位管理者必須花大量時間對付突發事件。沒有組織能夠事先考慮到每個偶發事件的發生。

4. 組織的主體性

管理者是根據組織章程規定，負責特定任務的關鍵人物，幾個人不可能分享一個管理職位，除非他們能像一個小組行動。也就是說，他們不能分割上述的各種角色，除非管理者能夠非常小心地將它們結合起來。這些角色形成了一個完全形態，是一個整體。各種角色是互相聯絡與密不可分的。沒有任何一種角色能在不觸動其他角色的情況下脫離這個框架。

根據管理實際運作，人際關係方面的管理角色，來自於管理者在組織中的正式權威和地位。這項正式權威和地位又產生出資訊方面的管理。然而，獲得資訊的獨特地位，又使管理者在組織作出重大決策中處於核心地位，使管理者得以擔任決策方面的角色。

角色形成的完整形態，並不是說，所有的管理者都給予每種角色同等的運作。不過，在任何情形下，一位全面負責的管理者，事實上，他要擔任一系列的專業化工作，既是通才，又是專家的角色。

4 管理者的層次

1. 基層管理者
2. 中層管理者
3. 高層管理者

管理者是管理過程的主體，管理者一般是由擁有相應的權力和責任，以及具有管理能力從事現實管理活動的人或人群組成。按照管理者在組織中所處的地位劃分，管理者可分為：

──基層管理者。
──中層管理者。
──高層管理者。

一、基層管理者

基層管理者又稱一線管理者（First-line Managers），是指工廠裡或生產線上具有班長、組長或小組長等等頭銜的人。他們的主要職責是：

──傳達上級工作計畫與指示。
──直接分配成員的生產任務或工作任務。
──隨時協調下屬的各項活動。
──控制直接工作的進度與效率。
──解答下屬所提出工作上的相關問題。
──向上級反映下屬的各項要求。

基層管理者工作的好壞，直接關係到組織計畫能否落實，目標能否實現，所以，基層管理者在組織中十分重要。對基層管理者並不要求他們擁有統籌全局的能力，而是技術操作能力與溝通能力方面的要求較高。討論的內容包括以下四項目：

──球隊隊長角色。
──團隊建設能力。
──勝任的領導力。
──與上司相處的能力。

1. 球隊隊長角色

從管理實務觀點看，基層管理者通常扮演類似球隊的「隊長」角色。一般都具有非常強的組織能力，由技術高或德高望重的隊員選任。基層管理者又好像大樹，將樹根吸收的養分分解、傳遞給小枝樹枝，因而，基層管理者的作用又可以具有「分解與傳遞」的功能。既然基層管理者扮演的是隊長的角色，那麼相對的他們應具備有業務能力與親和力。

（1）業務能力

基層管理者要具有工作範圍內的業務能力。因爲，基層管理者不需要對本部門的發展進行過多地規劃，而只需完成所負責的部門工作職能。因此，基層管理者即是管理者，同時又肩負了具體工作和事務，所以個人的業務能力必須要能夠讓部屬「心服口服」。

在這項前提下，企業組織的各種業務培訓的執行，一般也是直接透過基層管理者進行。業務能力對基層管理人員來說，非常重要，因此，基層管理者通常是按照慣例從內部選拔，而不是從外部招募而來。

（2）親和力

作爲基層管理者必須與部屬打成一片，而不能因爲自己是個小主管，而拒人千里之外。那麼，對於基層管理者來說，親和力不僅是與同事在一起說說笑笑而已，而是能夠讓屬下心悅誠服地接受「管教」。他必須具有以下三種「心態」：

第一，尊重的心態。基層管理者必須尊重組織中的每位部屬。所謂「尊重」是贏得部屬眞誠的服從。儘管在組織中，每個員工的學經歷、家庭可能各有不同，但是，以平等的心對待每個部屬，才能維持一個合作的團隊。

第二，關心的心態。基層管理者直接接觸的對象是一線員工們，他們的「心聲」基層管理者最清楚。因此，唯有關心部屬，才能夠贏得他們的忠誠與支持。

第三，體恤的心態。基層管理者要關心，就應該在部屬出現問題時，體恤他們。同時，要學會換位思考，就是要具有「同理心」。

2. 團隊建設能力

基層管理者除了要有業務能力，還要具有團隊建設的能力。所謂團隊的建設能力，是指：能夠讓每一個成員都能夠分工合作，發揮整體的力量。雖然，一個基層管理者的個人表現可能非常優秀，但是，只注重個人的業績而忽視了團隊，就只是一個業務精英而已。如果能夠將整體團隊發揮巨大的效能與效率，才是一個盡職的基層管理者。

3. 勝任的領導力

基層管理者的領導能力，並不需要具有中層或高層領導者那樣的運籌帷幄能力。由於本身所處的基層管理者角色，需要儘量發揮自己能夠勝任的領導力，而非僅靠著組織所賜予的管理權力而已。

基層管理者是被任命的，其影響力來自職位所賦予的正式權力。雖然如此，而他所以被任命，也可以是從群體中被選拔而產生的，其影響力還需要靠來自非職位權力的個人影響力。換言之，基層領導者比中層與高層領導者，更依靠個人的魅力去影響部屬。

4. 與上司相處的能力

基層管理者的職位來自上司，因而與上司保持良好的溝通是獲得信任，與是否能夠進一步被提升的關鍵。個案研究指出：部分基層管理者可以贏得下屬的尊重，業務能力也非常優秀，可惜卻無法獲得進一步提升，原因是往往忽視了與上司的相處的能力。以下兩項建議，提供參考：

第一，隨時讓上司知道你每天都在做什麼。這點非常關鍵，因為，一方面表示對上司的尊重；另一方面，可以避免上司產生誤會或者有不當的負面聯想，例如，陽奉陰違或者暗中搗蛋的嫌疑。

第二，隨時徵詢上司的意見，爭取支持。有時明明可以順利進行的事情，但是，因為忽視了與上司的溝通，而導致了工作阻礙。所以，在一些問題上多聽聽上司的意見，是很重要與必要具有的與上司相處能力。

總之，要想成為一名「一呼百應」的隊長，除了迅速提高自己的業務能力，更要不斷培養自己的工作技能與人際溝通技巧，這是基層管理者成功之道。

二、中層管理者

在管理學的實務運作中，有人認為基層管理者是「戰績」取向，高層管理者是「戰略」取向，然而，中層管理屬於「戰術」取向的管理。中層管理者的主要任務是：根據最高層管理所確定的總體目標，具體對組織內部所擁有的各種資源，制訂資源分配計畫和進度表，並組織基層單位來實現總體目標。

1. 中層管理的任務

在管理實務操作上，有人形容中層管理者是夾心餅乾的「內餡」，雖然重要，卻很容易被人所忽略的。因此，討論中層管理的任務，要討論管理員工與自我管理。

（1）管理員工

中層管理者的工作中，雖然隔著基層管理者，依然要直接面對員工，以便處理基層管理者無法處理的問題。中層管理者的員工管理，由於具有仲裁的功能，有別於基層管理的指揮與調度。它有普遍適用的管理原則，也有不同於管理的「方式」。管理學者們說：「人是企業唯一能動的資源。」因此，不能用單一的方法去管理手下的員工，要根據不同的管理對象，採用不同的管理策略與方法。包括：

──確定各個下屬單位的不同工作職責。

──對各個下屬的工作績效進行監督。

──對各個下屬團隊的總體規劃與建設進行管理。

（2）自我管理

所謂「自我管理」，是指：中層管理者除了管理部屬之外，還要對自己的目標、思想、心理和行爲表現等等進行管理。換言之，中層管理者要自己管理自己。自我管理包括：

──分析自己的能力是否勝任所賦予的管理職責。

──分析個人能力不足之處，以便尋求改進的管道。

──分析自己的時間管理，是否有妥善運用。

2. 中層管理的能力

關於中層管理應當具備的能力，我們要從以下三項進行討論：

──管理技能。

──執行能力。

──目標計畫。

（1）管理技能

中層管理者的管理技能是指：行使有效管理屬下單位職能所需要的知識、技能以及態度等三項。然而，這項管理技能，主要反應在溝通能力與領導能力。

第一，溝通能力。由於中層管理者需要親自面對不同的工作團隊與不同背景的部屬，有效溝通技巧是必要的技能。包括，傳達工作指示、組織內部管理溝通、會議溝通、面談溝通、協調溝通、衝突管理以及危機管理溝通等等。

第二，領導能力。中層管理者的領導力是指：在管轄的範圍內充分的利用人力和客觀條件，以最小的成本辦成所需整個部門的最高辦事效率。包括，個別部屬願意聽從指示，團隊成員共同合作以及部屬會自動提出改善意見等等。

（2）執行能力

中層管理者掌握部門的人力、物力與財力資源，一定要具有善用資源，以達成目標的能力。執行能力指的是：貫徹策略計畫以及完成預定目標的操作能力。換言之，要把企業組織的規劃轉化成爲效益、成果的關鍵。執行能力包含完成任務的意願、完成任務的能力以及完成任務的程度。

對中層管理者個人而言，執行力就是辦事能力；對部門或團隊而言，執行力就是戰鬥力。衡量執行力的標準，對中層管理者個人而言，是按時完成自己的工作任務；對部門團隊而言，就是在預定的時間內完成組織交付的策略目標。

（3）目標計畫

目標計畫是中層管理者的關鍵工作。一方面，他有義務向高層提出部門計畫的構想，另一方面，又有責任監督屬下，完成所交付的目標計畫工作。在管理學中，計畫具有兩重含義：

第一，對計畫工作中層管理者而言，是指：根據對組織外部環境與內部條件的分析，提出部門在未來一定時期內要達到的組織目標以及實現目標方案的途徑。

第二，計畫工作是指：用文字和指標等計畫的形式。它包括：計畫工作形式所表述的部門結構以及部門組織內不同工作團隊和不同的成員，在未來一定時期內關於行動方向、內容和方式安排等等的計畫工作。

三、高層管理者

由於本書的主要目的是提供管理理論與實務的基礎訓練，關於高階層管理者這個部分進行簡要的論述。內容包括：

——高階層管理者概述。
——高階層管理者的任務。
——高階層管理者的能力要求
——高階層管理者的素質。

1. 高階層管理者概述

高階層管理者是指：負責整個企業資源運用及經營成效的高級人員。因爲其承擔著有關組織規模、組織一體化、經營多角化、組織成長以及組織創新等任務。這些人物是所謂的「CEO」、「總裁」與「副總裁」等。高階層管理者所負擔的特殊責任，面臨艱巨的挑戰，顯然不同於組織內其他部門或階層的中層管理者。總之，高階層管理者所關心的是組織整體的績效與經濟成果，而不應將其精力花在個別部門或功能性的事務上。

2. 高階層管理者的任務

作爲企業的高階層管理者，必須清楚其本身所應扮演的角色以及明確自身的職責所在。高階層管理者的主要責任包括：

——追求組織的整體使命與目標。
——設定組織標準及形態以及組織結構和組織設計。
——培養組織未來的人力，特別是中高階層人力資源。
——與外界建立並維持良好的關係。
——主持或參加各種儀式和典禮。
——在組織遭遇重大危機時，扮演關鍵角色。

上述各項責任，只有能夠掌握並瞭解組織全貌的高階層管理者才能承擔得起。

3. 高階層管理者的能力要求

高階層管理者的責任重大，所需具備的素質與能力要求也是很高。這些素質和能力不是憑一時的培訓所能獲得。因此，我們要針對高階層管理者進行長期的系列培訓，必須明確針對這些素質和能力要求爲目標來進行，促進高階層管理者不斷造就以提升自身的素質和能力。

4. 高階層管理者的素質

一流的總經理、CEO、總裁與副總裁等高階層管理者應該具備以下基本素質：

—堪爲全體員工的模範，眾望所歸，能合群。
—品德高尚，見識廣博，工作勤奮，業務熟練。
—頭腦靈活，對時代有遠見和洞察力。
—具有同理心，創造令人滿意的組織文化與精神。
—具有堅定的信念和勇氣，凝聚組織向心力。
—具有社會道義與責任感，嚴守信譽。
—具有果斷的判斷、勇敢的實踐和堅忍不拔的毅力。
—具有進取精神與獨創精神。

管理加油站

專案管理專業證照

教育不是裝滿一桶水，

而是點燃一把火！

Education is not the filling of a pail

but the lighting of a fire

——愛爾蘭教育家威廉．巴特勒．葉慈（William Butler Yeats）

一、專業證照

專案管理專業PMP（Project Management Professional）證照是指從事「專案管理」工作的專業人士資格認證的證照。由美國專案管理學會（Project Management Institute, PMI）所發行，是一個國際通用的專案管理專業證照。美國專案管理學會1969年成立於美國賓州費城，PMI是一個非營利性推動專案管理科學的組織，以促進專案管理科學的發展應用與推廣為宗旨，早期由美國國防部及IBM等機構資助成立。台灣分會（PMI- Taiwan Chapter，簡稱PMI-TW）於1999年成立。

二、應考資格

依據美國專案管理學會PMI要求報考PMP的人士，必須要大學畢業，具備三年以上的專案管理實務經驗，或是高中畢業具備5年以上的專案管理實務經驗。

第一類：

1. 大專以上畢業。
2. 具備3年4500小時專案工作經驗。
3. 35小時專案管理訓練。

第二類：

1. 高中以上畢業。
2. 具備5年7500小時專案工作經驗。
3. 35小時專案管理訓練。

三、申請考試

1. 加入PMI網站會員。
2. 加入PMI正式會員（美金129）。
3. 線上填寫報名表（主要是學歷／專案經驗說明／35小時）。
4. 等候確認報考資格（1~2週）。
5. 報考資格審核通過通知繳費（美金405）。
6. 線上預約考場（台北／高雄）。
7. 採電腦測驗並於完成考試後立即取得成績單。

PMP測驗方式採兩百題，單選四選一的選擇題，答錯不倒扣，以電腦作答方式進行，考試時間四個小時。著重模擬情境題，通常四個答案選項至少有兩個選項為可行的解決方法。

加入PMI會員費用129美金，會員報考PMP報名考試費用405美金，非PMI會員報名考試費用555美金，加入PMI會員可下載多項資源，包括各種語言官方版本的專案管理知識體指南PMBOK（Project Management Body of Knowledge Guide）（目前最新版本為PMBOK® Guide 5th）。

四、台灣分會

國際專案管理學會——台灣分會（PMI-Taiwan Chapter，簡稱PMI-TW）於1999年10月由PMI總會授權在台北成立，其宗旨為促進專案管理知識和PMP等相關專業認證及實務運用在台灣的發展。PMI-TW亦於2003年4月於內政部正式登記為全國性非營利性組織——社團法人國際專案管理學會台灣分會。詳細情形請查詢台灣分會官方網址：www.pmi.org.tw。

討論問題

1. 管理者的基本定位是什麼？
2. 杜拉克認爲，管理是一種無形的力量，這種力量是透過各級管理者反應出來的。所以管理者扮演的定位與責任，分爲哪三類？
3. 亨利．明茨伯格（Henry Mintzberg）的研究認爲：管理者扮演著十種定位，這十種定位又可進一步歸納爲哪三大類？
4. 管理者需要具備的素質或管理能力主要有哪四項？
5. 管理者的基本職能是什麼？
6. 管理者職能實踐過程應當把握哪兩點？
7. 管理者職能具有相當的挑戰性，包括哪三種關係？
8. 哈羅德．孔茨（Harold Koontz）認爲：管理工作是一種藝術，它的各項職能可以分成哪五類？
9. 從亨利．明茨伯格（Henry Mintzberg）的觀點，人際關係者的角色包含哪三種角色？
10. 管理者在決策方面的角色，包括哪四個面向？
11. 基層管理者具有球隊隊長角色，那麼爲何他們應具備有業務能力與親和力？
12. 中層管理應當具備的管理技能，其內容是什麼？
13. 高階層管理者應有的素質是什麼？

參考書目

Anderson, Alan (2015) Management: Take Charge of Your Team.

Barnard, Chester I. (1971) The Functions of the Executive.

Bettin, Patrick J. (1984) The Role of Relevant Experience.

Blehm, Juan José Blesa and Mariana (2015) Fishbone Diagram: The First Step to Bring your Business to Highest Level: Quality Money will take your Business to the Next Level.

Cochran, James J. (2011) Wiley Encyclopedia of Operations Research and Management Science (8 volume set).

Cooper, Cary L. (2014) Wiley Encyclopedia of Management (14 volume set).

Drucker, Peter F. (1999) Management Challenges for the 21st Century.

Drucker, Peter F. (2006) The Practice of Management.

Fayol, Henri (1916) Administration Industrielle et Générale.

Fayol, Henri (1949) Gestion générale et industrielle.

Follet, Mary Parker (2013) Dynamic Administration: The Collected Papers of Mary Parker Follet.

Girard, Joe (2012) Joe Girard's 13 Essential Rules of Selling: How to Be a Top Achiever and Lead a Great Life.

Girard, Joe and Robert Casemore (1988) How to Sell Yourself.

Hammer, Michael and James Champy (1993) Reengineering The Corporation.

Hammer, Michael and James Champy (2006) Reengineering the Corporation: A Manifesto for Business Revolution.

Hitt, Michael A. and R. Duane Ireland (2016) Strategic Management: Concepts and Cases: Competitiveness and Globalization.

Hyde, Douglas (2007) Dedication and Leadership.

Jones, Gareth R. and Jennifer M. George (2017) Contemporary Management.

Keller, Anne Davidson (2017) Empty Chairs.

Keller, James (1963) How to be a Leader.

Kessler, Eric H. (2013) Encyclopedia of Management Theory(2 volume set).

Konopaske, Robert and John M. Ivancevich (2017) Organizational Behavior and Management.

Koontz, Harold (1964) Toward Unified Theory of Management.

Koontz, Harold (1964) Principles of Management.

Koontz, Harold and Cyril O'Donnell (1972) Principles of Management: An Analysis of Managerial Functions.

Larson, Erik W. and Clifford F. Gray (2017) Project Management: The Managerial Process.

Malonis, James Al (2000) Encyclopedia of Business, 2nd ed. 2 volume set.

McGregor, Douglas (2006) The Human Side of Enterprise.

Mintzberg, Henry (1973) The Nature of Managerial Work.

Mouton, Robert R. Blake and Jane S. (1978) The New Managerial Grid.

Naisbitt, John (2008) Mind Set!: Eleven Ways to Change the Way You See — and Create — the Future.

Noe, Raymond Andrew and John R. Hollenbeck (2017) Fundamentals of Human Resource Management.

Noonan, David (2006) Aesop and the CEO: Powerful Business Lessons from Aesop and America's Best Leaders.

Porter, Michael E. (1998) Competitive Strategy: Techniques for Analyzing Industries and Competitors.

Project Management Institute (PMBOK® Guide) (2017) A Guide to the Project Management Body of Knowledge.

Robbins, Stephen P. and Mary A. Coulter (2017) Management (14th Edition).

Scherkenbach, William and W. Edwards Deming (2011) The Deming Route to Quality and Productivity.

Senge, Peter. M. (2006) The Fifth Discipline: The Art & Practice of The Learning

Organization.

Simon, Herbert A. (1976) Administrative Behavior: A Study of Decision-Making Processes in Administrative.

Simon, Herbert A. (1977) The New Science of Management Decision.

Slywotzky, Adrian J. (1995) Management of Innovation and Change: Value Migration: How to Think Several Moves Ahead of the Competition.

Somers, Gerald, (1965) Labor, Management and Social Policy: Essays in the John R. Commons Tradition.

Stevenson, William J. (2017) Operations Management.

Taylor, Frederick (2014) The Principles of Scientific Management.

Tobin, Daniel R. (1997) The Knowledge-Enabled Organization: Moving from "Training" to "Learning" to Meet Business Goals.

Toffler, Alvin (1991) Power Shift Knowledge, Wealth, and Violence at the Edge of the 21st Century.

Weber, Max (1997) Theory of Social and Economic Organization.

Weber, Max and A. M. Henderson (2012) The Theory of Social and Economic Organization.

林仁和，黃永明（2010）情緒管理。心理出版。

林仁和（2014）管理心理學：發揮人員團隊與組織績效。五南出版。

林仁和（2015）商業談判：掌握交易與協商優勢。五南出版。

林仁和（2017）商業心理學：掌握商務活動新優勢（第三版）。揚智出版。

林仁和（2018）自我探索與成長。揚智出版。